JN074294

クルト・ゲーデル

史上最もスキャンダラスな定理を証明した男

Journey to the Edge of Reason

The Life of **Kurt Gödel**

スティーブン・ブディアンスキー 著
渡会圭子 訳

森北出版

●本書のサポート情報を当社 Web サイトに掲載する場合があります．下記の URL にアクセスし，サポートの案内をご覧ください．

https://www.morikita.co.jp/support/

●本書の内容に関するご質問は下記のメールアドレスまでお願いします．なお，電話でのご質問には応じかねますので，あらかじめご了承ください．

editor@morikita.co.jp

●本書により得られた情報の使用から生じるいかなる損害についても，当社および本書の著者は責任を負わないものとします．

目次

※本文中、〔　〕は訳者による補足。

プロローグ

一九七〇年三月。精神科医がすばやくペンを動かし、黄色い紙の罫線入りノートに、新しい患者についての事実——珍しいことも平凡なことも——を書き留めていた。アインシュタインは彼を「アリストテレス以来、最も偉大な論理学者」と呼んでいた。信号機よりノーベル賞受賞者のほうが多いと言われるプリンストンにあっても、彼の超俗的な天才性は際立っていた。四〇年前、二四歳のときの業績で、彼は名声と世界的な注目を手に入れた。その業績とは「どのような形式的数学体系であろうと、その体系の中ですべての数学的真実を証明することはできない」という、驚くほど明晰で逆説的な定理の証明を成し遂げたことだ。

しかしこのとき彼は、失敗と迫害という悪魔に苦しめられていた。彼を診た精神科医は次のように記述している。

クルト・ゲーデル、六四歳。結婚生活三二年。妻アデーレ、七〇歳。子供なし。妻は一度離婚歴あり。

来院の目的は精神鑑定（私は拒んだが）で、それが彼の「助けになる」かもしれないから。兄と妻の強い勧めによる。

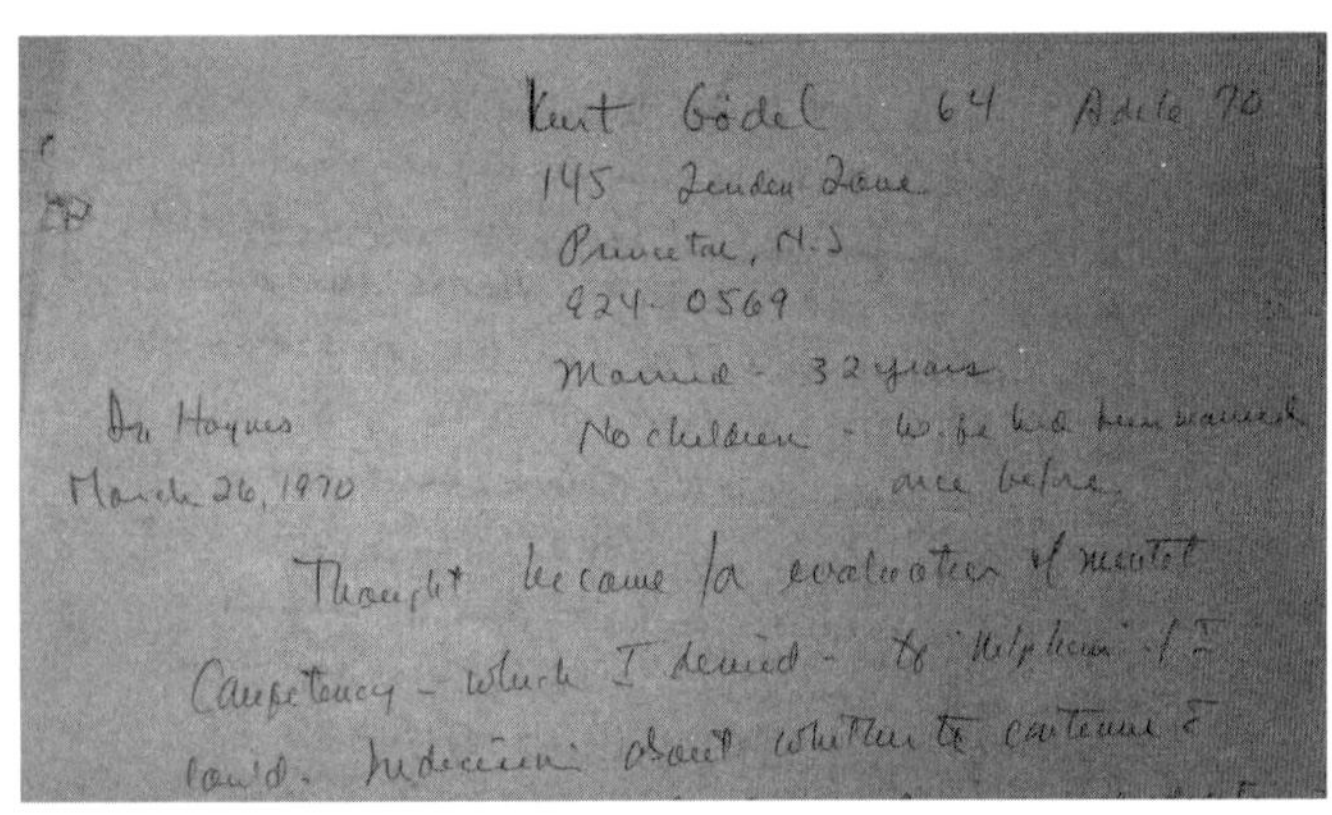
Kurt Gödel 64 Adele 70
145 Linden Lane
Princeton, N.J.
924-0569
Married - 32 years
No children
Dr. Haynes
March 26, 1970
Thought he came for evaluation of mental
Competency - which I denied -

フィリップ・エーリック医師による症例記録。1970年。

彼は自分で設定した目標に達していない、つまり〝失敗〟したので、他の人、特に同じ研究所にいる人々が、彼を失敗者とみなして排斥すると信じ込んでいた。無能のレッテルを貼られ、何もやっていないと周囲が気づき、問題を抱える存在として追い出されると思い込んでいる。

貧困に陥ることと研究所での地位を失うことへの恐怖心を持つのは、最近は何もしていない、三五年間、目立った業績を上げられていない、おもしろみのない論文を四、五本しか発表していないという考えから。大きなテーマにいくつか取り組むも、そのための才能が不足しているという思い込み。だいたい一人で研究。やり方も分野も主流に反するもの。何も生み出していないこと、若いときと同じことを成し遂げられないことへの罪悪感を持っている可能性あり[1]。

ゲーデルがフィリップ・エーリック医師の診察を初め

て受けたのは、プリンストンが季節外れに暖かい日だった。日の光がさんさんと降り注ぎ、気温は夏に近い二二℃まで上昇していた。しかしアメリカ独立戦争の一〇年前からナッソー通りに建つレンガ造りの屋敷にある精神科医の診察室の中で、彼は外套を着たまま、寒いと文句を言っていた。セーターを一枚、時には二枚も着込み、それが全体的な服装や身のこなしからにじむ古風な厳めしさと、奇妙な対照をなしていた。仕立てのいいスーツ、ぴっしりと折り目のついたズボン。額からうしろへきちんと撫でつけられた髪には白いものが混じっているが、真ん中にまるで加齢の力に逆らっているような、目立つ黒い筋があった。学者らしい大きな丸めがね、話し声は明確で、明瞭でよく響く声の、流れるような話しぶりを聞いていると、一七〇センチと小柄で痩せ型の実際の彼よりも、もっと大きくて屈強な男の姿を想像する(2)。

彼は週二回診察を受けていたが、それはただ予約をすっぽかしたときの妻の激怒が怖いからだった。妻はその年の始めにすべてが行き詰まり始めたとき、わらにもすがる思いで、助けを求めて夫の兄を呼び寄せていた。兄のルドルフは四月第一週に到着していたが、ゲーデルはすぐ彼とも口論になった。エーリック医師はこう記している。

妄想のような考えを話す。兄は悪意に満ちた人間で、自分を破滅させようと陰謀をめぐらしている。それは妻と家、研究所での地位を、自分から奪うためだと。また兄が冷静さを保てず、自分に怒りをぶつけるのは誤った対応だと感じている。私は兄を擁護した——兄の行動は善意によるもので、あなたに害をなすつもりはないし、そもそもあなたの妻が呼び寄せたのだと。

私は無理強いをしてでも診察を受けさせる必要があったのだと強調した。

患者はすぐさま反論した。「フロイトの理論には唯物論が明示されているが、それは論理学と哲学の研究で自分が完全に否定したのと同じものだ。心は二〇世紀の人間が信じようとしていたよりも、身体に基づく部分ははるかに少なく、精神に基づく部分がはるかに多い。中世の思想家たちが心の病を『精神が侵された状態』ととらえていたのは正しかった。やがて真実が見出されるはずだ。とはいえ科学は今後しばらく唯物主義の方向へ進むだろう」と。

一度、ゲーデルはエーリック医師に、そのとき受けている診察は治療とは思っていないと告げた。ただ友人と話しているようなものだと。ゲーデルの友人はみんないなくなった。一九四〇年代から五〇年代を一緒に過ごしたアインシュタインにとって、彼は誰よりも親しい仲間だった。アインシュタインに言わせると、自分もそのころには大したことはしておらず、ただ「クルト・ゲーデルとともに家まで歩けるという特権を享受するため」研究室に来ているということだった[3]。彼らの姿はプリンストンの名物的な光景だった。滑稽なほど似合わない二人が、毎日午後に研究所の広々とした芝生をともに歩いて家に向かう。彼らは性格もあらゆる面で正反対だった。もじゃもじゃの髪とだぶだぶのセーターにサスペンダーがトレードマークのアインシュタインは「穏やかなおじいちゃんみたいで、嫌う理由がまったくない」と、ゲーデルはかつて母親に向かって言った。ゲーデルが送った写真の、だらしなく「不快な」アインシュタインの風貌を見て、母親が否定的なコメントをしたため、友人をかばったのだ[4]。ゲーデルは厳粛で生真面目、極度に痩せていて、夏の酷暑の

プリンストンでアインシュタインと歩くゲーデル。

中でも白い麻のスーツとおしゃれな中折れ帽を身に着けていた。それでも彼らは毎日一緒に歩きながら、ドイツ語で生き生きと、政治、物理学、哲学、人生について議論を交わしていた。

しかしアインシュタインも一五年前に死んでいた。もう一人、プリンストンで親しかった同僚、温和で優れた経済学者だったオスカー・モルゲンシュテルンは、ウィーンにいたころからの知り合いだったにもかかわらず、わけもなく自分を見捨てたと、患者であるゲーデルは言い立てた。「私は親友を失った」と哀れな声で言う。そして今度は、三〇年にわたって面倒を見てくれていた、学者の理想郷であるプリンストン高等研究所までも、自分を見捨てようとしており、クビにされると信じ込んでいた。それどころかすでにクビになっているのかもしれないとも。その決定は秘密にされ、自分に知らされていないだけではないかと。

いくら医師が説得しようとしても、患者は鉄壁の論理で返すのだった。

ゲーデルは自分の考えが本当だとまだ信じている。それを疑ってしまうと、自らが異常であると認めることになり、生涯の仕事である研究の正当性まで揺らいでしまう。私は、彼が客観的で本当のことを語れる人物として受け入れ、論理的な結論を導いた。そうでなければ、悪魔にでも惑わされているということになりかねなかった。

もちろん精神科医は反論もした。高等研究所の所長は彼に終身在職権付教授の地位を約束し、引退したあとも年金を払うことを保証する文書を出している。つまり「研究所での地位は永遠に保証されている」ということだ。それなのにあなたをクビにするわけがない[5]。

それにアインシュタインを見てみなさい、と彼の親友を引き合いに出すこともあった。彼が偉業を成し遂げたのも若いときだった。しかしあなたのように悲観することはなかった。

またあるときはやけ気味に、食事の前にシェリーを一杯飲むよう助言した。

医師は患者の説得を続けた。あなたは悪者を欲しがっている。その役を私にやらせたり、兄にやらせたりしている。失敗と思っていることについての罪悪感から、罰せられたいという隠れた願望に苦しんでいる。若いときに浴びた喝采と名声によって、極端に肥大化した自己に苦しんでいる。

患者はこうした意見を一笑に付した。自分は名声など求めたことはない。そんなものは何年も前に忘れた。人生を通して、自分を突き動かしてきたものは、経済的な安定を得るという望みと、仕事そのものへの興味だけだ。しかしいまは何もできそうにないと。

彼は哲学の研究の進行を妨げる、さまざまな要素を並べ立てた。結婚生活、帳簿づけ、精神と体の健康、妻の健康、研究所の義務。ときどきしか純粋な数理論理学の問題に取り組めていないこと。歴史書を読むなどの趣味。彼の場合、導入部分にのめり込んで、本質的な部分にまで到達しないと感じているようだ。

彼の最大の業績である不完全性定理でさえ、もう慰めにはならなかった。自分の功績は否定的なもの——何かが*可能*であることではなく、*不可能*であることの証明ばかりだと、彼は悲観していた。

ある時期には、症状がよくなり、ユーモアを備えた昔の穏やかな性格の片鱗が見え、減っていた体重も戻り、仕事まで再開して同僚たちを驚かせたこともある。週二回の診察が一回になり、一か月が過ぎたころ、彼はエーリック医師のところへ行くのをやめた。

しかし一九七六年、再びすべてが行き詰まるようになった。ゲーデルはすぐにでも受けなければならない前立腺の手術を拒み、食事もとろうとせず、自分の体のことで頭がいっぱいだった。そしてまた偏執症と自己嫌悪に襲われていた。死ぬ前の年、何度か診察に訪れたときのことを、エーリック医師は次のように書いている。

病状は悪化している。彼はさらに自分を追い詰めている。一年前に研究所をクビになったと思い込んでいる。強烈な自己憎悪と、罰されることへの恐怖。ささいなことで自分を苦しめる。自分の過ちを、何の関係もない人に吐露して、自分の立場を悪くする。対応が難しい、頑固な人物だ。

数か月後の一九七八年一月、彼は死んだ。そのとき体重は三〇キロしかなかった。

エーリック医師は最期の数日間、患者が食事を拒否したことについて、ずっと罪悪感に苦しめられていた人間の最後の自殺的行為と説明した。しかしプリンストン病院の主治医は違う見方をしている。「能動的な意思に基づく自殺的行為ではなく、無関心と諦念によるものだ(6)」

結局、ゲーデルが遺したのは否定的な決定だけだったのだ。

第1章　帝国の夢

安定した黄金期

クルト・ゲーデルが幼かった時代は安定した黄金期であり、晩年の苦悩に満ちた暗黒時代とは遠くかけ離れたものだった。一九〇六年、ハプスブルク帝国はまだ永遠に続くと思われていた。ブリュンに中世からあったシュピルベルク城に続く、木が生い茂る坂道のふもとに、彼の父が建てた住み心地のよい屋敷があり、その屋根裏の天窓から、彼と兄が晴れた日に外を眺めると、遠くにウィーンへと向かう機関車の蒸気を目にすることができた。ウィーンはそこから南にわずか七〇マイルの距離にあった(1)。

ブリュンという都市は、行政上はほぼチェコ語圏であるモラビアの一部で、何世紀も前からハプスブルク朝のもとで統合されてきた他の古い要塞都市と同じように、偉大なオーストリアの確固たる一部だった。帝国の端から端、南西のアドリア海から東のロシア国境まで、一〇〇〇マイル近くも鉄道が伸び、トリエステ、プラハ、ブダペスト、クラクフ、チェルノフツィ、グラーツ、レンベルクといった大都市、その他何百もの小さな町や村と、帝国の中心たる首都ウィーンとをつないで

ブリュンに向かう鉄道。遠くにシュピルベルク城、
聖ペテロと聖パウロ大聖堂が見える。

いた。この鉄道も、中央ヨーロッパに長年君臨していたオーストリア帝国の力を示す新たな象徴の一部だった。

帝国の領地は、大都市から中都市まで、どこもかしこも首都のつくりを真似ようとしていた。幅の広い環状道路に始まり、市営の劇場やオペラハウス、重厚なネオバロック、ネオクラシック、ネオルネッサンス形式の建物が秩序なく建てられているさまは、ウィーンのリングシュトラーセと同じである。漆喰の装飾を正面に施した建物の裏には、そっけないブルジョア向け共同住宅が並ぶ。帝国内では、どんな小さな町に行こうと、オーストリア人なら間違いなく、なじみのある光景と音に迎えられる。小太りの中年の駅長が、変わりばえのしない紺の制服に腹の突き出た身を包み、列車が近づくたびに敬礼を行なっていた（オーストリア人の小説家ヨーゼフ・ロートに言わせると、ある種の〝軍隊的な祝福〟）。斜めがけした黒いベルトについた小さなベル。アドリア海からロシア国境まで、どこでも同じ甲高い警笛が列車の出発を知らせる。どの駅も鮮やかな黄色に塗られ、壁に貼られた王家の黒い双頭の鷲の紋章に見守られている。駅前で客を待つ辻馬車の運転手が同じ身振りで、同じ冗談を言い合い、客に実際よりも偉い役職名で呼びかけるのがオーストリア流。ビジネスマンなら誰でも〝所長〟、軍人なら誰もが〝大将〟、大学生なら誰もが〝博士〟になる。[2] はるか遠くの田舎町のコーヒーハウスでさえ、ウィーンの店とそっくりだ。煙草の煙で汚れた壁、チェス盤やドミノの牌、ケーキワゴン、青いエプロンをつけたウェイトレス、カイザーロールとけしの実パンが乗った皿、そしてどこでも客をしっかり見張っている豊満なブロンドのレジ係。[3]

　ロートは、歴史家のジョージ・バークレーが「近代史で最も報われない恋」と呼んだ悲劇の犠牲者（祖国を熱烈に愛し、無比の避難場所と希望を与えられながら、それが無に帰すのを目の当たりにしたウィーン在住の三〇万人のユダヤ人と二〇〇万人にのぼるその親類）の一人で、一九三九年に亡命先のパリで酒の飲みすぎで死ぬ前の年、この地の不思議な団結心――一九世紀の国粋主義と憎しみ（ヘイト）による、断絶への力に逆らう不思議な団結心のようなものについて描写している。[4] ロートの最後の小説『皇帝廟』の語り手は、帝国のすべてがなくなったあとで、こんな風に回想する。

ブリュンの市営劇場。1905年。

こうして長い時がたってから初めて、ぼくは次のように洞察するに至ったのだ。多様なあり方とさまざまな来歴を持った風景や、田畑や、国民や、人種や、小屋や、そしてカフェは、遠方に置かれたものを身近にもたらし、異質なものを親しい間柄にあるものとし、そして外見では互いに離反しようとするものを一致させることのできる、ある強力な精神のまったく自然な法則に服しているに違いないのだ、と。ぼくが話しているのは、誤解され、同時に誤って利用されもした古い君主制の精神のことだ。その精神こそ、ズロドクロートにいようとも、ジポーリエやウィーンにいるのと同じように、自分の家郷にいるかのようにぼくに感じさせたものなのだった。〔ヨーゼフ・ロート小説集4『皇帝廟』佐藤康彦訳、鳥影社、四八ページより引用〕

それはゲーデルの住んでいたブリュンも同じだっ

界大戦が始まる前は、それらすべてがなくなってしまうなど想像もできなかった。

ゲーデルと同じ時代を生きた作家のシュテファン・ツヴァイクも、ロートと同じくユダヤ人で、ヒトラーから逃げてオーストリアに移り住んだものの、亡命先で絶望して自ら命を断った。彼はこの時代を〝安定した黄金期〟と呼んだ。通貨のオーストリア・クラウンは「輝く金の硬貨で、不変の価値が保証されていた」。親は子が生まれるとすぐ、その子のためのお金を蓄える。子供が大きくなるまで、それがなくなることはないとわかっていたからだ。公務員はカレンダーを見るだけで、いつ昇進し、いつ年金を確実に手にして辞められるかわかった。「この広い領地の中では、すべてが決まった場所に固定され、老いた皇帝がピラミッドの頂点に君臨し、もし彼が死んでも誰かがその跡を継ぐであろうこと、その計算しつくされた秩序の中では何も変わらないことを、オーストリア人はみんな知っていた（あるいはそう思っていた）。そのような理性の時代には、過激なことや暴力的なことは起こりえないはずだった[6]」。不変であることは、人間にとって何よりも重要な善であり、その信念に対し、社会が十分に報いてくれると信じられていた。オーストリアの不変が信じられていた時代のある歴史家は「不合理、激情、無秩序は、どんなことをしても避けなければならなかった」と述べている[7]。

〝オーストリア理念〟とは、オーストリア人の詩人で歌劇作者のフーゴ・フォン・ホーフマンスタールが、激しい大戦で祖国が永遠に消滅しかかっていた一九一七年につくった言葉である。この言葉は人種や言語の混合する地帯が、ヨーロッパ文明と文化の普遍的価値観を受け入れて伝える「和解、統合、異質なものの架け橋」の一つだった。「オーストリアは国家でも、故国でも、国民でもない」とロートの小説の登場人物である狂人の兄、オーストリア領ガリツィア出身のポーランド人の伯爵が言っている。「それは一つの信仰なんだ」。そのためオーストリアは多民族国家ではなく、国を超えたものだと、彼は説明する。「これまで世界に存在した唯一の超国民的存在である」（「私の哀れな弟は私生活の面では完全に狂っている」と伯爵は言う。「だが政治に関しては、弟ほど頭がいい者は二人とおらんぞ」。これはオーストリア人の分裂症的生活への、ロート特有の皮肉の表現の一つ[8]）

この理念は最初は押しつけだったが、やがてオーストリアという君主国家に完全に受け入れられた。東洋と西洋をつなぐ都市だったウィーンは、何世紀もの間、二つの文化の交差地点であり、必然的にさまざまなものが混ざり合っていた。一五四八年にそこを訪れたプファルツ出身の教師が、商業地では、ポーランド語、ハンガリー語、クロアチア語、チェコ語、イタリア語、トルコ語、ギリシャ語、ヘブライ語、アラブ語など二〇あまりの言語が話されていたと証言している。[9] ハプスブルク家で初めて神聖ローマ帝国皇帝となったフリードリヒ三世は、一四五二年に、オーストリアの文明化の使命を明文化し、ＡＥＩＯＵというセンスのない略語にまとめ、寺院から食器まで、あらゆるものに刻んだ。これはAlles Erdreich ist Österreich untertan（全世界がオーストリアの支配下にある）というドイツ語の略語である。その後の二〇〇年、オーストリアは、少なくともヨーロッパ・キリスト教〝世界全体〟では、それにかなり近いことをやっていて、ハプスブルク家が、中央ヨーロッパ中核地帯の他に、スペイン、オランダ、イタリアのほぼすべてと、フランスの一部を支配していた。

よいハプスブルク

一八世紀末の啓蒙時代には、オーストリアはスペインを失っていたが、東にあるハンガリーとトランシルバニアを獲得していた。当時の皇帝は二世紀後のいまでも、オーストリアでは〝よいハプスブルク〟（もっと辛辣な言い方では〝ばかではない唯一のハプスブルク〟）と呼ばれている。ヨーゼフ二世は国の行政の近代化に熱心で、一七六五年から九〇年の治世で多くを成し遂げ、オーストリア理念を実現した。彼は法制度を職業化し、地方貴族の専横的な権力を取り上げ、法のもとの平等を確立した。行政区の境界を理論的に決め直し、農奴制を廃止し、農民が自ら耕していた土地の世襲の借地権購入を許可した。修道院を閉鎖し、売却代金で学校を建設した。ウィーンに、世界最大の近代的な病院と、同国で初めて精神病患者のための人道的施設を設立した（すぐさまばかの塔（ナレントゥルム）とあだ名がついた）。そこはいまでも、病理組織標本と解剖標本の不気味なコレクションが並ぶ場所として存在している。その間、彼はモーツァルトのウィーンでの最後の輝かしい日々をパトロンとして支えていた[10]。

ヨーゼフ二世は理想的な官僚国家（ベムテンシュタート）、つまり完璧な行政体制を夢見ていた。そこでは公僕は献身的で忠実で有能な現世の聖職であり、「国をよくする」という熱い思いだけで働き、帝国の隅々にまで合理性と秩序が広がる世界をつくり上げる。[11] 彼は何百もの法令を出し、通りの幅から町の衛生、葬儀の価格、森林管理、橋や鉱山の点検、食物市場の監督、レンガ工場、コーヒーハウス、老人や貧民の世話などを規定し、学校の校舎の場所、規模、設備、各教室の黒板の正確な位置まで指定した。一八〇〇年には、公務員はほぼすべて大学の学位を持ち、官僚の王室への文化的帰属感が強まったことが後押しとなり、帝国全体にウィーン風が確実に広がった。[12] アドルフ・ヒトラーは地方生まれのオーストリア人であり、洗練された首都への反感を募らせていたが、その彼をもってしても、故国を彼の帝国に併合したあとでさえ、ウィーンをハプスブルク帝国の首都という神秘的な地位から追うことはひどく難しいと証言している。ヒトラー総統は一九四二年、他に考えることもあったと思われる時期に、一九三八年の独墺合邦〔ドイツとオーストリアの併合〕後でもオーストリア領地において「文化的にウィーンの優勢を変えることは、とても難しい」という立ちを表明していた。[13]

ヨーゼフは、よき統治を行なえば、広がり続ける帝国の国民は感謝して、家庭、社会、一族、国家への忠誠を、祖国に振り向けるという賢明な判断をするだろうと考えていた。祖国は自分たちに安定と――まさに当時六〇〇〇マイル離れたアメリカで独立宣言に書かれた言葉を思い出させるが――〝幸福〟という恵みを与えてくれるものなのだから。[14]

二〇世紀になろうとしているとき、民族より思想の上に成り立っているという特性を持っていた国は、オーストリアとアメリカ合衆国だけだった。オーストリア＝ハンガリー帝国のオーストリア側の公用語はずっとドイツ語だったが、オーストリア人のほぼすべて、そしてもちろん支配階級すべてが、自分たちは決してドイツ人ではないと思っていた。母語がドイツ語の国民は、帝国内では常に明らかなマイノリティだった。二〇世紀最初の一〇年が過ぎるころ、オーストリアの人口二八六〇万人のうち、ドイツ人が一〇〇〇万、チェコスロバキア人が六四〇万、ポーランド人が五〇〇万、ルテニア人（ウクライナ人）が三五〇万、スロベニア人が一二五万、セルボ＝クロアチア人が七八万、イタリア人が七七万、ルーマニア人が二七万五〇〇〇人、その他の外国人が五〇万人弱だった。また、ハンガリーの人口二〇九〇万人のうち、ハンガリー人が一〇〇〇万、ルーマニア人が二九〇万、セルボ＝クロアチア人が二九〇万、ドイツ人が二〇〇万、スロバキア人が二〇〇万、ルテニア人が四七万人だった[15]。

帝国時代を通してオーストリア人が話していたドイツ語には独特な特徴があり、ドイツ人のドイツ語とまったく違うものになっている。オーストリア人の熱心なカトリック信仰が、プロテスタントが主流のドイツ北部と大きく違っているのと同じである。オーストリア人のドイツ語には、北隣の国に対する独特の罵り語があるが（Piefkeという、ドイツ人に対する蔑称。ザワークラウト野郎というような意味）、それ以外にも、帝国内のあらゆる言語から入ってきた語がたくさんあり、〝高尚な〟ドイツ語を話す人々を悩ませている。Tollpatsch（不器用者。ハンガリー語のtalpusから）、Jause（おやつ。スロベニア語južinaから）、Faschak（ハンサムな男性。チェコ語fešákから）、sekkant（面倒な。イタリア語seccanteから）、そしてイディッシュ語に由来するmeshuggah（頭のおかしい）、Ganif（泥棒）、Mischpoke（家族）などの語がある。

オーストリア＝ハンガリー帝国。1906年。

本物のウィーンっ子たちのスラングは、ウィナーリッシュと呼ばれる独特の方言で、ウィーンの住人でないとほとんど理解できないが、その特徴の多くが皇帝とその側近、公務員や軍隊の上層部、中産階級が話す〝シェーンブルン・ドイツ語〟にまで入り込んでいる。ある歴史学者の説明によると、それは「人々が歩み寄るための優しい語法」なのだ[16]。

言葉、貴族階級、軍隊、官僚主義などと同様、オーストリア特有の料理は多種多様な土地に由来しているが、その起源から、有名なウィーンのコーヒーハウス、ホテル、レストランの人気料理に至るまでドイツ人エリートは、ほとんど何も寄与していない。コーヒーはオスマントルコ、アップルシュトルーデル〔生地で包んだりんごパイのような菓子〕はハンガリー、菓子パンとアプリコットダンプリング〔じゃがいもの生地でアプリコットを包んだ団子〕はチェコのものだ。何よりウィーン料理で最も有名なウィンナーシュニッツェル〔仔牛肉の薄いカツ〕は、イタリアのコトレッタ・アラ・ミラネーゼにドイツ語の名前をつけただけだ。

帝国の支配下にあるすべての人（ユダヤ人を含め）に平等な政治的権利が認められたのは一八六七年だった。オーストリアでは国家とはどんな民族であれ包括的に守るものという意識が強かったため、一八四八年革命がヨーロッパを席巻していたときも、オーストリアで台頭していたスラブ愛国運動家たちは、（歴史学者のM・ジャドソンによれば）自らを「ハプスブルク帝国の理念の代理人」とみなしていた。彼らは帝国を打倒するのではなく、つくり直すことを目指していた。革命が起こっていた時期、チェコの愛国者がオーストリアについて、とても有名な、しかしだいたいは誤って引用されるようになる、ある一節を書いている。それはフランティシェク・パラツキーの「オーストリア帝国が存在しなかったら、つくり出さなければならなかっただろう」という言葉で、だいたいは単なる皮肉な警句に矮小化されている。しかし彼が言わんとしていたのは、もっと深くまじめなことで、ヨーロッパと被支配民族の両方の安定の維持に帝国が唯一無二の役割を果たしたということだった。「オーストリアが長いこと出現していなければ、できるだけ早くそれをつくろうとすることが、ヨーロッパと、そして本当に人間にとっての利益にかなっている」[17]

オーストリアという国は、大きな困難や、一九世紀の時代精神(ツァイトガイスト)にも逆らって、革命派からさえも反革命主義者を生み出していた。

半端に踏み固められた道、半端に完結した法令

一九世紀のオーストリアの安定を具現化したのが、一八四八年から一九一六年まで国を治めた、長生きでマトンチョップひげをたくわえ、国民から愛されたフランツ・ヨーゼフ一世である。彼はある意味、ドラマチックな人生を送った王族である。軍服と虚飾を常に身に着け、狩りと馬に夢中で、毎朝五時に、洞窟のように居心地が悪く、趣味も悪いが、金と赤のビロードで細やかに飾りつけられたホーフブルク宮殿で目を覚まし、厳格に決められた毎日の謁見、閲兵、国家的儀式を行なう準備をする。国じゅうのすべての臣下が皇帝の正式な肩書をそらんじていた。それは国の偉大さ、歴史、そして時代錯誤的な重みを感じさせる。

皇帝にして国王陛下
聖なるオーストリア皇帝およびハンガリー、ボヘミア、ダルマチア、クロアチア、スラボニア、ガリツィア、ロドメリア、イリュリア王
エルサレムなどの王
オーストリア公爵
トスカーナおよびクラクフ大公
ロレーヌ、ザルツブルク、スティリア、カリンシア、カルニオラ、ブコヴィナ公爵
トランシルバニア大王子、モラビア辺境伯
アッパー・アンド・ロアー・シレジア、モデナ、パルマ、ピアツェンツァ、グァスタラ、アウシュビッツ、ザトル、テッシェン、フリウリ、ラグーザ、ザーラ公爵
ハプスブルク、チロル、キーブルク、ゴリツィア、グラディスカ諸侯
トレント、ブリクセン王子
アッパー・アンド・ロアー・ルサティア、イストリア辺境伯
ホーエンエムス、フェルトキルヒ、ブレゲンツ、ゾンネンベルクなどの伯爵
トリエステ、カッターロ領主、ウィンディッシュ辺境伯（マルク）
セルビアなどの大領主（ヴォイヴォダ）、などなど。

この大げさな呼称は、重大な儀式で公に発せられ、それによってオーストリア皇帝たちは、死後に初めてキリスト教徒の謙虚さを誇示していた。壮麗なホーフブルク宮殿から葬列が細く曲がりくねった道を通って、王室の納骨堂のある小さなカプチン修道会の教会に来ると、侍従長が扉を叩いて到着を知らせる。そして「我は……」と切り出し、皇帝の肩書を延々と続ける。カプチン修道会の修道士はそれに対して「我はその人を知らず」と答える。再び「皇帝にして王」と名乗って拒絶されたあと、侍従が三回目に扉を叩き、死者は「哀れなる罪人(つみびと)」であり、最期の安楽の地へ行くことを望む者として入場の許しを求めると、ようやく扉が開く。

フランツ・ヨーゼフはオーストリアを、近代的で繁栄したきわめて教育レベルの高い国へと育て上げたが、それは決して推し進めたわけではなく、半ば過去を見ながら、ためらいつつ仕方なくやっていたことだった。一九世紀のウィーンの戯曲家フランツ・グリルパルツァーは、ハプスブルク家が歩んできた「半端に踏み固められた道、半端に完結した法令」について語っている。ヨーゼフ二世の後継者だったオーストリア皇帝フランツ一世は、一七九二年から一八三五年までの治世で、原則として変化に逆らい、現状からのどんな変化も、帝国そのものの脅威ととらえた。「我が帝国は、虫が食った家に似ている」と彼は発言している。「一部を取り除いたら、どのくらい壊れるかわからない」。彼は教師に「新しい理念には絶対に近づかないよう」求めた。「我に必要なのは学者ではなく、むしろ正直な市民だ(18)」

フランツ・ヨーゼフはというと、民主主義、ナショナリズム、国内問題へのカトリック教会の影響力に関わるあらゆる改革について、判断を遅らせたり、撤回したりしていた。私生活においても、できるだけ近代化に押し流されないようにしていた。彼の在位時代、ホーフブルク宮殿では、まだ石油ランプが使われ続け（皇帝は電気の光は目障りであると言っていた）、各部屋の隅に置かれた陶器製のストーブで暖をとっていた。義理の娘であるステファニーが宮殿の時代遅れのトイレ設備に不満を持ち、自費で二つのバスルームを備えさせた。宮廷マナー、衣装、給仕の方法などは、三世紀前のスペインの宮廷作法にのっとっていた。フランツ・ヨーゼフは死の床で、急いで呼ばれた医者の服に激怒したという話が伝わっている。「家に戻ってきちんとした服を着てこい」と、死を前にした皇帝は命令したという。[19]

ヨーゼフ二世の合理的な政府の機構は、その後継者たちのもとでも成長を続けていたが、それは啓蒙活動よりも抑圧と体制維持の道具として使われることが多かった。フランツ・ヨーゼフは四つの部隊を用いて統治したと言われている。行進する軍隊、ひざまずく聖職者、腰かけている官僚、そしてこそこそ歩き回る秘密警察と何千人もの密告者たちだ。一八六〇年代には一〇万人だった官僚は、一九〇〇年には三〇万人にまで増えた。彼らは尊敬されるのではなく恐れられる存在で、ささいな規則にこだわって人民を苦しめることもあり、合理的につくられた機構ではなく、帝国の大いなる矛盾に無理に折り合いをつけようとする上部機関になっていた。[20] 一八六七年、フランツ・ヨーゼフはいきり立った国粋主義者を鎮めるため複雑な妥協案に同意し、その結果、彼の支配下に残されたのは、帝国の東半分だけになった。ハンガリーには独自の議会が認められ、フランツ・ヨーゼフはオーストリア皇帝としてではなく、ハンガリー国王として議会に出席した。結果的に二つではなく三つの独立した官僚組織ができあがった。ハンガリー王国のための官僚、オーストリア帝国のための官僚、そして戦争・外交・財務といった業務を共同で行なう官僚である。フランツ・ヨーゼフの時代に国家機関の名称としてよく使われた「k. und k.」は、「皇帝と国王（kaiserlich und königlich）」のことで、彼の二つの役割を表わしている。オーストリア側の王国には本当の名前がつけられないままだった。公式の呼称は「帝国議会において代表される諸王国および諸邦」というだけで、官僚たちが非公式に使っていたのは、「オーストリアとハンガリーを隔てるライタ川のこちら側」を意味する「ツィスライタニエン」という、あまり響きのよくない言葉だった。オーストリア人の作家ロベルト・ムージルは、オーストリア＝ハンガリー帝国時代を舞台にした大作小説『特性のない男』で、この混乱した状況を「カカニア」と呼んだ。これはk. und k.をもじったもので、汚物の国を意味する。[21]

官僚とは対照的に、軍隊は恐れられる存在ではなく敬意を払われていた。フランツ・ヨーゼフの治世の間、戦争には次々と敗れ、そのたびに帝国が少しずつ失われていった。しかし軍の行進は常に見栄えがした。シュテファン・ツヴァイクは、この軍は将軍より楽団指揮者のほうが優れていると言っている。そしてジークムント・フロイトがインコの羽と呼んだ、鮮やかなグリーンとブルーの上着を真っ白なズボンに合わせた軍服が、公式行事にいつも花を添えていた。戦場では屈辱を受けることが続いたが、「ヨーロッパでこれほど人気の軍隊は他にない」と、歴史学者のウィリアム・M・ジョンストンは書いている。[22]ヨーゼフ・ロートの傑作『ラデツキー行進曲』の特にすばらしい場面の一つは、年に一度の聖体の祝日の行進を描いたところだ。このときばかりは、シニカルで懐疑的なウィーン人でさえ、少なくともしばらくのあいだ、オーストリアの夢を信じることができるのだ。

明るいブルーをまとった真っ赤なトルコ帽が、神の使徒たる陛下に敬意を表すためにイスラムによって点火された小さな祝砲のように、陽光を浴びて輝いていた。幾台かの黒塗りの儀装馬車には、金色の盛装をした金羊皮の騎士たちと、黒ずくめの服装の、赤い頬髯の市参事会員たちが座っていた。彼らのあとには、皇帝のお傍でその情熱を抑えている威風堂々たる嵐のように、親衛隊歩兵の馬の毛飾りがなびいていた。最後に、高らかに響きわたる全員集合の緊急号令を前触れにして、「神よ守りたまえ、神よ護りたまえ」という地上の、しかしとにかくも神の使徒たる軍隊の智天使を歌ったオーストリア＝ハンガリー二重帝国国家が、立っている群衆、行進する兵士たち、静かに速足する馬たち、音もなくゆるゆると進む馬車たちの上に、湧き起こった。……明るいファンファーレの吹奏が鳴り響き、続いて、気をつけ、気をつけ、老皇帝陛下のおでましだ！　という陽気な警告の叫びが、突然上がった。

そして皇帝がやってきた。八頭の真っ白な白馬が皇帝の馬車を引いていた。馬上には金の刺繍を施した黒の上着と、白の鬘を被った馭者たちが乗っていた。彼らは神々のように見えたが、実は半神たちの僕にすぎなかった。場所の両側にはそれぞれ二人ずつ、黄色と黒の豹の皮を肩に掛けたハンガリーの近衛兵が立っていた。彼らは、皇帝フランツ・ヨーゼフがその町の王である、あの聖なる都市、エルサレムの城壁の番人を想起させた。皇帝は、君主国のあらゆる肖像画で知られている、真っ白の上着を着し……皇帝は四方八方に微笑みかけた。……シュテファン大聖堂からいくつもの鐘が鳴り響いた。それは、神聖ローマ帝国の皇帝に伝えられるローマ・カトリック教会の挨拶であった。老皇帝はすべての新聞がこぞって讃える、あのしなやかな足どりで馬車から降り立ち、市井の平凡な人のように教会へ入っていった。徒歩で彼、すなわち神聖ローマ帝国の皇帝は、鐘の響きに包まれながら教会へ入っていったのだ。〔『ラデツキー行進曲（下）』平田達治訳、岩波書店、八八～九〇ページより引用〕

「オーストリア＝ハンガリー帝国軍の少尉は誰一人として、このセレモニーを無関心で打ち眺めていることはできなかったであろう」と、ロートは続けて書いている。ここでの少尉とは国民のことだ[23]。フランツ・ヨーゼフと「我が国民よ（To My Peoples）」で始まる彼の声明は、国民からまさに文字どおりの意味として、この多言語がひしめく不思議な帝国での平等の権利と、帝国そのものを保証する存在として受け入れられていた。国民にとってフランツ・ヨーゼフは、神聖さと親しみが混ざり合った存在だった。フランツ・ヨーゼフ時代の政治的キャッチフレーズが、それを見事に表わしていた。「そりゃ、あのおやじさんに、そんなことはできないよ[24]」

科学と医学のメッカ

産業革命、自由民主主義の勃興、科学的・医学的な新発見、中産階級の台頭といった、一九世紀ヨーロッパの文明の象徴するものすべてが、オーストリアへは遅れて到達した。そのためようやく到来したときには、大陸の他の土地では見たことのないような高揚感を人々にもたらした。有名なリングシュトラーセの建設は、帝国の都市開発が遅れていて、中心部に未開の広大な土地が残されていたからこそできたことであり、古い帝国の生活を活気づける新しいエネルギーの象徴となった。

フランツ・ヨーゼフの命令により、昔の城壁や門とともに、五〇〇メートルほどの斜堤（グラシ）（ホーフブルク宮殿を守るためにつくられた緩衝地帯）が撤去され、中世の要塞は、街路樹が並ぶ大通りとその間の公園、そして新築の巨大な建物が並ぶ美しい近代都市に生まれ変わった。ウィーンが偉大なる帝国の首都であることを知らしめるため、新しい建物は〝歴史主義〟という、どうとでもとれそうな名前の様式でつくられた。あるものは古代風、あるものは近代的、あるものはディズニー風で、それぞれが文明の殿堂の中で存在を主張していた。議会はギリシャ風神殿、美術館はバロック風宮殿、大学はルネッサンス風宮廷、ヴォティーフ教会はゴシック風大聖堂。それらはすべて何かの模倣であり、特にオペラハウスは一つの建物にあらゆる様式を取り込んでいるように見えた。地元ウィーンの言葉で、リングシュトラーセと、二人の著名な建築家を揶揄した風刺的な短詩がある。

シカールスブルクとファン・デル・ニルは
名前のある様式を持たない
ゴシック、ギリシャ、ルネッサンス
彼らにとってはみんな同じ！

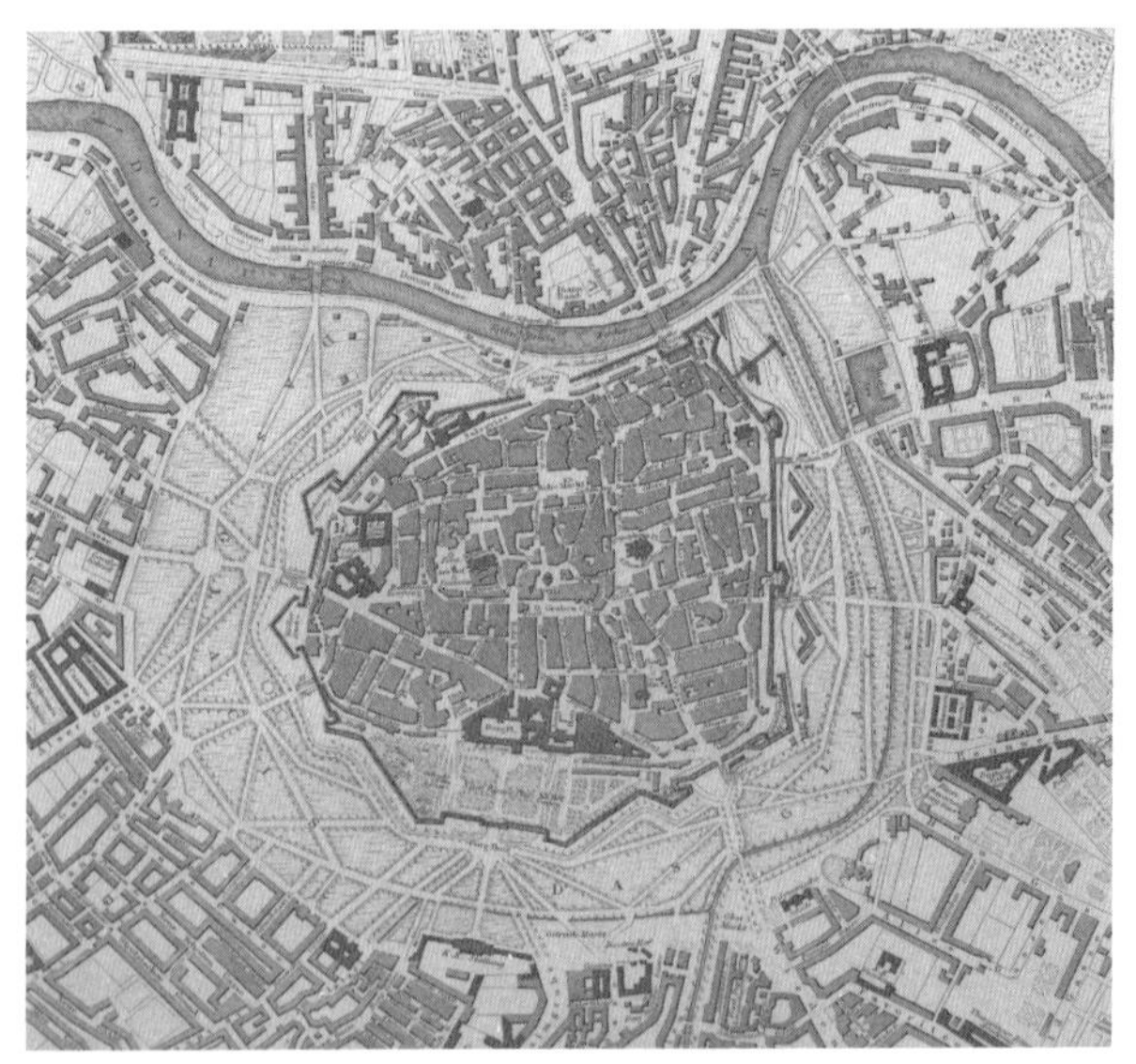

ウィーンの中世の城壁と斜堤。

完成間近のリングシュトラーセ。(左から右に) 議会、市役所、大学(うしろにヴォティーフ教会の尖塔)、ブルク劇場。

しかしリングシュトラーセは都市計画の成功例としてすばらしいもので、それはいまでも変わっていない。当時の都市の中でも特に目を引く構造で、生命力と活力にあふれ、文化と商業が花開いていた。明るく照らされたコーヒーハウス、優美なホテル、エフルッシ家、ロートシルト家、ウィトゲンシュタイン家、その他、オーストリアの商工業の急激な発達で財をなした名門一族の豪邸、すべてがウィーンの伝説的な魅力を織りなしていた。

何世紀にもわたって街を悩ませてきた洪水を防ぐためのドナウ川の導水。はるか遠くアルプスの湧き水から、とりわけ澄んでいることで有名なウィーンの市営水道に水を供給する水道橋の完成。「都市のイメージの美化」を目指す整備も行なわれ、さらに住みやすくなり、急激な進歩を感じさせた。

一九〇〇年には、オーストリアの経済成長率はイギリスを上回り、貿易や繊維、鉄鋼、ガラス、機械、楽器などの製造による繁栄の波に乗って、中産階級の地位が押し上げられた[26]。ゲーデルの母方と父方の近い祖先もまた、その恩恵を受けていた。二世代の間に、革職人や手織り職人、あるいは製本工から、一九世紀半ばにブリュンにつくられ、急成長していた繊維工場の経営者となったのだ。

オーストリアは文化、学問、科学の中心地としても、著しい発展を遂げていた。それも、とりたてて優れていたわけでもないところに降ってわいたように現われたことが、その存在感を強めていた。一八〇八年にオーストリアを訪れたフランスの文化人であるマダム・ド・スタールは、科学や文学の面で、そこに特筆すべきことはほとんどないと感じていた。「この国はとても穏やかで、どんな階級の市民も毎日を快適に過ごせるので、知的快楽についてあまり考えていません」[27]

一九世紀末には、オーストリアはヨーロッパ最大規模の包括的な教育システムを備えていただけでなく、医学、物理学、哲学、数学の分野で世界を牽引する存在として認められていた。ドイツ生まれで一九世紀に活躍した細胞生物学と病理学のパイオニアであるルドルフ・フィルヒョウは、この時代のウィーンを「医学のメッカ」と呼んだ。一九世紀後半、ウィーンの医師たち——その多くがボヘミア、モラビアなどの出身——は、世界初の医学的技術を次々と生み出した。アドルフ・ローレンツは、切らずに内反足を矯正する外科治療法を発明、フェルディナンド・フォン・アルトは近視の原因を解明し、エドアルド・イェーガー・フォン・ジャクタールは視力検査表を開発し、めがねの処方を標準化した。ヴィンツェンツ・フォン・ケルンは傷の治療法を大幅に改良し、テオドール・ビルロートはエーテルとクロロホルムを麻酔として使用した先駆者となった。カール・フォン・ロキタンスキーは何万件も死体解剖を行ない、近代的な病理診断の基礎を築いた。そして誰よりも有名なのがジークムント・フロイトである。モラビア地方北東のフライベルクに生まれた彼は、人間心理に関する革新的な説をすでに発表し始めていた。ウィーン大学の医学部の評判は高く、ヨーロッパじゅう、やがてアメリカからも学生が集まってきた[28]。

自然科学の分野では、オーストリアから優れた理論家や実験家が多く輩出された。クロアチア出身の天才電気技師ニコラ・テスラは、オーストリア帝国のあちこちに設立された、ドイツ語での教育を行なう高等学校ギムナジウムの一つ、カルロヴァッツで学んだ。経済学に革命をもたらした限界効用理論（価格は材料費や人件費ではなく製品の需要によって決まる）の生みの親であるカール・

メンガーは、ポーランドのガリツィア地方出身で、プラハ、ウィーン、クラクフで学んでいる。物理化学の大家の一人であるルートヴィヒ・フォン・ボルツマンはウィーン出身である。彼は原子の統計的ふるまいを、金属の熱容量や気体の圧力といった、物質の物理的性質に関連づける統計力学の理論を開発した。また、ゲーデルの故郷であるブリュンからは、遺伝学者の修道士グレゴール・メンデル、そして実験物理学者のエルンスト・マッハが生まれている。マッハの超音速の力学研究は、飛行中の弾丸とそれに伴う衝撃波の驚異的な画像まで撮影できる高速度写真の開発へとつながり、その業績によって彼の名は音速の単位として刻まれることになった。

オーストリアの教授の誰もが、ウィーンやゲッティンゲン、ベルリンなどのドイツの名門大学で教えることを目指していたが、ほとんどの場合、まずはオーストリアの遠く離れた地方にある大学の教員から始めなければならなかった。ゲーデルの論文指導者であり恩師でもあるハンス・ハーンもその典型で、最初に職を得たのはウクライナのチェルノフツィにあるフランツ・ヨーゼフ大学で、そこで六年を過ごした。

ハンガリーも帝国全体をおおう知的興奮と科学の進歩の渦に巻き込まれていた。ジョン・フォン・ノイマン、エドワード・テラー、レオ・シラード、ユージン・ウィグナー、テオドール・フォン・カルマン、ポール・エルデシュ、ジョージ・ポリアなど、きら星のごとく並ぶ二〇世紀を代表する物理学者や数学者が、世紀末のウィーンと同じくらい優れたハンガリーの教育システムから生まれている。みなハンガリーの中産階級のユダヤ人家庭の出身で、その多くが第二次世界大戦中マンハッタン計画に従事し、ドイツではなくアメリカの、世界初の原子爆弾開発に手を貸すことになる。

オーストリア＝ハンガリー帝国末期の、自由主義的価値観が高まった時期に行なわれた教育改革では、暗記型学習よりも創造的思考や実験への好奇心が重視された。テオドール・フォン・カルマン（一九三四年にアメリカに移住したため、帝国は当時最も優れた航空技術者の一人を失った）の〝フォン〟という名は、一八九〇年代に学校制度を近代化した功績により、彼の父親がフランツ・ヨーゼフから男爵の位を授与されてつけられた。フォン・カルマンは「本からルールを学ぶことはなかった」と、父が導入した啓蒙主義的な学習方法について語っている。「ルールは自分たちで考えようとしていた」。一九三〇年代に核の連鎖反応を発見したレオ・シラードは、彼が若かったころのブダペストについて、経済的安定が当然のこととされ、学問上の業績に最高の価値が置かれていた社会だったと回想している[29]。

一八〇八年にマダム・ド・スタールが見た、オーストリア社会の伝説的な快適さ、人生の甘美さへの愛着は、知的興奮を求める新たな雰囲気の中でも失われることなく、当時ウィーンが誇っていた知性重視の世界をより魅力的にしていた。何十もある名高いコーヒーハウスでゆったりと過ごす午後。大理石の天板、装飾の施された吊りランプ、棚に置いてある無料の新聞を読みながら飲む、ウェイターが銀のトレイで水のグラスとともに運んでくる、たっぷりのホイップクリームを乗せた濃厚なブラックコーヒー。四旬節前の長い日々を彩る舞踏会で夜通し踊るワルツ。〝魅力的な空虚〟を味わうウィーンのオペレッタ。週末は電車で素朴なワイン酒場への小旅行としゃれこむ。丘のふもとに町のワイン畑の入口があり、その年のワインを飲みながら、町とその下に流れるドナウ川の全景を楽しむことができる。当時世界に名をとどろかしていた、卓越した芸術、医学、科学、ウィーンっ子たちを擁する都市で、そんな経験をしたら「宇宙はここを中心に回っていると大真面目に思ってしまうかもしれない」と、歴史学者のウィリアム・M・ジョンストンは言っている[30]。

チャンスにあふれた土地

ゲーデルはユダヤ人ではなかったが、織物の中心地であるブリュンで育ち、才人が集まるウィーン大学で学ぶと、親しい友人のほとんどがユダヤ人かユダヤ系であることに気づいた。これは偶然ではなかった。経済の自由化と新しい教育機会の恩恵をこれほど享受した集団は他になかった。ゲーデルの父は織物工場で働き、のちに共同経営者にまでのぼりつめるのだが、その工場の所有者であるフリードリヒ・レートリッヒはユダヤ人の両親の間に生まれ、大人になってルター派に改宗した。ブリュンでの中学時代、ゲーデルが通っていた科学中心の実科ギムナジウムでの親しい友人たちもすべてユダヤ人だった。そして大学で出会い、彼自身もすぐにその一員となった数学や哲学好きの優秀な仲間、彼に大きな影響を与えた教授たちも、ほぼすべてユダヤ人だった。

何世紀にもわたって大学や専門職、工芸家の同業者組合（ギルド）から締め出され、過酷な課税や法的な制限を受けていたため、ウィーンのユダヤ人の人口は数千人程度にとどまっていたが、一八六七年にフランツ・ヨーゼフが出した信教の自由と平等な公民権を認める法令を受け、ユダヤ人の意気は大いに高まった。伝統的に教育を重視するユダヤ人の姿勢の成果は、すぐにオーストリアの医学、科学、文学に表われた。一八九〇年代には、ユダヤ人は帝国の人口の五パーセント、ウィーンの人口の一〇パーセントを占めるにすぎなかったが、大学進学希望者が通う、厳格な教育を行なうギムナジウムの学生の四〇パーセントがユダヤ人だった。ユダヤ人の比率はウィーン大学では三〇パーセント、医学部では五〇パーセント近かった。[31]

伝統工芸の職人や小さな商売を行なう人々にとって、産業革命は生活を脅かすものとして警戒されていたが、ユダヤ人にとっては、ギルドや貴族、国境に縛られない新しい経済的自由により、失うものはなく、得るものばかりというチャンスに他ならなかった。[32] ユダヤ人の大銀行家も、はじめは製造業や国際貿易という新しい分野で財産を築いた。たとえばウィトゲンシュタイン家は鉄鋼、ロスチャイルド家は鉄道、エフルッシ家は穀物や石油というように。オーストリアのユダヤ人は、モラビアやオーストリアのニーダーエスターライヒ州を中心とした繊維産業のパイオニアだった。ウィーンに最初のデパートを設立したのもユダヤ人である。

この新しい世界において、オーストリアのユダヤ人はいくつか他にない強みを持っていて、そのおかげで彼らは社会の最前線に躍り出た。帝国の東の果てにある、きわめて貧しい伝統的な小さなユダヤ人コミュニティでも、識字率は一〇〇パーセントに近かった。ユダヤ人の少年は、幼いころから三つか四つの言語を習得していた。家庭で話すイディッシュ語、トーラー〔モーセ五書と呼ばれる、旧約聖書の最初の五書〕を学ぶために三歳から読み書きを習うヘブライ語、タルムード〔神がモーセに与えたとされる、口伝で語り継ぐべき律法〕を学ぶためのアラム語、ポーランド語、ハンガリー語、チェコ語、ウクライナ語、ルーマニア語など、それぞれの土地の言語。そして多くの場合、帝国の行政や一流校での公用語であるドイツ語を学ぶことも多かった。ユダヤ教の伝統に深く刻み込まれている学問への敬意は、宗教以外の生活にもすぐに伝えられ、それに伴って、自分たちが長い間得られなかったものを取り戻したいという強烈な欲望も広がった。オーストリアとドイツのギムナジウムの教師たちは、ユダヤ人の生徒たちの知識への渇望、勤勉な態度、そして親たちが教育に熱心に関わることを指摘していた。彼らは「子供の成長を注意深く見守り」、絶えず教育の重要性を伝えていると[33]。

産業界と同じように、ユダヤ人学者は科学や芸術の分野でも創造上のリスクを恐れず、実験的な試みを行なうことを厭わなかった。それも既得権を持たず、失うものが少なかったからできたことだ。フロイトは、過去の疎外感が自分の画期的な学説を生み出すときの強みになったと語っている。「ユダヤ人だからこそ、他の人が知性の使い方を縛る偏見を持たずにすんでいた。ユダヤ人として、私は反対派にまわる覚悟ができていたし、ある価値観に固執するマジョリティに与することを拒否した[34]」

書物を愛するユダヤ人の性質により、一九世紀後半のウィーンの文学や演劇界では新たな波が高まった。ユダヤ系ボヘミア人からカトリックに改宗し、風刺雑誌『たいまつ（*Die Fackel*）』で熱狂的なファンを多数獲得したカール・クラウスは、自らを「言語という古い家」に住みついている者と呼んでいた。ドイツの文学や文化を崇敬していたユダヤ人が、オーストリアのジャーナリズムと文学の世界を席巻していた。一九〇〇年前後のウィーンでは、ジャーナリスト協会の会員の五〇パーセント以上がユダヤ系で、世紀末ウィーンの主要な小説家、オペレッタ作家、劇作家の、すべてとは言わないまでもほとんどがユダヤ人だった[35]。

これらの分野でユダヤ人が目立って活躍した背景には、オーストリアのカトリック社会の保守性と無気力な姿勢があった。フランツ一世が新しい思考を嫌ったのは、昔からカトリック信者は過剰な教育に懐疑的だったという事情があり、それがオーストリアではプロテスタントの個人主義における自由思考に対抗する、カトリックの対抗宗教改革（カトリック内部の改革）でさらに強まった。哲学者のルートヴィヒ・ウィトゲンシュタインは、一九二〇年代にオーストリアの小さな村で学校の教師をしていたとき、このような考え方がまだ健在であることを目の当たりにし、子供たちに多くを考えさせることをよしとしない親たちと絶えず衝突していた。このような姿勢は文化にも広がっていた。ライヒ参議院のキリスト教社会党の代議士が「文化とはユダヤ人が別のユダヤ人から盗むものだ」と、ばかにしたように言ったのはよく知られている[36]。

しかしウィーンのユダヤ人たちは劇場を埋め、最新の小説を読みあさり、新聞コラムの巧みでしゃれた文章を楽しみ、知的活力、物質的繁栄、文化がそろった社会の中で新たな居場所を得たことに、だいたいの人は喜びを感じていた。フロイトのウィーンでの友人で、ユダヤ人の音楽評論家マックス・グラーフがのちに「我々は優雅な美しさを持つすばらしい都市を楽しんだ」と書いている。「そしてそこを照らす光が、ぎらぎらした黄昏のものになるなど考えたことはなかった[37]」

怠惰(シュランペライ)な土地

いま振り返れば、華麗な外見の下には、悪い部分を示す兆候がたくさんあった。賑やかなカフェ、整然とした中産階級向けアパート、国の新たな産業で生み出された富の上に建てられた豪邸が並ぶリングシュトラーセの向こうには、過密な労働者階級の地域が何マイルにもわたって広がっていた。一八五〇年から一九〇〇年にかけて三倍以上に増えた人口を、そこにすべて住まわせることはとても不可能だった。一戸建ての住宅はごく一部で、アパートはどこも狭くて暗く、暖房もきかず、基本的な衛生設備もなかった。一九一〇年になっても、アパートの七八パーセントには屋内トイレがなく、九三パーセントにはバスタブがなかった。画家になることを夢見ていた貧しいアドルフ・ヒトラーが、一九〇八年から一三年にかけてウィーンに滞在したとき泊まっていた木賃宿は、大量の南京虫がわき、共同利用場所は不潔で、〝ウィーン病〟と呼ばれていた結核が蔓延している、きわめて評判の悪いところだった。平均的な労働者の食事は、コーヒー、ロールパン、スープ、薄いパンに、ときどきソーセージやグラスビールが加わる程度だった[38]。

シュテファン・ツヴァイクは「一日いつ行っても、お好みの価格」で身を売る売春婦たちで歩道が混雑していて、「男からすると、煙草ひと箱あるいは新聞を買うのと同じくらいの時間と手間で、二五分、一時間、あるいはひと晩をともに過ごす女を見つけられた」と回想している。売春は家賃を払えない女性の切実さだけでなく、若い男の性のはけ口となるものがないブルジョア社会の閉塞感を受け止めるものだった。安定と安心を重んじる社会の中で、二〇代の男性はある種の地獄の延長線上に置かれていた。白髪まじりのひげ、でっぷりした腹回り、仰々しいふるまい、ゆっくりとした足取りなど、世紀末ウィーンの中年男性にとっては、若さではなく威厳が大切だった。早婚は眉をひそめられた。男は娘をもらいたいと家長に頼みにいく前に、ある程度の地位を確立することを求められていたが、それは二五歳か三〇歳を過ぎてからでないと難しいことだった。ツヴァイクは性に関する欺瞞によって自分たちの世代に押しつけられた、性病への絶え間ない恐怖や、その他の恥ずべきことの隠れた犠牲について語った。「ありのままのことを言えば、若いときの仲間たちはみんな顔色が悪く、心ここにあらずの顔をしていた。その理由の一つ目は病気か、病気になるのではないかという不安。二つ目は中絶をめぐって脅迫されていること。三つ目は家族に内緒で治療を受けるお金がないこと。四つ目はウェイトレスに自分の子だと言われた子供の慰謝料をどうやって払えばいいのかわからなかったこと。五つ目は売春宿で財布を盗まれて警察に行けなかったこと[39]」

このような不快な社会的現実へのオーストリア流の解決法は、無知を装って楽しそうにすることだ、というのが、ウィーンの劇作家ヨハン・ネストロイの見立てだった。ある歴史学者は「ウィーン人が楽しく愉快に生活していたのは、目をそらすという優れた才能を持っていたからだ」とまとめている[40]。ヨハン・シュトラウス二世が一八七四年に発表したオペレッタ『こうもり』は、彼の最大の成功作であり、すべてのオペラの中で最もウィーン的なものである。その第一幕の最後は「変えられないものを忘れられる者は幸せだ」という歌詞が飾っている。

そのためウィーンは、アイデンティティの危機にさらされた国にあって「役者の街」と呼ばれていた。ロベルト・ムージルの言葉を借りれば、「この国では、人はいつも自分の考えとは違う行動をして、自分の行動とは違うことを考えている。何も知らない部外者は、これを魅力と勘違いする」のだ。外見と現実、表面上の秩序や正しさと、その裏にある混沌や欺瞞との間の断絶は、国民の生活ほぼすべてに広がる有名なウィーンのだらしなさ（シュランペライ）に、きっちり映し出されていた。ロンドンの『タイムズ』紙の海外特派員で、世紀末の一〇年間ウィーンに滞在していたウィッカム・スティードは、それまで彼が訪れた土地で「〝だらしなさ〟を表わす言葉がこれほどたくさんある場所は他にない」と語っている。シュランペライは、規則を顧みない、仕事を途中で投げ出すといったことを指すが、これは別の意味では、形式的な厳格さと、「我々は待てる」を常にモットーとする官僚制の重みにあえいでいる社会で、何かを成し遂げるための唯一の方法だったのだ。その逃げ道がなければ、耐えられるものではなかった。[41] 社会主義者のリーダー、ビクトル・アドラーは、オーストリアの政府はシュランペライによって緩和された絶対主義だとまとめている。[42]

シュランペライに付随するのが、オーストリアの伝統的な娯楽である不平、不満、愚痴である。これと同義の言葉はたくさんあり、特にウィーン方言では多彩である。ウィーナー・シュマーと呼ばれる独特の罵り言葉は、シュランペライと同じように、ウィーン社会の表面的な魅力や、温かい雰囲気（ゲミュートリッヒカイト）の下に潜む安全弁のようなものだった。「ウィーン人が人を罵倒するのは、その人が嫌いだからではない」と、オーストリア人の作家であり戯曲家であるヘルマン・バールは説明する。「相手を怖がらせるためでもない。罵るのはそれが健全であり、自分のためになるからであり、その楽しみを与えてくれる人を好きにさえなれるからだ」(「不平を言っている間は、その人は満足している」とフランツ一世は言った。彼はすべての臣下について、秘密警察に身上調査の結果を集めさせていた。「彼らが沈黙したときこそ危険なのだ」[43])

しかし、このような逃避と埋め合わせを繰り返した結果、難しい決定は常に回避するしかなくなった。オーストリア政府の唯一の政策は、〝その場しのぎで切り抜ける〟(ドイツ語でFortwursteln という語がある)で、それ以上のものはなかった。一方で、未解決あるいは認識されていない社会的、政治的な不安が生まれ、大きくなっていた[44]。

オーストリア社会を何よりも蝕んだのは反ユダヤ主義だった。この言葉は、若手時代をしばらくウィーンで過ごしたドイツの反ユダヤ主義者、ヴィルヘルム・マーが一八七九年につくったものだ。これは「ユダヤ人嫌い」よりも立派な思想のように聞こえたため、すぐにオーストリアの新しいキリスト教社会主義運動の中心的な政治プログラムとして採用された。キリスト教社会党は主に、経済界や社会でのユダヤ人の台頭に脅威を感じていたカトリックの下層中産階級の心をつかみ、ユダヤ人への恨みをあおることも、多民族国家であるオーストリアをまとめる方法の一つであることに気づき、一八九〇年代に急成長を遂げた。

党のカリスマ的リーダーであるカール・ルエーガーは、反ユダヤ主義の流れにうまく乗って、一八九七年から、一九一〇年に亡くなるまで、ウィーン市長として人気を博していた。ルエーガーの反ユダヤ主義がオーストリアの日和見主義の最高の見本であることは、この現象の重い歴史を見ればわかる。熱狂的な下層階級の群衆を前に、彼はウィーンの下町言葉で気さくに冗談を言った。

〝教授〟や〝科学者〟や〝弁護士〟をからかい、庶民に不安や脅威を感じさせる、洗練されているものや知的なものすべてをばかにし、靴修理屋、仕立屋、八百屋、御者などを持ち上げて、知識階級にひと泡ふかせてやろうと息まいた。彼は〝金融や株取引所のユダヤ人〟、〝報道機関のユダヤ人〟、そして〝ジュダペスト〔ブダペストとユダヤを合わせた造語〕〟から来た〝ユダヤ系マジャール人〟が経済的自由主義を推し進めているため、あらゆる階級や国籍の「労働者であるキリスト教の国民」を破滅させているとして糾弾した。彼はユダヤ人への隷従という屈辱的な足かせや、〝人の形をした肉食獣〟からの解放を約束した。ユダヤ人に比べれば、オオカミやライオンやパンサーのほうが人間らしいとまで言っている。ルエーガーは何人ものウィーンの著名なユダヤ人リーダーと、ビジネス上でも社交でも友好的な関係を維持していることを指摘されると、「誰がユダヤ人かは私が決める（Wer a Jud is, bestimm' i）」と、おなじみの、ふざけたウィーン流の二重思考で対応している。政治的便宜のために、何よりも醜い潜在的な憎しみを利用したルエーガーの皮肉と偽善に対し、ユダヤ人の友人の一人が「私はあなたが反ユダヤ主義であることを責めているのではない。反ユダヤ主義でないことを責めているのだ」と

カール・ルエーガー。ウィーンで人気の市長であり、先駆的な反ユダヤ主義者。

非難した[45]。

ヒトラーはルエーガーについて、オーストリアのポピュリストの草分け的存在であるゲオルク・フォン・シェーネラーの〝人種に基づく反ユダヤ主義〟を受け入れないのは〝中途半端〟だと切り捨てた。しかし『我が闘争』の中では、ウィーンにいたころ、市長だった彼の都市のプロレタリアートを喜ばせる手腕、そしてプロパガンダは知的な訴えや理性ではなく〝大衆の感情〟に寄り添って行なうほうが効果的であるという姿勢から、大いに学んだと書いている[46]。

一八九〇年代のオーストリアにおける反ユダヤ主義の台頭と自由主義の挫折は密接に絡み合っていた。ユダヤ人と自由主義者は、それまでの急速な成功の代償を払わされることになったのだ。一八六七年の憲法制定後の数十年間、オーストリアの政治を支配してきた英国風の自由党は、経済的自由主義と民主主義の拡大を進めてきたが、この時期になって、その両方への反動が生じたのである。一八六〇年代に選挙権を持っていたのはオーストリア人のわずか六パーセントだった。しかしその後の選挙権の拡大で、無理な要求を掲げるポピュリストや国粋主義者たちの運動が活発化した。帝国議会は騒々しい紛争の場と化し、どの党も議事規則を無視し、延々と議事妨害を行ない、カウベルやハーモニカ、笛、太鼓などをこっそり持ち込んで、反対派の議員の発言をかき消そうとした。シュテファン・ツヴァイクは、一八九〇年代のこのような状況について「政治への暴力の持ち込みが初めての成功を収めた」と書いている。「和解の時代に苦労してふさがれていた、人種や階級の間に内在する亀裂がこじ開けられ、大きな溝になってしまった。……本当は、新世紀前の一〇年間に、オーストリアでは、すべての人どうしの戦争が、すでに始まっていたのだ[47]」

喜びの黙示録

オーストリアの自由主義の知識人たちは、自由主義の崩壊という災難に対して、典型的なオーストリア流の反応をした。芸術、耽美主義、そして作家のヘルマン・ブロッホが「非政治的なものへの逃避」と呼んだ、ある種の高潔な個人主義の生活に引きこもったのである。(48) 一九〇〇年のウィーンでのモダニズムの驚異的な盛り上がりは、このような自己への引きこもりのよい面の一つだった。アドルフ・ロースの建築における機能主義は、実用性よりも外見を重視するウィーンの、行き過ぎた歴史主義を否定した（ロースは〝装飾〟は〝罪悪〟であると言ったことで知られる）。その他には、アルノルト・シェーンベルクの無調の発明、グスタフ・マーラーの精神的ロマン主義、そしてアイコン的存在であるグスタフ・クリムトを筆頭とする、ウィーン分離派の芸術家たちによる芸術的反乱などがある。彼らは堅苦しいアカデミーを飛び出して、光の表現と幾何学模様が特徴の印象派的な油絵を生み出し、絵画、建築、家具、グラ

グスタフ・クリムトが描いた、ルートヴィヒ・ウィトゲンシュタインの姉マルガレーテ・ストンボローの肖像。

フィックといった異世界が調和する〝総合芸術〟の思想を追求した。

その底流には、芸術や文学が社会から完全に離れて、現実逃避へ走ったという事情があった。大衆的な政治運動によって「伝統的な自由主義者が、自分たちが受け継いできた合理性、道徳律、進歩への信頼」を損なわれ、オーストリアの知的階級は「現実と理想の間で、異様な宙ぶらりんの状態にあった」と歴史家のカール・ショースキーは述べている。それは「耽美主義的な教養人としての自己満足と、社会的な役立たずという自己疑念」の両方を備え、やがて「神経過敏、ぎこちない快楽主義、明白な不安」という文化へと変化した[49]。

知的で軽薄なスタイルは、すでに蔓延していた消極性、無関心、無頓着な空気をさらに助長した。「状況は絶望的だが、深刻ではない」というのが、当時の流行語になった。カフェ文士は、もともと美意識の高い人だったが、いまやほぼ自分でつくり上げた世界に閉じこもっていた。まさにその種の人物であるオーストリアのユダヤ人ジャーナリスト、アントン・クーは「カフェ文士とは、他の人が壁の外で経験していないことを、コーヒーハウスの中で考える時間がある人間」と説明している[50]。こうした消極性を国民的芸術にまで高めたのは、ロバート・ムージルの『特性のない男』である。

他の場所ならきわめて重大とされることが勃発しても、ここでは単に「それは起こった（es ist passiert）」と言う。これは、ドイツ以外の土地、そしてドイツ語以外の言語に存在しない不思議な表現で、どんな事実や大惨事も、こう言われると羽毛布団や頭の中で考えたことのように

軽くなる。多くの反論があるだろうが、カカニアはやはり天才のための国だった。そしてそのために落ちぶれたのだろう。(51)

〝若きウィーン〟の知識人の思考に大きな影響を与えたのは、物理学者エルンスト・マッハの哲学的思想だった。マッハは一八九五年にウィーン大学に新設された、帰納的科学史講座の責任者に任命された。彼は先験的(アプリオリ)な真理をすべて否定し、経験主義を極限まで追求した。彼の主張によると知識は外見だけに基づき、外見は「自分の感覚の世界」にすぎない。したがって客観的な意味での、物体、永続性、現実というものは存在しない。マッハの公開講座には、〝若きウィーン〟の住人たちが熱心に参加した。彼らはマッハの思想が自分たちの芸術的感性の源であると考えていた。音楽評論家、哲学者、キャバレーの演者（オーストリアのキャバレーは文学的なパフォーマンスを行なうところ）、劇作家など多彩な顔を持つエゴン・フリーデルは、クリムトをはじめとするモダニストたちが、物ではなく光を描くことを選んだのは、単に「マッハの真似」にすぎないと言っている。マッハの「現実は幻想にすぎない」という考えは、時代の流れに完全に沿っていた。(52)

その一方で、オーストリアは危機に瀕していた。『皇帝廟』の最後で、ロートが描くポーランド人伯爵は、迫り来る帝国の崩壊を思いながら、テーブルに拳を激しく叩きつけてこう叫ぶ。「お前ら、ならず者のせいだ――お前らがカフェー店での手前勝手な冗談で国家をめちゃくちゃにしたんだ」（前出『皇帝廟』一四八ページより引用）。ヘルマン・ブロッホは帝国の最後の一〇年間の、輝かしい創造性と知的な軽薄さという矛盾に満ちた時期を〝喜びの黙示録〟と呼んでいた。彼以外はもっ

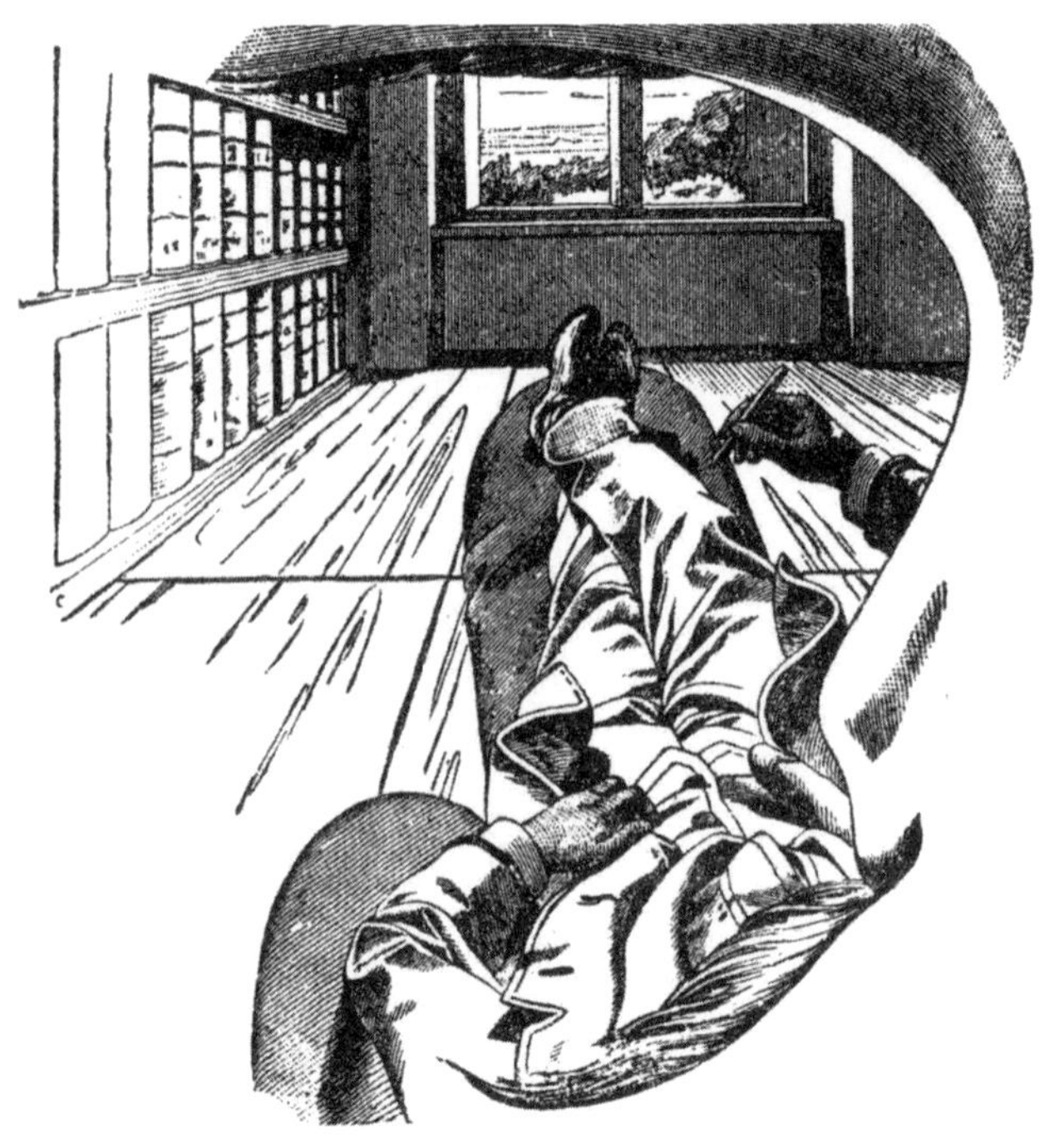

エルンスト・マッハの風刺的な自画像。『エゴの自己検査（*Self-Inspection of the Ego*）』。

と詩的に〝ウィーンの黄金の秋〟と呼んでいたのだが[53]。

第一次世界大戦勃発の直前の一九一四年七月、カール・クラウスは自分の国を「世界終焉のオーストリアの実験場」であると述べている。彼が言わんとしていたのは、国内における国粋主義の急激な躍進が、いまや世界規模で起こっているということだ。当時あまり注目されていなかったが、オーストリア社会は、魅力と軽薄さと消極性と日和見主義の混合に、不用意な残酷さが混ざると、致死的なカクテルができあがることを証明したのだ。

一九一八年一一月、ジークムント・フロイトは、彼のオフィスを訪ねてきた若者に「ウィーンとオーストリアに無限の愛情を抱いてる」と語った。「ただ君と違って、私はその地獄を知っている[54]」

第2章　真のウィーン人はブリュン出身

モラビアのマンチェスター

第一次世界大戦の前後、ゲーデルが若かったころの、安定した繁栄の時代を直接支えていたのは、ブリュンの街の盛んな繊維産業だった。彼はそこで人生の最初の一八年間を過ごした。モラビア州の州都であり、のちにチェコスロバキア共和国となる土地の第二の都市だったブリュンは、産業革命以前は小さな中世の要塞都市であり、知られていたことと言えば、一六四五年にスウェーデン軍に包囲されたとき勇敢に戦って防衛したことや、一八〇五年のアウステルリッツの戦い（この戦いでオーストリアは神聖ローマ帝国における帝位を失った）で、オーストリア軍らしい惨敗を喫したことくらいだった。しかし、その後の数十年間で、ブリュンはオーストリア＝ハンガリー帝国における、ゆっくりとした産業発展の最初の恩恵を受けた都市の一つとなった。それは首都から北に七〇マイルという距離で、できたばかりの工場の水源となったドナウ川の二つの支流が合流する場所にあったことが助けとなった。

一九世紀半ばには、ブリュンは上質なウール生産の中心地としての地位を確立し、二〇を超える

オーストリア時代のブリュンの景色。1915年。

大規模な工場が並び、動力は煙を吐き出す蒸気機関へと変わっていた。そして製品の品質と価格はすでにイギリスと肩を並べ、ブリュンは「モラビアのマンチェスター」と呼ばれるようになっていた。新しい世紀の最初の一〇年、ブリュンの毛織物工場では一万三〇〇〇人以上の労働者を雇っており、関連する衣料品工場や、蒸気機関、鉄道車両、ボイラー、タービン、電気機器などを製造する重機工場では、さらに数千人が働いていた。[1]

郊外の埃っぽい工業地帯や、アルトブリュンと呼ばれる街の一部では、工場の煙突が林立していた。そこはシュヴァルツァッハ川と、かつて城壁都市があった切り立った丘に挟まれた、小さな三日月状の低地にあった。丘の側では、一九世紀の進歩の象徴である騒音と煙の中に、一四世紀に建てられた聖ペテロと聖パウロ大聖堂、それに増築されて間もない高さ八〇メートル以上のゴシック様式の双塔の優美な姿が浮かんでいた。そしてそれらすべてを超えて、ぽつんとそびえ立つのがシュピルベルク城の堂々たる城壁だ。それはハプスブルク帝国でも悪名高かった城塞であり、地下牢では政治犯が鉄の鎖で壁につながれていた。

南側の渓谷をつくり上げたシュヴァルツァッハ川は、タヤ川、マーチ川と合流してドナウ川へと流れこみ、カルパチア山脈を通ってウィーンへとつながる、大昔の自然の道を生み出していた――それは果樹園やブドウ畑が広がる鮮やかな緑の細長い土地で、一九八三年に開通したオーストリア帝国初の鉄道である皇帝フェルディナント北部鉄道と交差している。

ゲーデルが生まれた一九〇六年には、ブリュンの人口は一二万人に迫り、その三分の二近くがドイツ系だった。中世の城壁があった土地の坂の上につくられた、ウィーンを模したミニチュア版環状道路には、落ち着いた感じの屋敷や共同住宅が並び、そこに住む豊かなドイツ人中産階級が、行政や経済活動を動かし、家政婦や工場労働者のチェコ人を――文字どおりの意味でも比喩的な意味でも――見下ろしていた。ドイツとオーストリアに隣接していたボヘミアとモラビアは、ドイツの民族主義者たちがすでに〝ズデーテン地方〟と名づけ、将来の大ドイツ国家への併合を目指していたが、ブリュンはドイツ語圏の〝言語の孤島〟であり、ほとんどチェコの郊外や町に囲まれていた。第二次世界大戦中、ナチスはこの不安定な地位にある土地に勇壮なイメージをつけようとして、似たような状態にある多くの都市と同じく「ドイツの砦（ein deutsches Bollwerk）」と喧伝した。[2]

ゲーデルの少年時代にも、この言葉は通用していたかもしれない。ゲーデルの兄のルディは、子どものころのブリュンを回想して「知識階級と〝上位一万人〟はすべてドイツ人だった」と述べている。「それは主（おも）だった文化や名門校についても同じだった」[3]。ゲーデルの母親はその階級の典型的な人物で、〝スラブ人〟に対して当たり前のように嫌悪を示した。チェコ語で話さなければならないとき、ボヘミアとモラビアのほとんどのドイツ人は、「汚い発音の単語をドイツ語の構文に当てはめた」似非チェコ語（ピジン言語）をいやみっぽく使った。[4] 若者たちのけんかで、いきり立ったドイツ人とチェコ人とを引き離すために、騎兵を呼ばなければならないこともあった。ゲーデルの母は、夜に家の前の石畳の通りに、馬の蹄の音が響いていたことを覚えている。しかし少なくとも一九一九年にチェコスロバキアが建国されるまで、社会的な序列が変わることはなかった。

一九〇六年四月二八日、ゲーデルが生まれたベッカーガッセ五番地のアパートは、エリザベート通りの端にあった。そこはシュピルベルク城のふもとを通る環状道路の区画で、町のドイツ側の繁栄した地域だった。両親はどちらも近所のベッカーガッセ九番地で育った。そこは一九世紀半ばのウィーンのブルジョワ的な集合住宅によく見られる〝ビーダーマイヤー様式〟で建てられていて、大きな中庭があった。一日の終わりにはそこに近所の人たちが集まり、シュピルベルク城の兵舎からラッパの音が聞こえていたと、ゲーデルの母は言っていた。その地域では家族が集まる休暇に、素人の演劇公演や音楽の夕べが開かれたりしていた。ゲーデルの両親と同世代で、のちに有名なオペラのテノール歌手となるレオ・スレザークもこの建物の近くに住んでいた。

クルト・ゲーデルの父であるルドルフ・ゲーデルは、のちに義理の父となる人物がひどい貧困状態から、オーストリアとドイツにまたがる繊維製造の大企業であるシェーラー社の支社で経営上層部にまでのぼりつめたように、この町の代表産業で財をなそうと決意していた。一九〇一年、彼はブリュンのフリードリヒ・レートリッヒ高級織物・毛織物工場の若手工場長となり、二七歳のとき

Ⓐ 生誕地。ベッカーガッセ（ペカルシスカー）5 番地
Ⓑ 一家の屋敷。シュピルベルクガッセ（ペリコヴァ）8 番地 a
Ⓒ 福音派国民学校
Ⓓ 州立実科ギムナジウム
Ⓔ フリードリッヒ・レートリヒ高級織物・毛織物工場

ブリュン。

マリアンネ・ハンチューと結婚した。彼女はそのとき二一歳だった。

クルトは、両親どちらからも受け継いでいる部分があった。兄ルディの記憶によれば、父親は「どちらかというと退屈でまじめ」「精力的で有能で、徹底して実際的」で、温かみには欠けていたが、妻や子どもたちには思いやりがあって甘かった。二人は恋愛結婚ではなかったが「共感と愛情が土台にあった」と、のちに語っている。父親としてのルドルフ・ゲーデルは「私たち子供のたくさんの願いをかなえ、大きくなってからもウィーンでの勉強を惜しみなく支援してくれた」。父親自身は幼いころから勉強が得意ではなかった。ブリュンのギムナジウムに入れられたが、そこで行なわれていたラテン語やギリシャ語の古典教育に「才能も興味もない」ことが明らかになり、一二歳で町の職業訓練校に移り、卒業後すぐにレートリッヒ社に採用された。

乳幼児期の“ヘル・ワルム”。兄のルディとともに。

マリアンネは家事や家族の世話をすることに満足するタイプのように見えたが、夫よりはるかに知的であり、また子供の友達になるという、お気に入りのシンプルな理論を信じる母親だった。これは料理や掃除、子育てなどの実際の仕事を看護師や召使い、家庭教師に任せられたからこそ可能だった母親像である。「僕たち兄弟と母親とは、大人になってからも温

ゲーデル一家。左からマリアンネ、クルト、ルドルフ、ルディ。

かい関係が続き、ほとんど仲間のようだった」と、ルディは述べている。

マリアンネの父は若いときの苦労と貧しさから、ずっと厳格な一面を失わなかった。彼は手織り職人だったが、工業化のあおりで職を失った。しかし若きグスタフ・ハンチューは、何としても成功したいと思っていた。仕事をしながら勉強をしなくてはならず、本は金がなくて買えなかったため、よく借りてきて手書きで写していた。しかしおそらくその反動だろうが、マリアンネは活発で明るい女の子に育った。体操やアイススケートが得意で、ピアノもうまく、友人や家族がシューベルトやシュトラウスの曲を歌うときには伴奏をした。ドイツ文学の名作をむさぼるように読み、生涯を通じてゲーテやハイネの詩を暗唱できた。ルディは、母が大切にしていた七〇冊のドイツ古典文学の蔵書の多くが初版本だったことを記憶している。そして、自分の意見を持ってものを言えるくらい頭のよさには自信があったので、世間に流されることはなかった。

ときどき侵入してくる中産階級の不安定さも、目立たぬよう隠されていた。ルドルフ・ゲーデルの父親は若いときに自殺していたが、家族の間で語られることはなかった。やがてルドルフはウィーンからブリュンに戻り、父の女きょうだいのアンナと一緒に暮らすことになった。その後、ルドルフは母と完全に決別した。母とその親戚が、成功しつつあるルドルフにしつこく金銭的援助を求めるようになったからだ。同じようなことがマリアンネの側の家族にもあった。彼女の兄弟の中には、借金を重ねルドルフから借りた大金も返済できずに、軍を辞めることになったり、ルドルフの成功を妬んだりする者もいた。「だから父は、ほとんど親戚付き合いをしなかったのだ」と、後年ルディは納得した。

一九一三年、ルドルフ・ゲーデルはシュピルベルクガッセの、城のある緑深い丘のふもとの土地を購入した。これは変化を続ける世界において、中産階級の一家の安全を守るための小さな砦だった。第一次世界大戦の前夜に彼がそこに建てた屋敷は三階建てで、不ぞろいの切妻屋根が並び、窓から光が降り注いでいた。裏の窓から見える三分の一エーカーの広い庭には、春になると見事な花を咲かせる果物の木があり、正面の窓からは町と谷を見渡すことができた。リビングルームの中央には、ウィーンの最高級メーカーで皇帝御用達のベーゼンドルファーのグランドピアノが置いてあった。一階の大きな玄関ホールの床には天然木が張ってあり、モダンで趣味のよい装飾がなされ、アールヌーヴォー調の家具が置かれていた。椅子の座面は、アーツ・アンド・クラフツ運動の図柄の生地が張ってあった。それは世紀末のウィーンで始まった、工業化以前の手仕事（ブリュンでは早くから破壊されていた）を復活させて讃えようとする運動である。

シュピルベルクガッセ（現在のペリコヴァ）のゲーデル家の屋敷。

なぜなぜ君（ヘル・ワルム）

ブリュンでは、科学と進歩が常に身近にあった。ゲーデルの屋敷から一〇分ほど歩いて丘を下ると、アルトブリュンのアウグスチノ会の修道院がある。そこでグレゴール・メンデルが一〇年にわたって植物の交配を行ない、一万本のエンドウ豆の花とさやを丹念に選別して数えることで、近代遺伝学の基礎を築いた。一九一〇年に〝科学の友人たち〟によって、修道院の庭の前に建てられたメンデルの大理石像の除幕式には、ヨーロッパ中の有名な生物学者たちがこの町を訪れた（しかし一九五〇年、スターリンがソ連の農学者トロフィム・ルイセンコの反遺伝理論を推進していた時代に、チェコ軍が深夜にこの像を動かし、無礼にも修道院の中庭の片隅に押し込んでしまった。一九六五年にようやく、ルイセンコ主義を支持していたニキータ・フルシチョフが失脚し、この像は修道院の庭の、前より目立つ場所に堂々と置かれ、現在に至っている）。

反対側に一〇分歩いたところには、ブリュン市営劇場がある。これは一八八三年に建てられた、電飾を備えたヨーロッパ初の劇場である。先進的な市議会がトーマス・エジソンと設計契約を結び、エジソンは劇場を視察するため一九一一年にこの町を訪れている。ブリュンでは路面電車も一九〇〇年に電化されているが、これはマンハッタンより一年早かった。

クルト・ゲーデルの家族は、彼がいずれ天才的な能力を発揮することはわかっていたと言っていた。それは彼が四歳のときにつけられたあだ名に表われている。そのあだ名とは、〝なぜなぜ君（ヘル・ワルム）〟だった。ルディは「彼はいつもすべてのことの本質を解明したいと思い、突っ込んだ質問をしていた」と語る。これだけなら微笑ましい家族の物語だが、ゲーデル自身の話には、もう少し鋭い棘が感じられる。半世紀後にプリンストン病院の精神科医に語ったところによると、彼は子供のころから「常に好奇心旺盛で、権威を疑い、根拠を追求していた」。こうした性格が思春期に父親とぶつかる原因となり、彼は日曜日に家族と一緒に出かけることなく、家で読書に没頭するようになった[5]。

「（思春期に考えた）人生の最高の目的は、認知の快楽である」と、何年ものちにゲーデルは書いている。ゲーデルは科学への興味に火がついた最初の瞬間を記憶している。それはずっと頭の中で、一五歳のときに家族と訪れたチェコスロバキア西部の山にあるリゾート地で、ゲーテの伝記を手にしたときの光景と結びついていたのだ。一九四六年の夏、彼は母に次のような手紙を書いている。

母さんの言うチェンバレンの『ゲーテ（*Goethe*）』という本には、若いときの多くの思い出があります。（奇しくもちょうど二五年前）マリエンバートでこの本を読みました。そのときの、不思議な紫の花があたり一面に広がっている光景が、いまでも目に浮かびます。このようなことが心に残るとは信じられないことです。……このゲーテの本が、ゲーテの色彩論やニュートンとの論争に興味を持つきっかけとなり、間接的に職業選択に影響を与えました。このように人生の糸が紡がれていることは、大人になるまで気づかないものです。

一九四一年にメイン州のブルックリンで休暇を過ごしたときも、彼はこれとまったく同じ花を見た。「何とも不思議な感動を覚えた」と、彼は書いている[6]。

彼の子供時代を包み込んでいたノスタルジックな空気は、一生、彼について回った。その後に起こった個人的、政治的な混乱や激動の時期に美化されたものだとしても、幸せで安全な世界を映し出すものに変わりはなかった。兄弟は仲がよく、四歳差ということもあってライバル意識も薄く、ドーベルマンとテリアの二匹の飼い犬と一緒に庭で何時間も遊び、家庭教師の監視のもとで小さな野菜畑をつくったり、城の敷地内を探検したり、冬には雪の積もった丘で遊んだり（「あのころはそり遊びに夢中でした。いまでも思い出します」と、五〇年後に母宛の手紙に書いている）、将来の仕事ごっこをしたりしていたという。仕事ごっこについては、五〇歳近くになっても、兄に懐かしげに語っていた。

兄さんが工場のオーナー役、私が市長役になった、町づくりのゲームを覚えているかい？　当時は一九五〇年なんて年が来ることなどありえないように思えた。あのゲームでは、その年には二人とも金持ちになっていた。いまだそうなってはいないが、貧乏だと不満を漏らすほどでもない。(7)

屋根裏は科学関係のおもちゃでいっぱいだった。ゴシック様式の大聖堂のドームに施された細かい石の彫刻が見える望遠鏡、列車のおもちゃ、八〇〇体のブリキの兵隊、そろいの六台の荷車と馬。クリスマスにはウィーンの高級玩具店ミュールハウザーやネスナーのカタログからプレゼントを選ばせてもらえた。その習慣を母は「詩的ではない」と思っていたようだが、ゲーデルにとっては、子供時代の楽しい思い出としてずっと記憶に刻み込まれることになった。数十年後に母親が、いまならプレゼントとして何が欲しいかと尋ねてきたとき、彼は昔と同じ店か、それを引き継いだ店のおもちゃのカタログを送ってもらえないかと頼んだ。「この四五年で、おもちゃ業界がどれくらい進歩したのか、とても興味があります」と言い、はるか昔に無邪気に集めていたおもちゃの武器に絡めて、皮肉を込め「子供用の小さな原子爆弾ももうあるのではないか」と書いている。(8)

科学の驚異と物質的な進歩の世界では、野蛮なものや迷信はすぐに過去の遺物になってしまうようだった。ゲーデルの子供たちが受けた唯一の宗教教育は、クルトが六歳から通っていた、福音派国民学校（エヴァンゲリッシュ・フォルクシューレ）という小学校の授業だけだった。マリアンネ・ゲーデルは、ルディの言葉を借りれば〝開けた信仰〟が中心のプロテスタント家庭で育った。父親は、名目上は復古カトリック教団（主にドイツとオーストリアの信者グループで、一九世紀後半に教皇不可謬説（ふかびゅう）をめぐってローマ・カトリック教会と決別した）の一員であったが、成人してからは結婚式以外に、教会に足を踏み入れることはほとんどなかったという。彼の遠い祖先がユダヤ人だった可能性はあるだろう。モラビアでゲシュタポに検挙されたユダヤ人のリストにはゲーデル姓が多く見られるし、オランダにもゲーデルという名前は多い。

クルトも兄も、この自由な家庭で、表面的にしか宗教を学ばなかったことへの、ある種の後悔を口にしている。「それによって奪われていた救いの手が、いかに必要だったかを、家族の死や運命のいたずらに遭遇したとき初めて感じた」と、ルディは八〇歳のとき残念そうに語っている。(9)クルト・ゲーデルが一生を通じてあからさまに軽蔑した人間の性質の一つが、教義の不条理さや形式的な信仰の発明であり、それが真の信仰の邪魔になると考えていた。「ブリュンではキリストの復活を聖土曜日に祝ったというのは本当ですか？」と、一度母親に、おもしろがりながらも困惑した手紙を書き送った。「ブリュンのルーテル教会では何が起こってもおかしくないかもしれませんが、それは本当に驚くべきことです」(10)。また母親が「アインシュタインは、通っていたカトリックの小学校での宗教の授業で、のちの科学研究のアイデアを得たという話を読んだけど、それは本当かい？」と尋ねると、ゲーデルはこう答えた。

アインシュタインの伝記についての話は、私の知る限りでは正しい……宗教の授業を通して、全宇宙の統一理論を追求する基礎が築かれたということです。それは本当に質のよい、興味深い授業だったに違いありません。というのも、私たちが受けた授業では、そんなことは絶対になかったからです。[11]

「世の中にあるほとんどの宗教は悪いものである」と、ゲーデルはのちにノートに書いている。「しかし宗教自体は悪いものではない[12]」

彼はルーテル教会で洗礼の儀式を受けた。名づけ親は父の雇用主であり、のちにビジネスパートナーとなるフリードリヒ・レートリッヒだった。彼は一族の二世であり、毛織物工場オーナーである。町の成功した実業家の多くと同じように、彼もユダヤ系であり、一八六七年にオーストリア帝国でユダヤ人の職業や居住地に対する最後の法的規制が撤廃されたことによって増加した、成功したユダヤ人の一人だった。ヨーゼフ二世は率先して、ユダヤ人がモラビア地方に工場を設立する奨励策をとったり、社会的統合を進めるため、ユダヤ人の子供をドイツ語で教育する学校に通わせることを義務づけたりした。しかし厳しい規制の一部は残されていて、その代表が、悪名高い〝家族法（ファミリアンテンゲゼッツェ）〟である。これはボヘミア、モラビア、シレジアのユダヤ人は国家が発行した番号を持っていないと結婚を認められず、その番号は死後に長男にしか引き継げないというものだ。ユダヤ人は四世紀にわたり、法律上ブリュンに住むことを完全に禁じられていたが、一八四八年にようやく撤廃された[13]。

しかし一九〇〇年には、約八〇〇〇人の豊かなユダヤ人がすでにブリュンに住んでいた。これはドイツ語を話す人口の約一〇パーセントにあたる。ドイツ語とドイツ文化を自らのアイデンティティとする人がほとんどで、フリードリヒ・レートリッヒのように、プロテスタントへの改宗を同化の最終段階とみなし、それで社会に永続的な居場所を確保できると考えていた者も多かった。彼の息子でクルトより一三歳年上のフリッツ・レートリッヒは、一九三九年三月にドイツ軍がチェコスロバキアに進軍し、ボヘミアとモラビアをナチス帝国の〝保護領〟と宣言したとき、その居場所がいかにはかないものであったか知ることになる。第一次世界大戦中にオーストリア軍に従軍し、鉄十字勲章を授与されたことも、プロテスタントの信仰も、ナチスから逃れる助けにはならなかった。ナチスは、彼の父親のように大人になってからプロテスタントに改宗したユダヤ人を〝立って洗礼を受けた者〟と皮肉った。ナチスが人種的にユダヤ人と分類した他の一万人のブリュン住人と同じように、フリッツ・レートリッヒも一九四二年にテレジンの収容所に送られ、二年後にはアウシュビッツでの死に至る。そのころには、ゲーデルの明るく平和な少年時代は、懐かしい思い出の中だけに残されることになる[14]。

〝ある種のスイス〟

一九一九年のパリ講和会議で戦勝国側によって決められたチェコスロバキア新国家の国境線によ

り、三〇〇万人のドイツ人がオーストリア＝ハンガリー帝国の国境の向こう側に残された。ウッドロー・ウィルソン大統領が宣言した民族自決の原則により、国家と経済存続のために国境線が多少調整できるようになり、チェコの代表団はそれを巧みに利用して、昔ながらの歴史あるボヘミアとモラビアの土地を、新しいチェコスロバキア共和国のものとするべく熱心なロビー活動を行なった。この地域に住むドイツ人がウィルソン大統領に直接送った、新国家からの脱退を求める民族自決権を行使する訴えを封じるために、チェコ代表団は、チェコスロバキアを〝ある種のスイス〟（あるいは〝東洋のスイス〟）にして、国家連合体の中ですべての民族が平等な権利を享受できるようにすると請け合ったのである。

しかし国内では、言っていることがまったく違った。臨時政府の有力な指導者の一人であるアロイス・ラシーンは、ドイツ人の自治権要求について議論することを拒否し、「私は反逆者とは交渉しない」と冷たく言い放った。また、チェコスロバキア建国の父と呼ばれるトマーシュ・マサリクは、ボヘミア・モラビア地方のドイツ人に「入植者、植民者」のレッテルを貼った。ボヘミア、モラビア、スロバキアの各都市では、指導者が大衆の感情をあおり、公共の建物や学校に掲げられていた皇帝の双頭の鷲の紋章を引きはがしたり、ハプスブルク家の皇帝や軍の英雄の像を倒したり運び出したりした。

市当局はすぐさま、通りや広場の名前をチェコ語に変更する作業に取りかかった。ブリュン（現在のブルノ）では――チェコ語の新しい名前のもとで――地方政府が二三の周辺の自治体を合併して市の人口を約二倍に増やし、チェコ人の人口上の優位性を固定化しようとした(15)。

この地域での民族的・言語的アイデンティティの違いによる対立が際立つようになったのは、皮肉にも、民族間の緊張を和らげようとした旧帝国の最後の試みのせいだった。それが一九〇五年のモラビア協定で、州議会でチェコ人とドイツ人を分けて議席を割り当てたことだ。しかし歴史学者のピーテル・M・ジャドソンが指摘するように、この協定は「それまで民族的なアイデンティティに無関心だった人々に、どちらか一方の選択を強いる」という、意図とは逆の結果をもたらした[16]。新しい法律のもと、「オーストリア人」「カトリック」あるいは「ハプスブルク家支持者」として登録しようとしても、そのときからただの「ドイツ人」と名乗るしかなくなった[16]。

ドイツ人としての強烈な民族意識が高まり、地方の不安定さがそれに拍車をかけたことで、ズデーテン地方のドイツ人は、ハプスブルク帝国の中で最もドイツ民族主義的な集団となった。彼らは第一次世界大戦に志願し、その熱意はドイツをもしのぐほどで、犠牲者の数は一〇万人を超えた。一〇〇〇人あたりの死者数は三四・五人で、ドイツとオーストリア全体の犠牲者より二五パーセントも多かった[17]。

新チェコスロバキア政府は、複雑な少数言語の権利を認める一方で、一九〇五年のモラビア協定を利用して、〝客観的〟な特徴に基づいて国籍の申告を〝修正〟する権限を国勢調査員に与え、〝故意に〟国籍を偽った者には、平均的な労働者の一週間分の賃金に相当する重い罰金を課した。一九二一年の国勢調査では、約四〇〇万人のドイツ人が、この手でチェコ人に変えられ、その結果、ドイツ人学校が収用されるなど、ドイツ人コミュニティの地位の低下が起こった。チェコスロバキアの初期の国家建設作業は、ドイツによる抑圧の遺物を払拭することと分かちがたく結びついていた。ドイツ系の政党の議員が初めて連立政府の大臣職に就いたのは一九二六年のことだった(18)。

このような状況は、かつて快適な生活を送っていたブルノのドイツ人エリートには特に厳しいものだった。しかしそのときは、ヴェルサイユ条約の選択条項に基づく権利を行使するよりも、いまある家をできるだけ活用したほうがいいという、否定できない意見があった。その条項によれば、旧オーストリア＝ハンガリー帝国のどの地域の住民も、自分たちの〝人種〟や〝民族〟に合った、どの後継国の市民権でも請求できた（この条項は、オーストリアの新しい国境外に住む七万五〇〇〇人のドイツ語を話すユダヤ人は〝人種的に〟ドイツ人ではないのでオーストリアの市民権を得る資格がないと、チェコスロバキア政府が判断したことで悪名高い(19)）。

経済崩壊に陥ったオーストリアとは対照的に、チェコスロバキアはそれほど大きな被害を受けず戦災をくぐり抜け、ハプスブルク帝国のがれきの中から生まれた後継国の中では最も豊かな国だった。戦時中に始まった食料配給と不足は、オーストリアと同じく戦後数年間続いたが、チェコスロバキアの状況はそこまで悲惨ではなかった。豊富な石炭と広大で豊かな農地があり、後継国の中で最も食料自給率が高く、工業的な生産力は旧オーストリア帝国の生産力の三分の二に匹敵し、鉄鋼の生産量は中央ヨーロッパの他の国をすべての合計を上回っていた(20)。

期待を胸にパリに到着した新しいオーストリア代表団は、第一次世界大戦休戦の翌日に、ハプスブルク帝国の他の継承国と同じ新国家であるオーストリアだけに賠償金を背負わせるのではなく、オーストリア＝ハンガリー側で戦ったすべての地域が負担すべきだと訴えたが、それは徒労に終わった。それどころか有刺鉄線で囲まれた小さな邸宅に、まるで囚人のように閉じ込められ放置されていた。ドイツと同じくハイパーインフレによってオーストリアも経済が破壊され、オーストリア・クローネの価値は戦前の一万三〇〇〇分の一にまで下落した。また、チェコスロバキアが石炭の輸出を禁止したため、オーストリアでは深刻な加熱用燃料、輸送用燃料の不足に陥った。オーストリアは食料と同様に、石炭の九九パーセントを、帝国の他の地域に頼っていたのだ。[21]

一九一九年、ルディ・ゲーデルはウィーンへ移り、ウィーン大学で医学の勉強を始めた。ウィーンには食料不足と結核が蔓延していた。シュテファン・ツヴァイクは回想録に、終戦直後の深刻な物資不足の時代に「陰鬱で生気のない旧オーストリア＝ハンガリー王家の闇」の首都であるウィーンを訪れたときの様子を次のように記している。

あのころのオーストリアへ行くには、北極への遠征のような準備が必要だった。国境を越えたオーストリア側には石炭がないことを知っていたし、冬の時代に向かっていたからだ。靴の底を直しておくのは必須。国境を越えれば、履物は木のサンダルのようなものしかない。国から持ち出せるだけの食べ物とチョコレートを持参する。パンや油脂の配給カードが発行されるまでの間、飢えないようにするためだ。荷物にはできるだけ高額の保険をかけなければならない。ほとんどの運搬車は略奪される。どんな靴や衣類も替えがきかないのだ。[22]

ウィーンとブルノを結ぶ列車の旅は、ふだんなら二、三時間なのだが、一二時間から一五時間かかることもあった。ルディの両親は暇を見つけては、豊かなチェコスロバキアから食料や生活用品を持ってきて、彼が飢えず、衣服を身に着けていられるようにしてくれた。

戦時国債が紙切れになり、父親は貯金の大半を失ったが、一年を経ずにチェコスロバキアの経済が急速に回復したことで、家族の財産の大半を取り戻した。ゲーデルはのちに自分の家族は「裕福に近い」と表現している。一九二〇年、父親は国で販売が始まったばかりの車種の一つ、明るいブルーグレーのクライスラーを買い、運転手付きで毎週日曜日に家族で田舎に出かけるようになった。戦前と同じように、夏休みには西ボヘミアの山間部にあるマリエンバート（現在のマリアンスケー・ラーズニェ）やフランツェンスバッド（フランティシュコヴィ・ラズーニェ）といった旧帝国の高級リゾート地を訪れ、アドリア海に面したアバジア（オパティヤ）にも一度行ったという。「母親は社交界の女性のような生活をしていた」とルディは回想している。劇場に行き、カフェで女友達と会い、駅の向かいにあるグランドホテルで食事をし、音楽のリサイタルや歌の夕べに参加していた。

しかしクルトとルディが将来ウィーンに出ることに、疑いの余地はなかった。たとえ父の収入源が、もっと羽振りのよかった地元の工場のままだったとしても。彼らを含め、自国の将来に懐疑的な若いドイツ系チェコ人の一部が、国外に脱出するのは必然的なことだった。チェコはオーストリア＝ハンガリー帝国からの独立だけでなく、かつての抑圧者に対して民族言語的に勝利することに、国家の存在意義を見出そうとしていたのだから。「私は真のウィーン人だ」と、同じブリュン出身のレオ・スレザークも回想録で語っている。「真のウィーン人はみんなブリュン出身だ」と。(23)

クルトは数学が〝得意〟

エヴァンゲリッシュ・フォルクシューレに通っていた四年間、クルトは病気で欠席することが多かった。八歳のとき重いリウマチ熱を患い、それ以来、自分の心臓は弱いままだと信じ込むようになった。兄はこの出来事が、彼の生涯にわたる心気症の始まりだったかもしれないと考えている。数年後、彼は盲腸の手術を受けたが、合併症を起こすことなく回復した。[24]

体は弱くても、成績はずっと抜群だった。五段階評価で最高の「一」をとる、いわゆる「一しかとらない子（lauter Einser Kind）」だった。一九一六年七月付の修了証書には、宗教教育、言語、算数で最高評価（ゼーア・グート）が与えられた――その他にも彼の〝称賛に値する〟行動についても記されている。[25]同年秋、彼はブリュンにあるドイツ語で教える実科ギムナジウム（K.K.Staats Realgymnasium mit deutscher Unterrichtssprache）に入学した。

実科ギムナジウムは、一九世紀のオーストリア帝国の教育改革の中で生まれたもので、高校レベルの教育における第三の選択肢となった。それまでは、大学入学のための唯一の進路であり徹底した古典教育を行なうギムナジウムと、より職業志向の強い実科学校（レアルシューレン）の、二つしか選択肢がなかった。実科学校は学者などの職業を目指すのではなく、事務職や技術職に必要な、文章、外国語、数学の、基本的な力を身につけることを目的としていた。実科ギムナジウムもギムナジウムと同じく大学へ行く準備のための学校だったが、ラテン語やギリシャ語ではなく、科学や現代の外国語に重

ブリュンの実科ギムナジウム。通りの向こうにレートリッヒ工場の煙突が見える。

点が置かれていた。ブリュンの実科ギムナジウムは、シュピルベルクガッセから工業地帯へ続く急な坂道を下って一〇分ほどのワウラ通り（現在のヒベジョバ通り）にあった。レートリッヒ工場は、同じ通りのほんの数ブロック先で、当時、学校の前で撮影された写真には、その高い煙突がはっきりと写っている。

ゲーデルが実科ギムナジウムで過ごした八年間には、ラテン語、フランス語、ドイツ語、数学、物理学、化学、地理、歴史、自然史、手書き製図、宗教などの授業があり、選択科目として英語やガベルスベルガー式の速記法もあった[26]。クルトとルディは、父親が雇った家庭教師による個人授業も受けていた。

クルトはあえてチェコ語をとらず、高校最上級生のときは速記を選択した。同級生で友人のハリー・クレペタルによれば、学校の中でクルトだけは、地元の言葉を、ほんのいくつかの単語すら知らないように思えた。しかし彼は母親と違って、チェコ人に対する悪意や偏見は持っていなかった。何年もあとになって、彼は母の態度を非難してこう言っている。「母さんは、僕がスラブ人を好ましいと思うことに驚いているけれど、母さん自身、このあいだの手紙の中で、彼らの好ましくない性質というのが、誹謗中傷によってつくられたものであることを証明しています」――母は第二次世界大戦中に屋敷の庭の木を切り倒したのは、得体のしれないチェコ人だと非難していたが、のちに自分たちの家の家政婦だったと認めていた。しかし彼がとった選択科目は、生まれた場所で生きることにいずれ背を向けるという、小さいながらも明確な意思表示であった。「彼は、自分は常にオーストリア人であり、チェコスロバキアの亡命者だと考えていた」とクレペタルは語っている[27]。

とはいえ、ガベルスベルガー式速記を習得したことは、彼にとって有益だった。この速記法は当時オーストリアで広く教えられていて、速記者や事務員だけでなく、多くの学者や専門家がすばやくメモをとる方法として、個人的に使用していた。ガベルスベルガー式速記はクルトが卒業した一九二四年に、ドイツやオーストリアで使われていたいくつかの異なる速記法を統一した、新しい速記法にその座を奪われ廃れてしまった。しかし当時の多くの人々と同じように、ゲーデルも生涯にわたってこの速記法を使用し、哲学的な考察、友人との会話、数学的証明の下書き、さらには特に深遠な考え――社会における自分の立場についての不安や、自分の短所にまつわる悩み、男女関係についての迷い、安定した職に就いて研究を続けられるかという懸念――をガベルスベルガーの文字でつづって、何十冊ものノートを埋めていた。

帝国時代のユダヤ人の教育熱心さはその後も変わらず、実科ギムナジウムの入学者のうち四〇パーセントがユダヤ人で（学校の年次報告書ではそつなく「イスラエル教の人」と表現されている）、これは当時のブルノの人口に占めるドイツ語話者の割合の四倍である。

ゲーデルの学生時代の親しいユダヤ人の友人たちは、驚くべきことに――そしてきわめて例外的に――みな戦争を生き延びた。ハリー・クレペタルは、プラハの一流のドイツ語新聞、リベラルな『プラーガー・タークブラット（*Prager Tagblatt*）』の政治記者となり、果敢にもナチスを非難したが、命からがら上海に逃れてそこで九年間を過ごしたのち、一九五〇年代にニューヨークに移って学生時代の友人と連絡をとることができた[28]。

学校でクルトとチェスをしていたアドルフ・ホッフバルトは大家族だったが、その中で一人だけナチス体制を生き延びた。一九三九年にスイスに逃れ、プラハに戻り、またスイスに行き、スペイン、ポルトガル、ハイチ、カナダを経て、一九四一年にはボストンへ、その後ニューヨークのレークプラシッドの州立結核病院の研究員として働き、五〇歳のときに心臓発作で亡くなった。彼も戦後、連合国救済復興機関の医師として、ナチスの犠牲者の救済に努めた[29]。

ブリュンの実業家で繊維と砂糖で財をなした裕福なユダヤ人一族の出身であるフリッツ・レーヴ・ビアー（いとこのグレーテ・トゥーゲントハットは、建築家のミース・ファン・デル・ローエに依頼して画期的なモダニズムの家を建て、それはいまでもブルノのはずれに残っている）はニューヨークに逃げ、アジア美術品のディーラーとなり、中国の漆器に関する学術論文を発表して高い評価を受け、そのころの第一世代蒐集家としては珍しく、世界的に有名な権威となった。

他のユダヤ人クラスメイトは、それほど幸運ではなかった。「二五年目の同窓会の計画があったけれど、無理なようでした」と、一九四九年、ゲーデルは悲しげに母親に語っている。「生き残っている者が何人いるか。しばらく連絡を取り合っているホッフバルトは、この点に関してはひどく悲観的です[30]」

ゲーデルの頭と心の中の徹底した完璧主義は、学業成績にも如実に表われていた。一年生のとき数学で一度だけ〝よい〟をとった以外は、すべての科目で〝とてもよい〟という評価だった。「弟は八年間、ラテン語の課題で文法的間違いを一つもしなかった唯一の生徒として学校の伝説となった」と、ルディは語っている。

ハリー・クレペタルはゲーデルの伝記を書いたジョン・ドーソンに、ブリュンの実科ギムナジウムはオーストリア帝国とその後のチェコスロバキアで「最高の学校の一つ」と話しているが、ゲーデル自身の考えは違っていた。何年もあとに母親がブリュンについての本を贈ってくれたとき、「この本には町のギムナジウムについては多くのことが書かれていたのに、実科ギムナジウムについてはただの、ひ、と、こ、と、も書かれていない。おそらく昔はすばらしいこともたいしてなかったし、不名誉なことすらなかったのでしょう。自分が在籍していたころのことを考えると、驚くようなことではありません」と冷やかに述べている[31]。

いずれにしても、ゲーデルは一四歳のときすでに数学と哲学を熱心に独学し、一六歳で初めてカントを読んだ[32]。「こうした知的早熟さが年上の女性ばかりに惹かれる理由だったのかもしれない。高校生だった弟が一〇歳年上の女性と、とんでもないことをしでかしたせいで、家族は大騒ぎに

K. K. Staats-Realgymnasium mit deutscher Unterrichtssprache in Brünn.

Katalog-Nr. 21.–　　　　Schuljahr 1916/17.–

Semestral-Ausweis

für

– Gödel Kurt ——, Schüler der ersten A Klasse.

Betragen	sehr gut.
Religionslehre	sehr gut
Deutsche Sprache (als Unterrichtssprache)	sehr gut.
Lateinische Sprache	sehr gut.
Französische Sprache	0
Geschichte	0
Geographie	sehr gut.
Mathematik	gut.
Naturgeschichte	sehr gut.
Chemie	0
Physik	0
Freihandzeichnen	sehr gut.
Schreiben	sehr gut.
Turnen	sehr gut.
Freie Lehrgegenstände: Böhmische Sprache (rel. obligat)	
Freie Lehrgegenstände: Stenographie (....Kurs)	
Freie Lehrgegenstände: Gesang (....Kurs)	

Brünn, am 10. Februar 1917.–

Direktor.　　　　Klassenvorstand.

Notenskala.

Betragen	sehr gut	gut	entsprechend	nicht entsprechend
Fortgang	sehr gut	gut	genügend	nicht genügend

ゲーデルの11歳のときの成績表。

なった」と兄は言っている。しかも大騒ぎを起こすのはこれが最後ではなかった。

一九二四年、彼はドイツ系チェコ人の移民の一人となり、すでに消滅していたオーストリア帝国の首都へ向かい、兄が大学から五ブロックのところに借りていたアパートに引っ越した。そこは若いときを過ごした田舎町とは天と地ほど違っていた。

第3章　ウィーン、一九二四年

胴体のない頭

フロイトは戦後のオーストリアでの生活について「私は胴体で生きて、それが全体であると想像する」と言っていた。多くのウィーン人は、この比喩を逆にしていた。自分たちの都市はいまや帝国のない首都、〝胴体のない頭〟であり、他の土地に住むオーストリア人から見れば、水頭症(ワッサーコップ)だった。(1)

どちらにしても先が見えない日々が続いた。平和が訪れても、カール・クラウスの終末論的なムードがぬぐわれることはなかった。終戦から数年後、クラウスは痛烈な風刺を込めた戯曲『人類最後の日々』を発表した（「この芝居は、地球上の時間では一〇日のことを描いているが、火星の劇場のために考えられた」と彼は序文で説明している）。終戦の前後に流行したインフルエンザのせいで、ウィーン分離派の天才芸術家グスタフ・クリムトやエゴン・シーレ、フロイトの愛娘ソフィーを含めた二万四〇〇〇人のオーストリア人、ヨーロッパ全土では二〇〇〇万人以上が命を落としていた。(2)

「私が育ったウィーンは、国際的な優美さを備えた世界的大都市に見せかけていたが、帝国の栄光をとどめる堂々たる外観の裏に、敗北、貧困、恐怖が潜んでいた」と、作家のジョージ・クレアは回想している。「バロック様式の石造建築の裏には、暗くじめじめした路地があり、茹ですぎたキャベツや人間の汗のにおい、そして何かはわからないが、間違えようのない憎しみと妬みのにおいが漂っていた」。通りに漂う政治的な不安は、残された新しい国家の存続は望めず、遅かれ早かれドイツと連邦制をとるしかなくなるという確信の高まりによって生まれたものだった。

ハイパーインフレで、一生分の貯蓄がポケットの小銭になり、ゼロがずらりと並ぶ紙幣が大量に出回って、社会の支柱がはずされていくように感じられた。ドイツの物理学者マックス・フォン・ラウエは、一九二二年にウィーンを訪れたとき、「物価について話すことができない」と報告している。「一つの文を話し終わる前に値上がりが起きている」(3)

インフレーションによる数少ない恩恵の一つは、一九二四年にオーストリア・クローネが一対一万で新シリングに置き換えられたのち、ウィーンの社会主義政府がアパートの家賃を規制して、新シリングでの家賃を、旧クローネの家賃と同額に設定したことだった。その結果「居住空間はそれなりにぜいたくになった」と、経済学者カール・メンガー（Carl Menger）の息子で、のちにゲーデルと最も親しい師弟関係を築くカール・メンガー（Karl Menger）が述べている。ゲーデルがルディと一緒に住んでいたフロリアニガッセ四二番地のアパートを皮切りに、兄弟は広いアパートへの引っ越しを繰り返すことになる。毎年、大学に近いところにある、別の同じような四階建ての世紀末ブルジョア風の頑丈な建物に引っ越していた。市の家賃統制がもたらしたもう一つの結果は、

ゲーデルが住んでいた当時のウィーン。

ウィーンの長年の住宅不足をさらに悪化させたことだ。所有者からすると、建て替えはもちろんのこと、既存の建物を維持してもいいことはないと思われた。ある日、メンガーが歩道を歩いているとき、家の上から半トンの漆喰が二歩先に落ちてきて、あやうく死にかけたことがある。(4)

しかし一九二〇年代半ばになると、メンガーは「ようやくウィーン人の伝統的な楽観主義が戻ってきた」と回想している。連合国からの多額の借款により通貨は安定した。また、それにはオーストリアの独立と、ドイツと併合しないことを保証する但し書きがついていた。オーストリアは一九二〇年以降、キリスト教社会党を中心とした一連の保守派連合によって統治され、その後も保守的でカトリックの多い地方ではそれが続いていたが、新しい憲法ではウィーンを独立した連邦州としていた。その境界内では、社会民主党が政権を握り、進歩的な改革が行なわれた。のちにそれは郷愁を込めて〝赤いウィーン〟として記憶される。累進的な住宅税と贅沢税を財源に、市は社会主義者の夢を現実のものにしようとした。洗濯場、託児所、講義室を備えた広大な集合住宅用地に、六万戸の労働者住宅が建設され、公衆衛生と労働者の安全のためのプログラムが強力に推進された。〝人民大学〟に代表される、立派な成人教育の取り組みによって、大衆が文学、文化、科学に触れやすくなり、大学でのポストを得ることがきわめて困難だった、ゲーデルと同世代の学者に、多くの雇用がもたらされた。(5)

大学の数学者たちが好んで集うカフェ・アルカーデンは、大学のすぐそばにあり、夏にはその名の由来となったアーケード付きの歩道に、広めの間隔でテーブルが置かれた。さらに数ブロック先には、カフェ・ライヒスタートと老舗のカフェ・セントラルがあり、セントラルのすぐ近くの新し

大学近くのカフェ・アルカーデン。

いカフェ・ヘレンホフは、アールヌーボー調の調度品、明るい黄色のガラス屋根、出窓のようなアルコーヴ、数学者が方程式を書くのに便利と言われていた、白い大理石の天板のテーブルがあり、「広々としていて、明るく、豪華で、生活感がなく」、新たな赤いウィーンの雰囲気をまとっていた。カフェの常連だったジャーナリストでエッセイストであるアントン・クーの言葉を借りれば、政治や革命に傾倒している人々がここに集まり、かつてのように世間話、対話、陰謀の話で盛り上がっていた。ヘレンホフの常連客には、小説家のロベルト・ムージル、ヨーゼフ・ロート、ヘルマン・ブロッホ（彼は少年時代に抱いていた数学への熱意を取り戻し、中年期にウィーン大学へ戻って、ゲーデルとともに数学を学んだ）など、文学者がきら星のごとくひしめいていた。またゲーデルがその後の数年に親

アインシュタイン。1921年、ウィーン。

しくなる、少人数ながら熱い心を持つ若い友人たちや、知的な議論の相手がそこにいた。その全員がやがて、二〇世紀を代表する数学者や科学者となる。そのごく一部がカール・メンガー、ルドルフ・カルナップ、オルガ・タウスキー、ハーバート・ファイグル、アルフレト・タルスキなどだ[6]。

ブリュンでは科学がごく身近にあり、その空気は一九二〇年代のウィーンにも脈々と引き継がれていた。戦争と帝国崩壊を経ても、知性向上への市民の熱意は高く、それはよく知られる音楽、演劇、文学への愛情に勝るとも劣らなかった。一九二一年にアルベルト・アインシュタインが相対性理論の公開講座を行なうために町にやってきたとき、主催者は会場を急遽、公教育機関ウラニアの六〇〇席の講堂から、収容人数二〇〇〇人の市内最大のコンサートホールへ変更しなければならなくなった。チケットは二日で完売した。新聞での報道によると、補助席や立ち見を含め、実際の観客数は三〇〇〇人に近かった[7]。

数年後、カール・メンガーが「精密科学の危機と再構築（Crisis and Reconstruction in the Exact Sciences）」というテーマで大衆向け講演会を開催したとき（メンガーはこのとき初めてゲーデルの不完全性定理を大衆に向けて説明することになった)、同じ経験をした。有名なウィーン・オペラと同じ価格のチケットが、あっという間に売り切れてしまった。ウィーンには「無限はあるか」とか「直観の危機」とかいった話を聞きたいと熱望する人々がそれほど多くいたのだ。メンガーによると「法曹、金融、出版やジャーナリズムといった実業界の人々、さらに医師やエンジニアなど、さまざまな種類の学業研究に強い関心を寄せる人がたくさんいた。そういう人たちが、知的な町の雰囲気を生み出していて、そんな都市はめったにないと、私はいつも感じていた」という。(8)

一九二〇年代のウィーンは、変人、偏執狂、誇大妄想狂、陰謀論者が集まる都(みやこ)でもあった。元修道士から性と優生学の理論家となったアドルフ・ヨーゼフ・ランツは、自分が考案した〝人種価値指数〟を説く小冊子や本でかなりの支持者を獲得し、「ドイツ人女性」が「原始的でふしだらな半猿」に惹かれると警鐘を鳴らした。ウィーンのエンジニア、ハンス・ゴルジエは、ニュートンの重力の法則を含むすべての科学は誤りであり、人間は電気に支配されていると主張した。同じくウィーンのエンジニア、ハンス・ヘルビガー(彼の奇抜な考えにアドルフ・ヒトラーは大いに感心した)は、〝宇宙氷説〟を提唱し、万物の基本的な成分は「宇宙の氷」であり、「北ゲルマン」民族は極寒の北方にある、凍てついたアトランティス〔プラトンの著書に出てくる、伝説上の広大な島〕で生まれたと主張した。才能豊かなウィーンの文学者エゴン・フリーデルでさえ、歴史は二一〇〇年という謎めいた周期で動いているとの考えに取りつかれていた。また、まもなくゲーデルの相談役になる高名な数学者ハンス・ハーンをはじめとする、少なからぬ数のまじめな科学者たちが、降霊術その他の超心理学的現象を、正当な科学的調査をするに足るものと考えていた。(9)

ウィーン大学の本館の“哲学者の階段”。

それらすべての中心として、ウィーン大学はまだ、哲学、医学、法理論、数学の分野で世界をリードする比類なき名声を誇っていた。端的に言うと、この時期に五世紀の歴史を持つ大学に入学するのは、とても刺激的だった。相対性理論と量子力学が物理学に革命をもたらし、マッハやボルツマンの後継者たちが哲学の境界を厳密な科学の世界へと押し広げ、数学の根幹に関わる問題が、この分野におけるドイツの偉大なリーダーであるダヴィット・ヒルベルトの、自信に満ちた予言どおりになりつつあった。彼は「純粋な理論」を通して、「すべての数学的問題は解決可能である。数学では、わからないことは何もない！」と公言していたのだ。[10]

「その八学期の間、誰も君のやっていることを気にしていなかった」

多くの新入生にとって、完全に管理された教育から、正反対の完全に自由な状態への突然の変化は、少なからぬ衝撃だった。大学には決められたコースはなく、点数がつく宿題もなく、試験もなく、自分のやりたいことが決まるまで、教授との直接的な接触もほとんどなかった。何をすればいいか教えてくれる人さえいなかった。「大学に入ったとき、二冊の薄い本を渡されました」とオルガ・タウスキーは振り返る。「小さいほうは自分の顔写真が入った身分証明書で、学生はいつも持ち歩かなければなりませんでした。……もう一つは、登録したコースを記録したものです。何時間以上受講しなければならないという決まりはありました。でも出席したかどうかは誰も気にしませんでした」。すべてのリベラルアーツと科学を包含する哲学部には博士課程しかなかった。八学期分を登録して受講すると、学生は論文を提出し、それが価値あるものと認められれば、自分の専攻分野の教授二人、副専攻分野の教授一人、そして哲学の教授二人の審査を受けることができた。タウスキーは「原則として、八学期の間に何をしたかは誰も気にしませんでした」と言っている。(11)

オルガ・タウスキー。

ゲーデルの一年後輩であるタウスキーは、一九二五年の秋に入学してすぐに彼と出会った。二人は「数学の哲学入門」というゼミに所属しており、出版されたばかりのバートランド・ラッセルの『数理哲学入門』のドイツ語訳を読んで議論していた。そのゼミの教授は四三歳のモーリッツ・シュリックで、彼はのちにゲーデルと同世代のウィーンの人々の生活と思想に、

悲しみを抱えている」人間だと言っている。ブリュンの北東四〇マイルにある、モラビアの町オロモウツのユダヤ人家庭に生まれ、父親からは勉強していい成績をとるよう絶えずはっぱをかけられていた。工業化学者であり、書くことと学ぶことが好きな父は、三人の娘たちが芸術に関わることを望んでいたが、必ずしも仕事としてではなかった。オルガは一〇代初めに数学に出会い、最初から冒険的で創造的な奥深さを感じた。高校最後の年に父が急死し、ある程度の蓄えは残されていたものの、収入はなくなってしまった。母はオルガが姉と一緒に、父のコンサルタント業を継ぐのがいちばんだと考えていた。娘は二人とも、その才能をのぞかせていたからだ。しかしある日、オルガは家族の友人である年配の女性と話をして、その女性もかつては数学を学ぶことを夢見ていたことを聞かされた。「とても受け止めきれませんでした」とタウスキーは言う。何年か経って、自分も同じ言葉を残念そうに若い女性に向けて言っている姿を想像すると「耐えられない」と思い、自分の道を歩むことを決意したのである[12]。

ゼミの第二週目、ゲーデルは熱心な年下のクラスメイトに目を留めた。彼女はカールした短い黒髪で、幾何学の公理と数論の関係について、勇気を振り絞るようにして質問していた。シュリックがその日の議論について、誰か次回のゼミの最初に報告してくれないかと求めると、ひと息おいてゲーデルがやると申し出た。翌週、彼は「先週、次のような質問をした人がいました……」と最初に言った。しかしすぐに彼女の名前を知り、二人は親友となった。タウスキーの記憶では「彼はどちらかというと無口な男に見えた」が、数学的なアイデアを持つ人には、いつも進んで協力してお

が、プリンストンで再会したときも「すぐに友情を取り戻した」と語っている[13]。
べりするのが当たり前」のことになり、戦後、仕事や社会状況のせいで一〇年間会えなかった二人
り、彼の助けは「大いに必要とされていた」。彼女にとって「彼の住まいに電話して、少しおしゃ

ゲーデルは物理学を学ぶつもりで、最初の二年間に、週に三〇時間という信じがたい数の授業に登録していた。その中には光学、電気理論、理論物理学、変形体の機構、実験物理学、物理学者のための偏微分方程式、物質の運動論、相対性理論などがあった[14]。

何年も経ってから、彼は自分を物理学からもっと抽象的な純粋数学の世界へと引き込んだ二人の講師について語っている[15]。哲学の主要問題についての概論講義を担当していたハインリッヒ・ゴンペルツは、その何年か前にエルンスト・マッハをウィーンに連れてくるのに重要な役割を果たしたとして伝説となっていた。その父親のテオドール・ゴンペルツは、やはりブリュン出身のユダヤ人で、ウィーンの古典文献学の教授である。彼は家業の銀行業を嫌って辞め、ギリシャ哲学の世界的権威となっていた。ハインリッヒはマッハの講演内容を読んで魅了され、物理学者であるマッハを哲学の新任教授に推薦することを父に勧めた[16]。

しかしゲーデルの運命を大きく変えたのは、独学で数論を学んだフィリップ・フルトヴェングラーというカリスマ教授だった。彼の講義には四〇〇人もの学生が集まり、講堂の椅子が足りなくなった。彼は有名なオーケストラの指揮者のいとこであり、講演がうまくショーマンシップも備えていた。さらにカリスマ性を高めていたのが、下半身が麻痺しており、杖と二人の助手の助けがないと歩けないという、ドラマチックな事情だった。教壇の椅子に座ると、ノートを使わず完璧に準

備された講義を行ない、その間、助手が黒板に数式を書き込んでいく。のちにオルガ・タウスキーがこの仕事を行なったことがあり、それは自分の能力を試されるきわめて難しい仕事だと語っている[17]。

フィリップ・フルトヴェングラー。

数論とは、数学の最も基本的な構成要素である1、2、3、……という整数と、それらの間に現われるパターンや関係を扱う数学の一分野である。数のふるまいに関する基本的な疑問――たとえば$5^2 = 4^2 + 3^2$のように、ある平方数が、それ以外の二つの平方数の和になる条件は？　Nが自然数のとき、$N^2 + 1$という形の素数は無限にあるのか？　2より大きい自然数はすべて、二つの素数の和として書くことができるのか？――を問いかける数論は、数学そのものの根本を研究するものだ。

ゲーデルはまだ物理学を専攻するつもりでいたが、受講していた講義や、さまざまな分野の本を読む中で、急激に数学と哲学の世界の深みに入り込んでいった。運命の年である一九三七年から三八年にかけて、ガベルスベルガー式の速記で会話や思考をつづった日記の中で、彼は自分の欠点を列挙し、「何も徹底的に突き詰めていない」と自らを叱責している。

すべてを急いでやっている（時間がない）――特に知識の獲得（学習）においては、厳密に公式化したい命題をメモして、どれを覚えておきたいかを自分で（方法論的に）決めるべきだ。……

所見：外部の価値判断（評価されていることの証など）を頼るのは、自分の価値判断への自信がないことが理由の一つだ(18)。

学生時代のゲーデル。

このような自己評価には彼の完璧主義が表われているのであって、実際に彼が勤勉さに欠けていたわけではない。ゲーデルは生涯、どのような問題に取り組んでも、その鋭い洞察力で同僚たちを驚かせていた。仲間の学生たちが悩んでいた難解な数学の問題、アインシュタインの一般相対性理論の方程式についての独創的な考え方、集合論の根本的な奥深い未解決問題への回答。好奇心を刺激されて何気なく手を出した問題だけを考えても――経済理論、霧の発生の統計的パターン、ヘーゲルの哲学書、『ワールド・アルマナック（*The World Almanac*）』を見ながら夢中で記憶した無数の珍しい地理や、政治に関する事実――何も徹底的に突き詰めていないと彼を非難する人などいないはずだ(19)。

早熟な高校生として一〇代に微分積分やカントを独学して以来、自分だけの力で課題に取り組む能力にはむしろ自信を持つようになっていた。大学の最初の学期には、より現実的な物理科学の世界からは興味が離れており、そのとき興味を持っていた非現実的な純粋思考の世界に関する本を求めるようになった。ユークリッド、オイラー、ラグランジュなどの数学の古典、偏微分方程式など高度なテーマの本、カントの『自然科学の形而上学的原理』などを読んでいた[20]。

ゲーデルは実用性重視だったので、Lehramtsprüfungという、過酷な試験に備える課程もとった。これはオーストリアのギムナジウムや実科ギムナジウムの教師になるためのもので、ある意味、博士課程に進むための試験よりも厳しいものだった。財政難の時代、ゲーデルと同世代の才人たちの中で、高校で教えることを選んだのは一人や二人ではなかった。二つの戦争に挟まれた時期、学校の教師の多くが、雇ってくれるところを見つけられなかった博士たちだった。ゲーデルは最初の六学期間で、物理学の教員志望者必修の実習コースに素直に登録し、それに加えて教育の歴史と理論、数学教育法、児童心理学、学校衛生学の講義まで受講した。専攻を物理学から数学に変えるという運命的な決断をしたあとも、この予備的なプログラムにこだわり、うまくいかなかったときのための保険をかけていた。

ゲーデルが専攻を数学に変えるという運命の決断をしたのは、一九二六年から二七年の学年の変わり目だった。ゲーデルの論文指導者であるハンス・ハーンは、多才な数学者というだけでなく、注目を集めたある討論集団を活気づけた原動力でもあった。それはわずか一〇年ではあったが、世間を大いにわかせ、新しい哲学思想によって、ウィーンを世界で最も刺激的な場所にした集団だった。ハーンを中心にしてできた集団の中で、独創的で若い思想家たちが火花を散らして論戦を交わしたことで、哲学と科学の間の壁が取り払われ、ルートヴィッヒ・ウィトゲンシュタインの奔放で魅惑的な思想が広く知られるようになり、そこで形成された土壌の中から、カール・ポパーの反証可能性の解明や、クルト・ゲーデルの証明不可能性の洞察が生まれた。「殺人や自殺、恋愛や神経衰弱、政治的迫害、間一髪の命拾いなどの物語はすべて、ウィーン学団の豊かなタペストリーの中で意味を持つ」と、数学者で歴史学者のカール・シグムントは書いている。「しかしそのタペストリーの中心をなす糸は、メンバーの間で途切れることなく交わされる白熱した議論である[21]」。さまざまな創造的エネルギーが流れ込むるつぼのような場所で、これほど多くを生み出した例はほとんどない。

ハンス・ハーン。

ハーンは学生時代から、数学のさまざまな分野に関心を向けていたのに加え、哲学を真剣に研究したいという願望を抱いていた。「私は感情に左右されることはめったにない」と、彼は一九〇九年、大学時代の友人の一人で、当時はるか遠いサンクトペテルブルクにいた物理学者のポール・エーレンフェストに宛てて手紙を書いている。「しかしあなたのように遠く離れた友人には、正直に告白しなければならない。アリストテレスの形而上学を少しかじってみようとしたことは何度かあるが、ずっと恐ろしさを感じている。これについてとことん考える機会を持たなかったことを深く後悔している」[22]

ハーン自身も遠い辺境の地で文章を書いていた。ウィーン大学で学位と博士号を取得したのち、最初に学者として職を得たのが、チェルノフツィ大学だった。チェルノフツィはロシアの国境地方、帝国の東端にあるブコヴィナの州都で、ウィーンからは列車で二六時間の距離にあった。ウィーンのコーヒーハウスで開かれた友人たちとの別れの会で、彼は将来ウィーン大学の教授として戻ってくると、自信ありげに予告した。そのときまた議論ができるだろうが、今度は本物の大学の哲学者が、自分たちの考えを明確にしようとするコーヒーハウス哲学者たちを教え導くことになるだろう、と。[23]

一二年後、ハーンは母校で数学を教える地位を得て、予告の前半部分を実現した。翌年の一九二二年には、自らの影響力を利用して、彼がさがし求めていた本物の大学哲学者をウィーンに呼び寄せ、空いていた哲学教師のポストに就け、宣言を完全に現実のものにすることができた。その人物とは、アインシュタインの親しい仲間であり、エルンスト・マッハの経験主義の伝統の真の継承者であるモーリッツ・シュリックである。ハーンは、ようやく哲学についてとことん考える機会を得て、この集団の哲学探究の目的は、ドイツの思想家たちが支配してきた、抽象的な概念や人工的な専門用語だらけの〝世界を否定する〟哲学を、完全に打倒することに他ならないと考えた。「現実の世界についての知識は、経験からしか得られない。純粋な思考によって得られる知識は、私には完全に神秘的なものにしか思えない」と、彼は主張した。[24]

ウィーンに戻ってまもなく、ハーンは記号論理学を一心に研究し始めた。それは厳密な論理学を哲学の土台として、何世代にもわたってこの分野を悩ませてきた正体のわからない不正確さを一掃する方法になると考えた。ゲーデルは最初の学期に、ハーンが担当した、バートランド・ラッセルの数理論理学の大著『プリンキピア・マテマティカ』を学ぶゼミに参加した。ラッセルと共著者のアルフレッド・ノース・ホワイトヘッドは、すべての数学は論理学の命題から導き出せることを示そうとした。これは哲学の因習を打破しようとするハーンの意思の表われだった。ハーンはこの著作がそもそも哲学に関わると認識していただけでなく、それゆえいずれラッセルがこの時代の最も重要な哲学者とみなされると、あえて書物の形で宣言しようとしていた――ヨーロッパの哲学者でラッセルの著作を読んだことのある者は、まだほとんどいなかった時期のことである[25]。

ハーンは左翼的で平和主義的な考え方を持っていた点も、ラッセルと共通していた。戦時中オーストリア軍にいたハーンは、一九一五年にはイタリア戦線で、銃弾が肺を突き破るという重傷を負った。そのころにはチェルノフツィはロシア軍の手に落ちていたため、彼は元の仕事に戻ることはできなくなった。一九一七年、彼はボン大学に任命されたが、反戦のビラを配ったことですぐに好ましからざる人物（ペルソナ・ノン・グラータ）になってしまった。同じころイギリスでは、ラッセルが反戦運動で六か月間の刑を受け、ブリクストン刑務所に服役中、のちに彼が「多くの点でとても好ましい」と語った、強制的に与えられた延々と続く孤独の時間を利用して『数理哲学入門』を執筆した[26]。

ハーンは二〇世紀初頭の、数学や哲学の世界に満ちていた科学的楽観主義の空気を象徴するような人物だった。一九二四年にハーンのもとで博士号を取得したカール・メンガーは、ハーンについて「力強く、外向的で、とてもはっきり物を言う人物で、いつも大きな声で話していた」と説明している。カール・ポパーは、ハーンの講義がきわめて明快で、そのおかげでようやく微分積分学をマスターすることができたと感謝しているが、「私個人としてのハーンの印象は、とんでもなく自分に厳しいということだった」と回想している。(27)彼の講義はフルトヴェングラーと同じように、綿密に準備されていた。「彼が用いていたテクニックをあのレベルにまで突き詰めた人を、私は見たことがない」とメンガーは言う。「彼は気づかないうちにどんどん話を進め、各時間の終わりには、驚くほど広範囲の材料が扱われていたことに、聞いていた人たちがみな驚いた」。また彼には才能ある人を引き寄せる、比類なき才能があった。メンガーに言わせると、彼の「鋭い批評、明快なアイデア、それを巧みに表現するスキル」は、多くの優秀な若い思想家たちを勇気づけ、飛躍させるきっかけとなったのである。(28)

彼の教え子であるクルト・ゲーデルも、同じような資質を持つと思われていた。彼が問題の核心に迫り、絶妙なアイデアであいまいさを排して秩序を築いていく様子が語られるとき、〝精密さ〟という言葉が使われることが多かった。一九二六年に物理学から数学に転向した要因も、やはり「精密さへの興味」だったと、何年もあとになって、友人の哲学者ハオ・ワンに語っている。一九四九年、オスカー・モルゲンシュテルンは、そのころ発表された相対性理論に関するゲーデルの研究に大きな驚きが寄せられていることについて、日記にこう書いている。「彼の物理学に対する深い知識には誰もが驚いている。もともと物理学を専攻していたが、彼からすると論理がほとんど成り立たないので物理学をやめたことは知られていなかった。これについて、私は何年も前に彼から聞いていた」。これはマッハ、ハーン、シュリックらのウィーンの経験主義に背を向け、経験的に知覚できるものだけでなく、もっと美しく永続的な真実が抽象的な概念の領域にあり、実際の感覚ではなく、思考のみによって人間に発見されるのを待っているという、深い信念を抱いた初期の兆候だった。(29)

個人的に速記で書いていたノートの中で、ゲーデルはものごとの根源に迫ることへの変わらぬ関心について、特に意味深いことを記している。

私は組み合わせ思考については、才能も興味もないようだ（カードゲームやチェス。記憶力も悪い）。概念思考については、才能と興味があるようだ。私が興味を持つのはいつも、それがどう働くかということだ（実行することに興味はない）。それゆえ私は科学（と哲学）の基礎に集中するべきなのだ。ここでいう科学とは、物理学、生物学、数学だけでなく、社会学、心理学、（世界、地球、人類についての）歴史も含まれる。……もともと日常生活の現象を、より高度な概念や一般的な規則性に基づいて説明することに興味があり、それが物理学だったのだ。

モルゲンシュテルンは「だから彼は論理学に転向した」と、皮肉な脚注をつけている。「そこでも秩序は見つからなかった！」。この世界はゲーデルにとって不安に駆られることが多いところだが、純粋な数理論理学の領域は、他のものにはない確実性という安心感をもたらしてくれた。それに似ているのが、幼いころに感じる、守られているという原初的な感覚で、彼は生涯にわたり、必死にそれにしがみついていたこともあった。何年もあとの母への手紙で、彼は幼いころ好きだったおとぎ話を五九歳で再読していると書き、悲しげな調子で「おとぎ話が芸術の中のオアシスのようなものだというのは、そのとおりです。世界のあるべき姿が、あるいはそこに意味があるかのように描かれるのはおとぎ話だけです。悲劇では英雄が殺され、喜劇ではおかしなこと（つまり悪いこと）が強調されます」と言っている。[30]

ヒルベルトの挑戦

あの時代にあの場所で、数学に恋焦がれていたのはオルガ・タウスキーだけではなかった。ウィーンで不本意ながら家業の繊維製造会社の後継者という役割を演じていたヘルマン・ブロッホが初めて書いた詩は「数学のミステリウム（Mathematisches Mysterium）」と題され、数学が真理と結びつく不思議なさまへの畏敬の念を示そうとしたものだった。

ただ一つの思考だけの上に築かれ、
ある構造がまっすぐ上へと向かい、
星々の群れに加わり、
はるか遠くの神に照らされる

ロベルト・ムージルの『特性のない男』と同様に、ブロッホが一九九三年に書いた小説『未知なる量（*The Unknown Quantity*）』の主人公も数学者である。ブロッホはこの小説を書くよりも前、四〇代半ばに五年間、数学と哲学を学んだ（その間、クルト・ゲーデルと同じ授業を数多く受講した）。その小説の中で、友人から自分の信じるものを説明せよと問われた主人公は、数学の美しさと力強さを、織物の複雑さになぞらえて説明しようとする。「数学はどうだろうか。明るい網の光り輝く現実、現実は彼の前に果てしなく広がっていた。結び目から結び目へと暗中模索しつづけなければならない。そうだ、世界そのものとよく似て、複雑な天空の網の目、それは現実を捉えるためには解かなければならない網の目であった[31]」〔『知られざる偉大さ』入野田真右訳、河出書房新社、八二ページより引用〕。

ブロッホは次の一節の中で、数学を、信者にとっては神のような、自分にとっては現実的な、不可視のパラレルワールドだと表現している。これは、身体的な経験以外に決して真理を求めようとはしない経験主義の指導者の考えよりも、クルト・ゲーデルのそれに近い。

彼が活動していた数学の世界には、代数の記号、数字の集合の理論的な相互関係、無限大と同じく小さいものの無限小が満ちていて、具体的な事実の世界ではこれらについて、きわめて雑な表現しか見つからない。複雑で巧妙な実験から発展した物理科学的な繊細な構造も、物理学的現象の計算可能性も、結局のところ、数学の多様な思考の複雑さをうっすらと映し出したものにすぎない。それは目に見える現実世界に原初の原則として埋め込まれ、現実をはるかに超えて宇宙全体に広がりながら、現実に内在するものとして、独自の現実として存在している。

ドイツ語圏で数学の絶対的な権力を持っていたダヴィット・ヒルベルトは、ロマンティックな見方を臆することなく語っていた。彼は数学を諦めたかつての教え子の話をするのが好きだった。「あのシュミットは、数学をやるには想像力が足りなかった」とヒルベルトは軽蔑もあらわに言う。「いま彼は詩人になっている。それだけの想像力はあったということだ[33]」

一九〇〇年にパリで開催された第二回国際数学者会議でヒルベルトが行なった有名な演説は、ブロッホが描いた数学者の主人公の思考のモデルになったのではないかと思わせた。ヒルベルトはその職業を叙情的かつ詩的に表現し、来るべき次の世紀への将来性を予見していた。

未来を隠しているベールを取り除いて、我々の科学の次の進歩と、未来の世紀での発展の秘密に、目を向けることを喜ばない者がいるというのか！……

これらの問題が、いかに近寄りがたいものに見えても、いかにその前になすすべなく立ち尽くしても、繰り返し純粋論理的な手続きを経ることで、いつか必ず解決策がもたらされるはずだという確固たる信念を我々は持っている。……すべての数学的問題が解決可能であるという確信は、実際に取り組んでいる者たちにとって強力な動機となる。我々は自らの中に永遠の呼びかけを聞く。「問題がある。その解決法をさがすのだ。純粋な推論で見つけられる。なぜなら数学にはイグノラビムスがない、わからないことは何もないからだ！」……

数学の有機的統一性は、この科学に固有の性質である。なぜなら数学は自然現象の、正確な知識すべての基礎だからだ。この高邁な使命を完全に果たすために、新たな世紀には才に恵まれた師と、熱意あふれる多くの弟子たちが生まれるよう。

そしてヒルベルトは、数学の重要な未解決問題を一〇個あげて、聴衆に挑戦を呼びかけた。翌年、その演説が本として出版されたとき、問題の数は二三に増えていた。彼は数学をその分野の専門家だけのものではなく、芸術や音楽のような、人間の営みとしてとらえるように諭した。「数学の理論は、道で最初に会った人に説明できるようになって初めて完成したと言える」と、彼は集まった数学者たちに語った[34]。

そして彼は最後に、数学の永遠に変わらぬ美点は、無尽蔵であることだと述べた。新しい解決法はすべて、新しいアイデアと新たな解決すべき問題を生み出す種であると。

ヒルベルトがいた四〇年間、ゲッティンゲンは世界的な数学の都となった。彼は多くの優秀な学生を鍛え、同業者たちに力強い言葉で刺激的な難題を投げかけ、数学という仕事に壮大な取り組みというイメージを植えつけた。こうした才能に加えて、彼が人生を謳歌し、精力的であったことも、数学者という職業に堂々たる品格をもたらした。心を持たない一匹狼というイメージとはまったく逆である。彼はときどき衰弱してしまうほど落ち込む時期もあったが、それは偉大な数学者のほとんどが払っていた代償だと、同僚のリヒャルト・クーラントが述べている。「私が知っている偉大な科学者のほとんどは、このような深いうつ状態を経験している」と、クーラントはヒルベルトに定期的に起こった絶望との戦いについて書いている。「大きな業績をあげる人の人生には、実際に力を失っていて、本人もそれを感じ取る時期がある。これは本人にとって大きなショックである[35]」

しかしヒルベルトは基本的に楽観主義であり、厳粛な雰囲気を壊すことを楽しんでいた。夏になるとしゃれた麦わら帽子に半袖の服を身に着ける。ダンスやパーティーが大好きで、きれいな女の子を見つけては、数学をネタに話しかける。四五歳にして初めて自転車に乗り、できるときは外で、自宅の庭と隣家との境の塀に黒板をかけて仕事をしていた。家政婦は客が来ると「先生が見えなかったら、木の上を見てください」と言って庭に案内したものだ[36]。

ヒルベルトはずっと、生まれ故郷であるプロイセンの最東端にあるケーニヒスベルクの誹りで話し、また死後一〇〇年経ってもその町に満ちていたカントの精神、そして子供のころよく目にした彼の墓碑銘の言葉を忘れることはなかった。「常に新たな感嘆と畏敬の念で心を満たしてくれるものが二つある。頭上にある星空と、内なる道徳律である[37]」

一九二八年九月、ゲーデルの指導教授であるハンス・ハーンとカール・メンガーは、四年に一度の数学者会議のためにボローニャを訪れた。この会議は、いくつかの点で非常に重要な意味を持っていた。一九一六年は戦争のために開催されず、一九二〇年と一九二四年に開催されたときは、当時まだ敵国への憎悪に満ちていたフランス人主催者たちの主張で、ドイツとオーストリアの数学者の参加が禁止された。一九二八年の大会でようやく、彼らの復帰が認められた。

これまでの扱いに反発して参加を拒否するドイツ人も多かった。しかしヒルベルトは周囲の反発を無視して、自らドイツ人数学者六七人を率いてボローニャでの会議に参加した。和解のしるしとして、開会の辞は、二八年前にパリで開催されたときと同じく、ヒルベルトが指名されていた。「数学には人種はない。……数学にとっては、文化的世界全体が一つの国である」と、ヒルベルトは草稿に書いていた。ヒルベルトがドイツ代表団の先頭に立って会場に入ると、一瞬の静寂が訪れ、その後、大きな拍手が起こり、会場にいた全員が自然に立ち上がった。(38)

ボイコットの呼びかけで特に目立っていた一人が、オランダの数学者ライツェン・エヒベルトゥス・ヤン・ブラウワーである。ブラウワーは数学的証明の概念をめぐる根本的な意見の相違から、すでにヒルベルトの悩みの種となっていた。ブラウワーはアーリア人の民族主義に傾倒していて、権威ある数学雑誌『数学年鑑（*Mathematische Annalen*）』に、東欧のユダヤ人の論文が多く掲載されていることに不満を持っていた。また第二次世界大戦後、彼はオランダ占領時のナチスに協力した罰として、大学の職を一時的に停止させられることになる。一九二八年、ヒルベルトがブラウワーを『数学年鑑』の編集委員からはずしたことで、この分野を牽引してきた二人の間の溝がさらに深くなった。(39)

イタリア政府としてはこの会議を、新しいファシスト国家をアピールする機会ととらえていたようだ。ムッソリーニ自身が名誉委員会の会長に名を連ね、ボローニャ市長が歓迎のスピーチで大々的に宣言したのだ。「ファシストのボローニャは、みなさんを歓迎できること、世の中を活気づけるファシズムのパワーのもとでのボローニャをお見せできることを光栄に思う(40)」

ヒルベルトはいつもどおり、集まった数学者たちに新たな問題をいくつも提示した。その内容は、当時の数学界で議論を巻き起こしていた数学の基礎の危機（Grundlagenkrise）の核心に迫るものであった。「数学の基礎づけの問題（Ploblreme der Grundlegung der Mathematik）」と題した講演の中で、ヒルベルトは四つの問題を提起した。それらを解決すれば、数学のすべてが拠って立つ、揺るぎなく間違いのない基盤が築かれると信じていたのだ。

最初の二つは数学体系の無矛盾性、つまり矛盾がないことの証明に関わっていた。三つ目は完全性、すなわち、体系内で妥当なすべての命題は、その基本的公理から導き出されることの証明だった。最後の四つ目は、一階論理（述語論理）と呼ばれる論理の基本体系の完全性を証明することだった。その目指すところについてヒルベルトは、数学者が新しい結果を出すために頼っている演繹体系の健全性に対する疑問を〝きっぱりと〟取り除くことが目的だと説明した。彼は「若い世代の数学者の献身的な協力」が求められると言った。この途方もない作業を完全に成し遂げるには、それがどうしても必要になると。[41]

二三歳のゲーデルは、その呼びかけにすぐさま応えた。六か月もかからず、博士論文でヒルベルトの四番目の問題を解決してしまうのだ。さらに驚くべきことに、翌年には最初の三つの問題については、解くことは不可能であることを証明した。この研究によって、どのような数学体系も無矛盾性と完全性を備えているというアイデアそのものが覆され、ゲーデルは不朽の名声を手に入れることになった。

クマの巣穴

ウィーン大学哲学部のほとんどのメンバーにとって、世界を否定する哲学へのハンス・ハーンによる宣戦布告は、新しい時代の到来を告げるものではなく、自分たちの生活への脅威だった。この脅威はしだいに、一九二〇年代にオーストリアを分断していた政治や反ユダヤ主義の境界線に関連させて語られるようになっていった。ハーン、シュリック、そして増え続けていたその弟子たちは、カール・シグムントの簡潔な表現を借りれば、右翼の国の左翼の町にある右翼の大学の中の隠れた左翼派であった。率直な社会主義者でユダヤ人だったハーンは、保守派からの攻撃を引き寄せていたが、教員の大半を占めていた反動主義的な思想家たちもまた、保守的な価値観や伝統的な考え方に異議を投げかけるようなアイデアすべてに、すぐさま〝ユダヤ的〟とか〝ドイツ人らしくない〟という烙印を押していた。実証主義、精神分析、限界経済理論などはすべて、〝ユダヤ科学〟の〝個人主義〟や反国家的な思想として攻撃され、守旧派が説くロマンティックな〝全体論主義〟を脅かすものとみなされた(42)。

超国家主義者だった経済学者のオスマー・スパンは、そのころウィーン大学の法律・政治科学部で権勢をふるっていたが、そこは一世代前には、長老カール・メンガーが経済行動に関する画期的なアイデアを展開し、個人のニーズや欲求に焦点を当てた研究はドイツ的ではないと非難されていたところである。大学でこの分野で優位を占めていた〝キリスト教的世界観〟の支持者たちによれば、哲学者が行なうべきまともな仕事は、哲学史だけだった。[43] 一九二七年に出版された『ベーデカーにないもの（*Was nicht im Baedeker steht*）』という、いいかげんなシリーズとして発行されたウィーンのガイドブックには、「慣れなければいけない特殊性」なる見出しで、「あまりおもしろいことや独創的なことをしてはいけません。さもないと陰でユダヤ人にされてしまいます」と忠告が書かれていた。[44]

大学はだいぶ前から、ドイツのナショナリズムと反ユダヤ主義の温床となっていた。たとえば歴史学者のブルース・F・ポーリーは「国じゅうで、反ユダヤ主義が立派なものであるかのように思われるようになった原因の一つは、オーストリアの大学だった」と述べている。一八七〇年代以降、ドイツ人らしさを至高とする友愛会が、学生生活の中で声をあげ、しばしば暴力的な活動をしていた。彼らは決闘、飲酒、軍国主義を賛美し、議会制民主主義、自由主義、資本主義の自由競争を否定することに明け暮れ、またユダヤ人の嫌悪すべき性質の多くは、人種に特有の生来的なものであるとする、新しい〝科学的〟反ユダヤ主義理論を最も熱心に支持する層でもあった。[45]

一九二〇年代に入ると、オーストリアの反ユダヤ主義に火をつけた原因である中産階級の不安が、大学に押し寄せてきた。入学してくる商人や職人の息子の多くは、一家の中で初めての大学入学者で、公務員や専門職に就くことを目指していた。世の中の不安をさらに高めた要因としては、政府の緊縮政策、高い失業率、大学の過密化、そして学術的な地位を得るための競争激化などがあった。社会学者のマックス・ウェーバーは一九一七年の講演で、科学の分野で学術的な仕事を求めることは〝狂気の沙汰〟だと警告していた。ユダヤ人学生に対しては、ダンテの地獄の門に掲げられていた「すべての希望を捨てよ（lasciate ogni speranza）」という言葉が唯一の正直な助言であると述べた[46]。

それ以降、状況は悪化の一途をたどった。ウィーン大学のいくつかの有力な組織が、ユダヤ人の学生や教員に対して強い圧力をかけ始めた。一九二三年、ドイツ学生同盟が、図書館にあるユダヤ人が書いた本すべてにダビデの星〔二つの正三角形を逆に重ねた六芒星と呼ばれる形。ユダヤ教の象徴とされる〕をつけるよう要求した。ウィーンの『新自由新聞（*Neue Freie Presse*）』の記事によると、大学の本館を散歩すると目に入るのは反ユダヤ主義のポスターやヘイト文学ばかりだった。悪質なデマとして有名な『シオン賢者の議定書』も、学長の許可を得たうえで販売されていた。ドイツ学生同盟は、「望ましくない」教授のブラックリストを作成し、その人の講義には出席しないよう学生に求めるビラを配り始めた。「呪われた自由主義の精神によって大学のユダヤ化が進んでいる」ことへの嫌悪感を示すべく、同盟が発表した「人種と科学（Race and Science）」と題された声明では、ボイコットの対象として、二〇〇人のユダヤ人や自由主義者の名をあげている。そこにはジークムント・フロイト、法学者でオーストリア共和国憲法を制定したハンス・ケルゼン、カール・メンガー、モーリッツ・シュリックの名もあった[47]。

ユダヤ人が多く在籍する医学部の学生や研究室を狙った反ユダヤ暴動は、一八七五年からドイツの友愛会の娯楽として行なわれていたが、一九〇〇年初頭にはもっと暴力的なものになっていた。特にターゲットとなったのは、赤いウィーンの公衆衛生計画の立役者でもあったジュリアス・タンドラーの解剖学研究所だった。一九二七年、ドイツ民族主義者の学生による襲撃事件が発生し、数

反ユダヤ主義者から攻撃され、解剖学研究所から逃げる学生たち。

人の学生が重傷を負い、教室も大きな被害を受けた。これを皮切りに襲撃事件はどんどんエスカレートし、メリケンサック、鞭、ナイフ、鉄の棒まで使われるようになった[48]。

こうした暴力行為で大学は何度も閉鎖されたが、大学側は決然たる態度で非難することはなかった。彼らは暗黙のうちに、あるいは公然と、学生たちの反ユダヤ主義的に共鳴していたのである。カトリックとドイツ民族主義の学者と行政官の協力機関であるドイツ共同体は、「無秩序な傾向」と戦うことを誓ったが、これは自由主義者とユダヤ人を示す見え透いた暗号だった。一九二〇年以降、文部大臣は常に強権的保守派やドイツ民族主義者で、親ナチスのことまであった。毎年、学部から交代で選ばれる大学の学長が、その公式見解に従っていたのは間違いない。法学者でのちにナチス党員となったヴェンツェル・グ

“クマの巣穴”。

ライスパッハが学長に就任した年には、ユダヤ人学生の数を制限するヌメルス・クラウズスという制度を設けた。オーストリア憲法裁判所がこの規則を無効にすると、ドイツ民族主義の学生たちが反発し、またしても激しい暴動を起こした[49]。

その裏でもっと巧妙に動いていたのが、哲学部の著名人の小さなネットワークで、ユダヤ人や左翼の教師の採用や昇進を阻止すべく働きかけていた。古生物学者のオテニオ・アーベルを中心として一九人の教授が、生物学部の動物の骨格標本や剥製を保管していた小さなセミナー室に集まっていた。このことから、この秘密組織は“クマの巣穴(ベーレンホーレ)”と呼ばれるようになった。アーベルは友人のカトリック司祭に宛てた手紙に、誇らしげに書いている。「反ユダヤ主義者たちを結束させ、強固な密集部隊(ファランクス)にしたのは私の力量です。多くの時間とエネルギーを失っていることは変わりませんが、この仕事はおそらく本をつくるのと同じくらい重要であるという気持ちを持ち続けています[50]」

その〝ファランクス〟はモーリッツ・シュリックの採用を阻止しようと、彼がユダヤ人かどうかの調査を要求した。調査は無意味だったが（ユダヤ人ではなかった）、のちに彼の弟子を誰も採用させまいとしたり、ユダヤ人学生の論文承認を妨害したりすることには成功した。エドガー・ツィルゼルも初期の犠牲者だった。彼は数学、哲学、物理学を学ぶ学生で、ゲーデルとはハーンとシュリックの哲学サークルでの議論を通じて親しくなる。ツィルゼルのハビリテーション論文（大学で講義をする権利を得るためのポスドク論文）は、「合理主義一辺倒すぎて」哲学の論文としては認められないという理由ではねつけられた[51]。

ゲーデルはずっと科学的な問題以外、個人的な考えを明らかにすることには慎重で、政治的な意見を口にすることはほとんどなかった。自らの中道左派の考えをほとんど表に出さず、大学で起きている騒動についての意見も表明しなかった。しかし政治的偏向や暴力が増えていった時代の中では、政治活動と距離を置いたからといって安全が守られるわけではなくなっていた。オーストリアでは進歩的なユダヤ人思想家と付き合うだけでも危険を招き、イデオロギーが対立する相手から、生かしておけないほど憎い敵とみなされるようになっていたのである。

大学内で起きていた危険な分断は、オーストリアの国政レベルの分断を映し出すものだった。社会民主党とキリスト教社会党の両党が、オーストリアの将来への展望の埋められない溝をなくすために、武力に訴えることを考え始めていた。それぞれ軍のような〝自警〟組織をつくっていて、本

正義の宮殿での暴動。1927年。

格的な武力衝突が起こるのは時間の問題だった。
　きっかけとなったのは一九二七年六月に起きたドイツ人学生の暴動で、このときも一時的に大学は閉鎖された。ウィーンの東にある小さな村で、社会主義団体の共和国防衛同盟とその支持者の集会に、右翼のヘイムヴェア民兵グループが発砲し、子どもと障害を持つ帰還兵が死亡した。七月一四日にウィーンで行なわれた裁判では、殺人罪に問われた三人を陪審員は無罪とした。翌日、暴徒化した労働者たちが町にあふれた。町では社会民主党の幹部の手に負える状況ではなくなり、党員が怒りを抑えきれずに正義の宮殿に火を放った。保守派の中央政府は警察にライフルや機関銃を支給し、〝秩序回復〟のために、それらの武器の使用を認めたのである。燃えさかるビルのまわりにいた群衆が散り始めたタイミングで警察がやってきて発砲した。銃撃戦が終わるころには、八九人が死亡し、六〇〇人が重傷を負った(52)。

ゲーデルと友人のマルセル・ナトキン、ハーバート・ファイグルも、一時的に戦闘に巻き込まれた。ナトキンが数日後にゲーデル宛に書いた手紙では、そのときの状況の深刻さを、努めて軽く表現していた。「実を言うと、ファイグルは金曜日〔暴動が起きた七月一五日を指す〕に逃げられず、〝革命〟が終わるのを待たなければならなかった。君は無事に帰れたことを祈る(53)」

しかしのちに誰もが、この突発的な流血の惨事を、オーストリアの民主主義の終焉とみなすようになった。「七月一五日以前は、オーストリアの左派と右派が共存する方法を見つけられる可能性が、わずかながらもあった」と、ジョージ・クレアが若き日に失われたウィーンについての回想録に書いている。「あのあとは希望が完全に断たれた(54)」

第4章　宙に浮く

サークルの街

一九二六年のあるとき、ゲーデルはハンス・ハーンから、彼が主催する難解な哲学討論サークルに誘われた。それは大いなる名誉だった。隔週木曜日の夕方六時から開催されるこのサークルは、選び抜かれた者しか入れず、その数は一〇人から二〇人で、それを超えることはなかった。のちに二〇世紀で最も影響力のある科学哲学者の一人となるカール・ポパーでさえ誘われていない。彼は半世紀経っても悔しさを忘れなかった。[1]

このサークルはその二年前、モーリッツ・シュリックの愛弟子であるフリードリヒ・ヴァイスマンと、ゲーデルの親友になるハーバート・ファイグルが、討論グループを立ち上げることをシュリックに働きかけたのがきっかけで始まり、それがハーンの〝前時代的〟サークル（ユーモアを込めてこう呼ばれた）がなくなったのと同じ場所で発展していった。ハーンのコーヒーハウス哲学者集団には著名人が多く参加していた。その中に、やがてハーバード大学教授に出世する物理学者のフィリップ・フランクと応用数学者のリヒャルト・フォン・ミーゼス、安易な説明は決して許さな

さわやかなモーリッツ・シュリック。

いオットー・ノイラートなどがいた[2]。

ノイラートは、ふさふさと赤ひげを生やした大柄で精力的な人物で、ハーンやシュリックとともに、新しいサークルの原動力となる。戦争経済学の創始者であるノイラートは、一九一九年に数か月間、ドイツの刑務所に収監されていた。これは短命に終わったソビエトのバイエルン州政府に協力したためで、彼はそこで経済のマスタープランの策定を行なっていた。ノイラートは学生時代の友人ハンス・ハーンの妹、オルガと結婚していた。オルガは二二歳で視力を失ったにもかかわらず、ウィーン大学で初めて数学の博士号を取得した女性の一人だった。ノイラートは他の仕事と並行して、彼女が数理論理学の研究を続けるのを助けるため膨大な時間を費やしていた。彼は社会を変革し、大衆を教育し、時代遅れの形而上学的思考にとどめを刺す計画のアイデアをたくさん持っていた。ロベルト・ムージルは出所した彼に会ったあと、日記に「海千山千の老兵のようだ」と書いている。「ただし爆発的なエネルギーを持っている[3]」。ゲーデルはノイラートから、同僚への質問をノートに記入し、納得のいく答えが返ってきたら粛々と消していくという独特の習慣を身につけたのかもしれない。

第一次世界大戦前から、ウィーンではあらゆる知的な話題を扱う討論会が流行していた。その多くはさまざまな哲学的テーマを深く掘り下げるものだった。カント論、キルケゴール論、トルストイ論、現象学、宗教哲学などのサークルが存在した。しかしこの新しい集団の特徴は分析力にあった。「サークルのメンバーは誰もが科学研究の素養を持っていた」と、カール・メンガーは述べている。「科学的方法を真剣に受け止め、科学的世界観を通して、一貫した世界像をつかむことを期待していた」。この集団のもう一つの特徴は、いまだ強固なヒエラルキーが存在していたオーストリアの高等教育界にあって、三世代にわたるメンバーが、男も女も、オーストリア人も外国人も、対等な立場で出会い議論を交わすことができる数少ない場所だったことだ。(4)

ゲーデルがサークルに参加したころには、シュリックが議論を主導するようになっていた。討論会は数学・物理学研究所の一階にあるシュリックのオフィスの隣の、メンガーが言うところの〝かなり薄暗い部屋〟で行なわれた。新たにボルツマン通りと名づけられた通りに、開戦直前に完成したこの建物は、大学本館から半マイルほど離れ、有名なシュトルドルホフの屋外階段の近くにあった。クルトとルディ・ゲーデルが一年間、通りを隔てたヴェーリンガー通り三三番地に住んでいた。その一階にカフェ・ヨゼフィーヌがあり、グループの集まりが終わってもそこでよく議論が続けられていた。

シュリックは、堅苦しくはないが威厳のある態度で会合を主導していた。メンガーは当時を思い出してこう語っている。

サークルの会合では先に着いた人たちが、テーブルや椅子を黒板から離れたところへ動かし

カフェ・ヨゼフィーヌム。
ゲーデルは1927年から28年まで、この建物の上階に住んでいた。

た。黒板はほとんどの人が使っていた。そうやってスペースを空けて、黒板の前に半円状に適当に椅子を並べた。本を持ってきている人、タバコを吸ったりメモをとったりしたい人のために長テーブルを一つ置いておいた。

みんな適当に集まって立っていると、シュリックが手を叩く。すると会話が止まり、全員が席に着く。だいたい黒板の近くのテーブルの端に座っているシュリックが、その日に議論する論文やレポートのテーマを発表する。(5)

メンガーによればシュリックは「きわめて洗練された、どこか内向的な男」で、「とても誠実で控えめ」、「完全に自己を確立している」が、常に勉強熱心で、自分の意見を見直すことも厭わない人物であったという。「彼が空っぽの言葉を発したり、少しでも偉そうな態度を見せたりすることは考えられなかった」。シュリックは相対性理論とその哲学的な意味を説明した論文や大衆向けの本で、アインシュタインからも認められていた。シュリックは大学に到着して間もなく、アインシュタインにこんな手紙を書いている。「ウィーンではいま哲学的な思索が多く行なわれています。近いうちにいくつかの例をお見せできると思います。きっと興味を持っていただけるでしょう[6]」

この〝シュリックのサークル〟が、その後、ゲーデルの長く続く友人関係の基盤となる。ゲーデルはこのサークルを通じて生涯の友人であるファイグルやナトキンと知り合った。メンガーとは温かい友情で結ばれていたが、ナチス占領後のウィーンの状況についてゲーデルが驚くほど無知であることにメンガーが幻滅したことで関係が冷え、元に戻ることはなかった[7]。

ゲーデルとメンガーが初めて会ったのは一九二七年、メンガーがアムステルダムからウィーンに戻ってすぐのことだった。メンガーはロックフェラー財団のフェローシップを得て、アムステルダムのブラウワーのもとで学んでいた。その三年間は波乱に満ちたもので、位相幾何学におけるある洞察について、ブラウワーのかつての弟子パベル・ウリゾーンとメンガーの双方が第一発見者であると主張し、激しい論争に発展していたが、ウリゾーンは二六歳のとき、水難事故で死亡するという悲劇に見舞われた。

メンガーは早熟な学生で、文学の世界での名声を夢見ていた。同級生にウィーンの著名な劇作家・文学者であるアルトゥル・シュニッツラーの息子がいたので、一七歳のとき、男装していたと言われる謎多き女教皇ヨハンナについて書いた戯曲をシュニッツラーに送った。シュニッツラーは日記にこう記している。「才能のある子だが文学的ではない。……彼の天職は物理学者だ。長期的な計画についての質問に対しては『いちばんやりたいことは自分で自分を殺すこと』と言った。才能があることは間違いないが、おそらくふつうの青年とは言えない」。彼はのちにこう書き添えている。「天才かもしれない――しかし誇大妄想的で奇矯な性質を持つ[8]」

テキサス州オースティンを訪れたときのカール・メンガー。1931年。

メンガーはもちろん自信に満ちあふれていた。ハーンの「曲線の概念の新たな展開（New Developments in the Concept of Curves）」という講座の一回目の講義を聞いたあと、週末に次元の定義の解決法を考えることに熱中した。数日後、彼はその結果を見せようと教授の部屋に乗り込んだ。ふつう学生はそんなふうに教授の邪魔をするようなことはしない。しかし「私が入っていったとき、ハーンは本を読んでいてほとんど顔をあげなかった」のに、「私が話を進めるにつれて、だんだん耳を傾けるようになった」とメンガーは語っている。これが彼の論文のテーマとなり、数学に多大な成果をもたらすことになる[9]。

「一九二七年秋にウィーン大学に着任して間もなく、次元論に関するコースを開講したところ、出席者がたいへん多かった。その登録名簿にクルト・ゲーデルの名前があった」と、メンガーは振り返る。

彼は細身で、珍しいほど寡黙な青年だった。そのころ彼と話した記憶はない。その後、彼をシュリックのサークルでまた見かけた。……ゲーデルがこれらの会合で話したり、議論に参加したりするのを聞いたことはなかった。ただ興味はあったようで、頭をわずかに動かし賛成、疑問、反対の意を示していた(10)。

ルドルフ・カルナップ。

ゲーデルとメンガーのもう一つの共通点は、このサークルの哲学的見解、特にハーンやノイラート、そしてドイツから来たばかりの哲学者で論理学者のルドルフ・カルナップなど、より急進的な論理的経験主義の思想から、一定の距離を置いていることだった。「私はシュリック・サークルの特別に活発なメンバーではありませんでしたから」。ゲーデルは戦後、シュリックとその弟子たちに関する新聞記事に息子の名前が出ないことを不思議がった母親に語った。「それにある面では、そこの主流の意見とは真っ向から対立していました」。ゲーデルは、知識は自然現象の実際の観察からのみ得られるという実証主義的な立場にはどうしてもなじめなかった。ゲーデルにとって、数学的対象や先験的(アプリオリ)な真理は、感覚を通して直接知覚できるものと同じくらいリアルなものだったのだ。[11]

のちに〝物理主義〟と呼ばれるようになるカルナップの考えでは、倫理、価値、美学に関する哲学的な主張は〝擬似命題〟であった。間違っているどころか、まさに無意味なものだった。カルナップは一九三六年にシカゴ大学に移り、二〇世紀を代表するアメリカ人哲学者の一人として、誰よりもこのグループの思想を継承していた。そしてハーンと同じく戦争で負傷して平和主義者となっていた。また、シュリックのもとで大学教員資格用（ハビリテーション）の「世界の論理的構造（The Logical Structure of the World）」というタイトルの論文を完成させた。これは『プリンキピア・マテマティカ』にあったラッセルとホワイトヘッドの記号論理学の体系を応用して、経験的な事実がどのように現実の正確なイメージになるかを示したもので、二〇世紀の哲学の古典となった。論理学は論理学者や数学者だけのものではなく、〝哲学全体〟のものだったのである。カルナップは、言語をそれ自体は意味を持たない論理的な構文の規則の集合体として分析することで、形而上学者が耳障りのよい言葉につられて、神や無意識といった抽象概念を信じるという過ちを止められると主張した。知識の論理的再構成を説明するカルナップのサークルでの最初の講義は「エンジニアが機械の仕組みを説明している」のを聞いているようだったと、ファイグルは回想している。[12]

ノイラートは壮大なユートピア改革のアイデア、皮肉な毒舌、奔放なライフスタイル（ウィーンの労働者階級の地区にある、荒れ果てた汚いアパートに住んでいた）で、サークルの型破りさと哲学の伝統への露骨な侮蔑を象徴する存在だった。彼は自分を訪ねてきた哲学を学ぶ学生に「君は正確には何を勉強しているのか」と尋ねた。

うがましだ！[13]」

「哲学です。純粋な哲学」と若者は答えた。

「なぜそんな下品なことができるんだ」と、ノイラートはすぐさま言い返した。「神学を学んだほうがましだ！[13]」

ハーバート・ファイグルは何年も経ってから、みんなあまりにも生意気でうぬぼれが強く、自分たちと同じ見方をしない人たちを傲慢にも見下して、無用の敵をつくっていたと認めた。「我々はすべての哲学を終わらせる哲学を見つけたと思っていた[14]」

しかしメンガーは「サークルのメンバーにとって、推定された真実をあいまいに表現することほど嫌なものはない」と述べている。[15] サークルで議論しているとき、ノイラートは常にルールを守らせようとして拳でテーブルを激しく叩き、〝理念〟〝観念〟〝実在性〟など、長大な禁止用語リストに入っていた言葉を誰かが使おうものなら、それを遮って止めていた。辛抱強いシュリックもさすがに耐えられず「ノイラート様、どうかお許しを！」と訴えていた。ノイラートは「M」と書いた小さなカードをつくり、議論が形而上学の禁断の領域に入るたびに、黙ってそれを掲げるようになった。数週間後、彼は「形而上学の話をしていないときに『non M』と書かれたカードを出すようにすれば、さらに手順を短縮できる」と断言した。[16]

しかしかつてハーンは、「すべての知識は検証可能な事実と純粋な論理に還元される」という彼らの考えを世界に広めるには、途方もない努力が必要だと苦々しく認めている。「もし窓を開けて、我々の声が通行人に聞こえるようにしたら、刑務所か精神病院に送られるだろう[17]」

一九二九年にゲーデルがシュリック・サークルから離れたのは、ノイラートが世界を変えようとしたからだった。ノイラートはシュリックがアメリカに行って一学期間、留守にするのをいいことに、グループの社会的広がりの新たな段階をどう考えるかについてのマニフェストを急いで書き上げ、社会的、政治的な目標を掲げた。ノイラートは、前年に設立されたサークルの分派であるエルンスト・マッハ・ソサエティの調査責任者として、一般向けの書籍やパンフレットを作成したり、公開講座を主催したりしていた。[18] ノイラートはマニフェストの中で、シュリックのグループを〝ウィーン学団〟と呼ぶよう主張し、「科学的世界観は生き物の役に立ち、生き物はそれを受け入れる」と宣言し、その他にも、形而上学、神学、資本主義の抑圧からプロレタリアートを解放することを誓うスローガンを掲げていた。

「我々メンバーはみんな、社会や政治の進歩に強い関心を持っていた」とカルナップは振り返る。「私も含め、ほとんどが社会主義者だった」。この言葉の一般的な定義に当てはめれば、ゲーデルもやはり社会主義者だった。彼はカルナップに、レーニンやトロツキーを読んで「計画社会や社会主義には賛成だし、社会に影響を与えるメカニズム、たとえば金融資本の政治への影響に興味がある」と語ったことがあった。[19]

しかしメンガーやシュリック、さらには熱烈な社会主義者のハーンと同じく、ゲーデルもノイラートが自分たちの研究を政治的に利用しようとすることに強い抵抗を感じていた。[20] この時期のサークルの他の熱心な取り組みからも、ゲーデルはメンバーと共有していた知的な共鳴が、数理論理学が終わり哲学が始まるところで、大きく分岐し始めているという感覚を強めることになった。これはサークルがルートヴィヒ・ウィトゲンシュタインの哲学的な思考、特に言語の役割に関する考えを手放しで賞賛していたことと大いに関係があった——その考えは、いまや有名になったが当時は漠然としていた、ウィトゲンシュタインの『論理哲学論考』の不可解な言葉を初めて見たとき、まさにシュリック、カルナップ、ファイグル、ハーンらがさがしていたもののように思われた。[21]

激しい気性のウィトゲンシュタイン。

彼らはいち早くウィトゲンシュタインの奇妙な才能に魅了されていた人々ではあるが、魅了されたのは決して彼らばかりではない。ウィトゲンシュタインの父親は立憲君主国オーストリアでも屈指の富豪の一人で、クルップ社やアンドリュー・カーネギー社に匹敵する帝国を築いた鉄鋼王だった。ウィトゲンシュタインは町の豪華な宮殿で育った。その屋敷には大理石の階段があり、彫像の並ぶ玄関ホールには『真夏の夜の夢』の場面を描いたフレスコ画が飾られ、建物の正面はアレーガッセ（現在のアルヘンティニア通り）に沿って四〇メートル以上も続き、その両端に大きなアーチ型の入口があった。ヨハネス・ブラームスとリヒャルト・シュトラウスは、音楽の夕べにしょっちゅう招かれていた。教育はほとんど家庭教師から受けた。三年間だけリンツの実科学校（レアルシューレン）に通ったが、そこにはうまくなじめず不満を感じていた。もっとなじめず不満を抱えたアドルフ・ヒトラーとは一年間だけ同級生だった(22)。

エンジニアを目指していた彼は、一九〇八年、一九歳でイギリスのマンチェスターに渡り、自分で飛行機を設計したいと思い航空研究所で働いた。そこでしだいに数学への興味をつのらせ、やがてラッセルの『数学の原理（*The Principle of Mathematics*）』と出会う。彼は突如目覚めたようにケンブリッジに向かい、ラッセルにいきなり自己紹介して、哲学を生涯の仕事にしたいと告げた――もし、それが可能なら、と。

ラッセルは最初、この若き信奉者の奔放な情熱をわずらわしく思っていた。初めて会ってから数週間後、彼は恋人のオットーリン・モレルに「あのドイツ人エンジニアはとても議論好きで疲れる」と書いている。その翌日には「あのドイツ人エンジニアは、ばかだと思う。彼は経験的なことは何も知ることができないと考えている。部屋の中にサイがいないことを認めろと言ったが、認めようとしなかった」。ウィトゲンシュタインはラッセルの部屋に出入りするようになり、しばらくのあいだ、毎晩真夜中に行っては「三時間、野生の獣のように、無言でそわそわとした様子で」部屋の中を行ったり来たりしていたと、ラッセルが記録している。

「君は論理について考えているのか、それとも自分の罪について考えているのか？」とラッセルが尋ねたことがある。

ウィトゲンシュタインは「どちらも」と答えて、また黙々と歩き続けた(23)。

一学期の終わりに、ウィトゲンシュタインがラッセルのところに来て「私は完全なばかだと思いますか？」と尋ねた。ラッセルは「なぜそれを知りたいのか？」と返した（のちの、やや穏やかに修正された記録の中では、そう言ったことになっている）。

「もしばかなら飛行船の操縦者になろうと思うし、ばかでないなら哲学者になるつもりなので」

「友よ」とラッセルは言った。「君が完全なばかかどうかはわからないが、休暇中に哲学的なテーマで論文を書いてくれれば、それを読んで話をしよう。興味があれば、どんなテーマでもかまわない」

論文の最初の文を読んだ瞬間、ラッセルは答えを知った。のちにウィトゲンシュタインを評し、「彼は私が知る限り、昔ながらの意味での、完璧な天才に近い例だった。熱意にあふれ、強烈で、圧倒的」で、ある種の超俗的な〝純粋さ〟を持っているため、驚くほど無礼であると同時に、その精神が揺らぐことはない、と述べている[24]。一九一四年初頭にウィトゲンシュタインがノルウェーのフィヨルドにある人里離れた小屋で（彼はそこで二年間引きこもって暮らしていた）、ラッセルの同僚であるケンブリッジ大学の数学者G・E・ムーアに口述で書き取らせた論理学に関する論文が、学士号取得の資格として受け入れられないことを、ムーアがていねいに説明しようとしたとき――それは大学の規則で定められた、出典に関する序文がなかったからなのだが――ウィトゲンシュタインは傷つき、怒りを爆発させた。

> 親愛なるムーア、私はあなたの手紙に腹を立てている。私**があの論文を書いたとき規則をよく**

調べていなかったのだから、論文のほうも詳しく調べず学位を与えてくれるのが公平というものだと思う。……そんなばかばかしいほど小さなことで例外を認めるだけの価値がないというのなら、このまま地獄へ行ったほうがましだ。それだけの価値があるのに認められないのならば、そこに行くのはおそらく、そちらのほうだろう[25]。

ウィトゲンシュタインは哲学的な著述の中ですでに言語と論理についての探究を始めていて、それが一〇年後に初めて発見されたとき、ウィーン学団――ゲーデルとメンガーは別として――を震撼させることになる。彼の論理学に関する論文のまさに最初の文が、その点に正面から切り込んでいる。

> 論理的な命題と呼ばれるものは、言語ひいては宇宙の論理的な性質を示しているが、何も説明していない[26]。

そして『論理哲学論考』の最終行では、序文で発表した中心的な考えを再び述べている。「語りえぬものについては、沈黙しなければならない」

一九一四年八月に戦争が勃発すると、ウィトゲンシュタインはオーストリア軍に入隊した。愛国心というよりも「死に近づくことが、生の光をもたらしてくれる」という望みのためだったと、彼は日記に書いている。彼は何度も武勲を立て勲章を授与されていたが、南方戦線で砲兵隊にいたとき、休戦一週間前に捕虜としてとらえられた。その後イタリアの捕虜収容所で過ごした数か月間、彼は『論理哲学論考』の出版を手配することに時間を費やした。それについて彼はラッセルに、哲学の未解決の問題すべてを解決したと告げていた。「傲慢に聞こえるかもしれないが、信じざるをえない」(27)

この『論理哲学論考』は、一連の厳かな宣告に番号を振って階層構造に並べるという形をとっている。ウィトゲンシュタインは正当性の根拠や論証をまったく入れず、それぞれの命題を「まるで皇帝の勅令のように」とラッセルが皮肉るくらい、壮大で断定的な調子で提示している。一九二四年から二七年の間に、サークルではウィトゲンシュタインの大作を二回、最初から最後まで通して読んだ(28)。

シュリックは、ウィトゲンシュタインの思想を知ったことが「私の人生の中で最もすばらしい知的体験だった」と興奮気味にアインシュタインに報告している。

> 最近の哲学書の中で、最も深く、最も真実に迫っている本だと思っています。しかしこれを読むのは非常に骨が折れます。著者はもう二度と何かを書く意志はありませんが、これまであまりいなかったタイプの魅惑的な天才です。……彼の基本的な見解は、原理的には、現在の数学の基礎の危機すべてを乗り越えるもののように思えます(29)。

シュリックは新たな崇拝の対象に会おうと何度も試みたが、ウィトゲンシュタインは彼を寄せつけなかった。彼はそのころオーストリアの小さな村で学校の教師をしていたが、財産と哲学者の人生とは相容れないという理屈に基づき、彼に言わせると「自尊心を持って死ねるように」財産を手放した。一九二六年四月、シュリックと数人の学生が長い時間かけて、列車でオッタータル村まで訪ねたが、彼が教師の仕事を完全にやめたことがわかっただけだった。ウィトゲンシュタインの型破りな教育方法は、行く先々で嫌われるようになっていたのだ（「完全におかしいやつで、小学校の子供たちに高度な数学を教えようとしていた」と、後年ある村人が語った）。また生徒が理解できないことには我慢がきかず、あまり頭のよくない一一歳の生徒の頭を殴って気絶させてしまったこともあった。シュリックが訪ねたとき、ウィトゲンシュタインはすでにウィーン郊外の修道院に移っていて、そこで庭師として働いていた。ここでも会うことはかなわなかった[30]。

一九二六年末、ウィトゲンシュタインはようやくウィーンに戻り、今度はモダニズムの建築家になろうと、妹のグレーテル・ストーンボローのための広々とした屋敷の設計に没頭していた。その妹が、シュリックが待ち望んでいた面会を現実のものにしてくれた。「お互い相手のことを頭がおかしいと思っていた」と、のちにウィトゲンシュタインは述べている。しかしシュリックはその後、月曜の夜にサークルの精鋭数人と自宅やコーヒーハウスで行なっていた集まりに、哲学について話す必要はないという約束でウィトゲンシュタインを誘えるようになった。ウィトゲンシュタインがそれを永遠に放棄すると明言していたからだ[31]。

ウィトゲンシュタインが哲学、特に言語論理学に回帰するという重大な出来事のきっかけとなったのは、一九二八年三月にハーンが企画した公開講演会であった。講演者はヒルベルトが忌み嫌っていたＬ・Ｅ・Ｊ・ブラウワーだった。「ずいぶん抵抗されたが」とはファイグルの弁である。彼とヴァイスマンがウィトゲンシュタインをなだめすかして参加させることに成功した。ゲーデルもこの重大な行事に出席していた。ウィトゲンシュタインが会場に入ってくると、ハーンは興奮気味に通路を歩いていって自己紹介をした。メンガーの記憶によると、ウィトゲンシュタインは「あいまいな笑みを浮かべ、遠くを見ながら礼を言って五列目の席に座った」。「しかしそのあとに行ったコーヒーハウスで大事件があった。ウィトゲンシュタインが突然、しかも饒舌に哲学を語り始めたのだ」とファイグルは伝えている。ダムは決壊していたのだ(32)。

数学は完全に人間が構築したものであるというブラウワーの極端な主張に、ウィトゲンシュタインは全面的に共感していた。ブラウワーは、どのような意味であれ、数学が〝客観的〟な真理を構成するという考えを否定していた。ここで彼は、プラトン主義的な、数学とは観念としての真理の集合体であり、人間の心とは無関係に「どこかに」存在し、人間に発見されるのを待っている、とする考えに真っ向から反対していたのだ。

ゲーデルの研究者たちは、彼の後期の数学的アイデアの、まごうことなきプラトン主義がどこまでさかのぼるか延々と議論していて、彼が一九七六年に、「自分は一九二五年ごろから正真正銘のプラトン主義者（『概念的および数学的実在論者』）である」と書いてはいるが、この点についてそれほど一貫していなかったという意見もある(33)。

しかしこのような初期の段階でも、ゲーデルがウィーン学団の主流の意見とはまったく共感していないことを示す兆候はたくさんあった。特にウィトゲンシュタインの思想への熱狂的な支持について、その傾向が顕著だった。ゲーデルは一九二八年にカルナップとの会話で「なぜ無限大のような抽象的な数学的概念が、物理学に基づいた現実への実験的応用を根拠に証明されなければならないのかわからない」と述べている。彼は数学には独自の実在性があると信じていた。[34] また数学は言語と同じ単なる道具であり、それ自体は固有の意味を持たない一連の規則や構文であるという、ウィトゲンシュタインの考えを持ち上げることにも反対していた。彼は一九五〇年代の大半を、この問題に関するカルナップの見解に異議を呈すると約束した章「数学は言語の構文か？（Is Mathematics Syntax of Language ?）」の執筆と書き直しに費やした。彼が結局はそれを放棄したのは、いくら修正しても満足できなかったからだけでなく、より重要なのは、それは「基本的に愚かな疑問なのに、それに反論すれば、必要以上に評価されてしまう」と考えたからだ。[35] ゲーデルは晩年、ある質問に答えてこう書いている。

私は自分の仕事を「二〇世紀初頭の知的な雰囲気を支えていた一つの集団のもの」だと思わない。むしろその逆だ。たしかに、数学の基礎に対する私の興味は、ウィーン学団によって喚起されたものだが、その成り行きの哲学上の結論と、そこにつながった発見的原理は、実証主義的でも経験主義的でもない。……つまり私の仕事は、まったく異なる世界観を指し示している。……また、数学の基礎に対するウィーン学団の関心は、ウィトゲンシュタインの『論理哲学論考』のはるか以前から始まっていた。[36]

数学という概念がいかにつかみどころのないものであろうと、ゲーデルは生涯を通じて、一心にそれを真理の探究、特に人間の心とは別の現実に、以前から存在していた真理の研究ととらえていた。それは二〇世紀よりむしろ一九世紀、あるいは一七世紀に近い哲学的世界観で、ウィトゲンシュタインやウィーン学団の思想とはかけ離れていた。

しかし学団内の熱心なウィトゲンシュタイン主義者たちでも、シュリックが自らの神をカルト並みに崇拝するさまについて、からかうことがあった。ゲーデルの友人であるナトキンは、一九二七年七月にゲーデルに次のような手紙を送っている。「慰めにシュリックの論文を送る。意味のないことについてしか、意味のあることは語れないという例だ。ファイグルがシュリックとウィトゲンシュタインの会話について、君に話したかどうかは知らないが、彼らは言葉にならないものについて何時間も議論して楽しんでいた[37]」

一九二九年になると、ゲーデルは木曜の夜にあるサークルの会合に出席しないことも増えていった。ある会合で、シュリック、ハーン、ノイラート、ヴァイスマンらは言語について大いに語り合ったが、ゲーデルとメンガーがひとことも話さないことがあった。その後、メンガーは帰り道で年下の仲間に「今日、僕らはまたあのウィトゲンシュタイン主義者たちよりも、ウィトゲンシュタイン的にふるまったよ。ずっと黙っていたんだ」と言った。

「言語について考えるほど、人と人とが理解し合えることに驚きを覚える」とゲーデルは返事をした[38]。

愛すべき無邪気さ

一九二八年から二九年にかけて、メンガーは学生の要望に応えて、より数学的なテーマに的を絞ったセミナーを始めた。ゲーデルはこのメンガーの数学コロキウムのほうが、はるかに自分の考えを表現しやすいと感じ、シュリックのサークルで決してしなかったように、心を開いていった。メンガーは次のように語っている。

一九二九年の終わりごろゲーデルをコロキウムに招待した。それ以来、彼は必ず参加し、健康な状態でウィーンにいるときは一度も欠席しなかった。特にゲオルク・ネーベリンク、フランツ・アルト、オルガ・タウスキーがウィーンにいるときは彼女と、そしてのちにはエイブラハム・ウォールドや外国からの訪問者とよく話をしていた。いろいろなテーマの討論に積極的に参加した。文章だけでなく口頭でも、彼はいつも自分の考えを正確に、かつ簡潔に表現していた。数学以外のことについては多くを語らなかった。(39)

オルガ・タウスキーは、彼がふつうの社会生活ではあまり話さないことに気づいていた。彼女はウィーンの家族のアパートで、大学時代の数学仲間や、たまたまウィーンに来ていた学者を招いてお茶会を開くとき、よく彼を招待していた。ゲーデルは「賑やかな人との交流を楽しんでいるよう

オルガ・タウスキー、カール・メンガー、外国からの訪問者とのお茶会。

に見えたけれど、とても無口で、数学以外の会話にはあまり入ってこなかった」と、タウスキーは語る。しかし彼が一人でいるときには「他のことについて彼に話しかけられたし、彼は純粋にそれを貴重な楽しみととらえていた」とも述べている[40]。

ゲーデルは一九三七年から三八年にかけての日記の中で、心の底にある社会への不安、特に自分の内面や、他人からの詳細な評価に耐えられないことへの恐怖をあらわにしている。

なぜ他人に自分のすべてを知られることが恥ずかしいのか？　それは価値判断の基盤であり、それぞれの価値判断も恥ずかしいものだからだ。

1．評価が好意的すぎると（私に何かよいことを期待している、私を尊敬している）、失望されたときに恥ずかしい思いをする。

2．真実を知られれば、尊敬されないので、やはり恥ずかしい。

彼は自覚している欠点について自分を責めた。たとえば、朝いつまでも寝ている、自分を過大評価して他人を過小評価する、「高い声で笑ったり話したりする、感情を顔に出す」、優柔不断、「人がまわりにいると緊張して不安になる」。そして最後にこう書いている。「これらはたくさんある人間の〝短所〟で、このために誰も私のようになりたいと思わない（むしろその逆）だろう。また私自身、他人のためになるようなことを成し遂げることはできそうにないと感じる」。しかし次にこうも書かれている。「不思議なことに、悪いところをすべて明らかにすることで、恥ずかしさが薄れる」[41]

しかし居心地がいいと感じられる友人たちといるときの彼は完全な別人で、優しく温かいユーモアがあり、誠実かつ良心的で、数学に関するアイデアについては助力を惜しまず、自分の研究についてはあまり語らず謙虚だった。メンガーはこう語っている。

ゲーデルがずっとコロキウムを楽しんでいたのは明らかで、他の参加者と話をして、論理学や数学の質問には惜しみなく助言していた。彼はいつも問題点をすばやく把握し、その回答が質問者に新しい視点を与えることも多かった。彼は自分の思いつきをすべて当たり前のように披露していたが、ある種の内気さと魅力がにじんでいて、多くの聞き手の中に彼に対する温かい感情が生まれた。[42]

カール・シグムントが「愛すべき無邪気さ」と的確に表現した彼の性質が、多くの人を惹きつけていた。世間におけるゲーデルの性格評価には、プリンストンで過ごした晩年の隠遁した孤高の人物というイメージがつきまとう。しかしそれは生涯の友人たちが知っていたクルト・ゲーデルではない。彼が孤独と偏執性妄想の中で悲劇的な生活を送るようになるのは最晩年のことなのだ。親友だったファイグルに言わせると、ゲーデルは「とても控えめ」だったが、「彼の頭脳が第一級の天才のもの」であることは誰の目にも明らかだった。ファイグルの父はユダヤ人でありながら過激なほどの無神論者で、腕のいい織物職人として、のちにボヘミアの繊維産業を牽引した人物だった。そしてファイグルはまったく宗教色のない文化的な過程で育ち、物理学、哲学、数学をミュンヘン大学で学んだ。学団のもう一人の親友、ポーランドのウッチ出身の天才哲学者マルセル・ナトキンとは「しょっちゅう会ってウィーンの公園を散歩し、もちろんカフェで論理学、数学、認識論、科学哲学の問題について、ときには夜遅くまで延々と議論した」とファイグルは回想している。三人はそれぞれの道に分かれてから二五年後の一九五七年、ニューヨークで感動的な再会を果たした。[43]

「彼の親しみやすさと穏やかなユーモアはとても魅力的だ」と、のちにゲーデルの友人になったオスカー・モルゲンシュテルンが日記に記している。モルゲンシュテルンは、ゲーデルの家族に対する細やかな気遣いや、自分の息子カールが高校生や大学生のとき、何時間も話をして数学への関心を後押ししてくれたことに心打たれ、またその控えめな態度を通して「偉大な精神の存在」を感じていた。「彼との会話は（ウィーンに行く前から）いつも一つの大きな経験だ。あの陽気な感じは、話の内容とはかけ離れている。誰もそれをなかなか信じられなかったのは、彼がいつも真剣な顔をしているからだ」[44]。

数学者でありSF作家でもあるルディ・ラッカーは、ゲーデルに会うため、プリンストンへの〝聖地巡礼〟を何度かしたことがあり、彼の「会話と笑い」について語っている。

彼は高く歌うような声質だった。話の最後になると声を大きくして、疑義を突きつけるような話し方をよくしていた。また声を落として、おもしろそうに小声で話すこともあった。そして何よりも、複雑なリズムで笑う大声がときどき混ざるのだった[45]。

親しい友人との会話や、家族への手紙ではすぐに伝わるユーモアも、あまり知らない人には、そう簡単に伝わるとは限らなかった。ハーバード大学の論理学者で、一九六一年から六二年と、一九七四年から七五年にプリンストン高等研究所にいたジェラルド・サックスは、自身の哲学の神であるゴットフリート・ライプニッツの思想についてゲーデルに異議を唱えたとき、一瞬だけそのユーモアを垣間見たと語っている。

私は彼に、モナド〔ライプニッツが考案した概念で、これ以上分割できないところまで分割した構成要素。原子と違って精神的なもの。単子〕はどうかと尋ねました。彼にとって偉大な哲学者と言えばライプニッツだと知っていたからです。私は宇宙がモナドでできているという理論はとても奇妙だと思うと言いました。モナドは互いについて情報を持たないということになっているけれど、この偉大なる調和を目の当たりにしていると、それは常識に反するように思える。ライプニッツの答えは、神がこの調和をもたらしたというものでした。そこで彼にどう思うか尋ねました。すると「ライプニッツは間違っていた。すべての出来事は、他のことに影響を与えるのが当然だ。それは科学の一部だ」と答えました。さらに「ライプニッツはすべてにおいて間違っていたんだ」と言いました。

その後、ひと息ついてこう言いました。「しかしすべてに間違えることは、すべてにおいて正しいことと同じくらい難しいんだ」

彼は笑顔を見せませんでしたが、私はこれはとてもおもしろい発言だと思いました。それでこうも思ったんです。なんと、彼は冗談を言ったのか？　そうなんだよな？

そのときでさえ、ゲーデルは「生きることへの熱意」とアイデアへの意気込みを持っていたと、サックスは思った。「彼は数学、論理学、哲学の発展に、目を見張り興奮していた。まるで『とても聡明な一一歳の子供』と話しているようだった[46]」

彼と知り合い、その無邪気さに庇護欲をかきたてられ、彼の面倒を見るようになった人間は一人ではない。よく知られているのはカール・メンガー、のちにはジョン・フォン・ノイマンとオスカー・モルゲンシュテルンである。三人ともゲーデルより数歳年上だったが、ほとんど父親のように親身になってゲーデルの面倒を見た。メンガーとフォン・ノイマンがこの〝奇才〟を仕事上のライバルとみなしても不思議はなかったが、むしろ過剰なほど世話を焼いて、世間知らずの彼を保護し、彼が仕事を続けるための機会と経済的支援を保証し、数学界にその功績を知らしめる努力をした。モルゲンシュテルンは彼が何度となく危機に見舞われても辛抱強く見守り、自らの影響力を行使して、彼にふさわしい評価と栄誉が得られるようにした。

ゲーデルの少年のような魅力は、女性に対しても発揮された。オルガ・タウスキーが前に気づいていたように、ゲーデルは内気で社交嫌いだったが、異性にもてることを見せびらかそうとするようなところがあった。あるときタウスキーが数学研究所の小さなセミナールームで仕事をしていると、とてもきれいで美しく着飾った女の子がやってきて座り、数分後にゲーデルがやってきて、仰々しい挨拶をすると彼女とともに出ていった。「クルトは明らかに見せつけようとしていましたね」とタウスキーは言っている(47)。

その少女はまもなく、朝なかなか起きないゲーデルの〝わがまま〟な習慣を改めさせようとしたができず、彼を見限った。しかしもう一人、別の年上の女性はそう簡単には諦めなかった。その一九二八年、ゲーデルは兄とともにランゲ通り七二番地の三階建てのアパートに引っ越した。そのほぼ真向かいのランゲ通り六七番地に、アデーレ・ニンブルスキーという二九歳の女性が住んでいた。彼女の父親は挫折した芸術家だったが、写真家としてそこそこ成功していたようだった。アデーレは短い結婚生活で不幸な経験をして夫と別れ、両親の家に戻ってきたばかりだった。彼女は以前、夜の蛾（デア・ナハトファルター）というナイトクラブで働いていたが、そのころはマッサージとフットケアのサービスを提供して、生計を立てようとしていた。彼女の過去もそのときの状況も、その響きから受ける印象ほどいかがわしいものではなかった。たしかに一九二〇年代から三〇年代にかけて、ウィー

アデーレとウィーンの屋外のカフェで。

舞台に立つアデーレ。19歳。

ンのダンサーやマッサージ師には娼婦が少なくなかったが、まったく違う人もいた。アデーレは市の電話帳に、その仕事の連絡先として、きわめて厳格で保守的なカトリック信者である父親の住所を掲載していた(48)。

その後一〇年間、ゲーデルは、時に自分の意思に反し、また間違いなく家族の意向に反し、この教養はないが意志の強い、七歳近く年上の女性に囚われて過ごすことになる。

不安定な基礎

一九二八年の数学者会議でヒルベルトが提示した四つ目の課題に取り組むと決めたことで、ゲーデルは数学の基礎をめぐる嵐の中心に身を置くことになった。この嵐は世紀末にバートランド・ラッセルが『数学の原理』を執筆しているときの、かなり迷惑な発見から始まった。ラッセルの考えは、疑う余地のない自明な論理規則に数学がどのようにして還元されるかを示し、数学の健全性を確立するというものだった。しかし最も単純な計算の操作でさえ、ラッセルが〝原始的〟と呼ぶ手法で定義するのは簡単とはほど遠かった。数とは何かという考えでさえ、すぐに問題を引き起こした。「1＋1＝2」という結論に達するまで七〇〇ページ以上を要した（としばしば指摘される）という事実を知れば、その方法論と記法が、いかに骨の折れるものであったかは明らかである。この結論についてラッセルとホワイトヘッドは「役に立つこともある」と評した(49)。

数という抽象的な概念を論理的に具体化する方法の一つが集合論である。集合、あるいはラッセルの呼び方では〝クラス〟は、単にものの集まりである。集合の要素は具体的に並べる、あるいはそれらが共通して持っている性質で定義することができる。たとえば黒猫の集合、原色の集合、1、7、23の集合、すべての奇数の集合、落選した大統領候補の集合などである。ラッセルは、ドイツの数学者ゴットロープ・フレーゲの初期の研究を参考に、2という数字を単に一対のものを含むすべての集合と定義し、そこから他の数を組み立てる考えを提唱した。

始まりは単純だったものが、すぐに泥沼へと進んでいった。集合が他の集合を構成することもある。たとえば夫婦を要素とする{ナポレオン,ジョゼフィーヌ}という集合があったとする。そのような集合すべての集合は{{ナポレオン,ジョゼフィーヌ},{エルヴィス,プリシラ},{ビル,ヒラリー},{ボブ,キャロル},{テッド,アリス},…}となる。ラッセルは、ある集合が、その集合自体の要素になる可能性もあると考えた。たとえば、二つ以上の要素を含む集合すべての集合は、それ自体に二つ以上の要素があるので、その条件に当てはまる集合である。たとえば「Lで始まるWikipediaの記事のリスト」というタイトルのWikipediaの記事は、それ自身がそのリストに属することになる。

思いがけない厄災は、ラッセルの「それ自身が要素ではない集合すべての集合はどうなるのか」という、一見なんでもなさそうな疑問から生じた。それはその集合の要素なのか、違うのか。もし違うなら、定義によればその集合に含まれるはずだ。しかしもし含まれるなら、それはその集合自身の要素になるから含まれるべきではない。

これは〝ラッセルのパラドックス〟として知られるようになるが、古代から類似するパラドックスは存在していた。原型はクレタ人のエピメニデスが唱えた〝嘘つきのパラドックス〟だ。彼は

「クレタ人はみな嘘つきだ」という文を考案した。これは片面に「この紙の裏の文は誤り」、もう片面には「この紙の裏の文は本当」と書かれた一枚の紙から生じる難問に似ていると、ラッセルは指摘した。

「大の男がこんなつまらないことに時間を費やす価値はないように思えた」とラッセルはのちに回想している。「最初は矛盾など簡単に乗り越えられるはずで、推論に何かつまらない誤りがあるのだろうと思った」。しかし考えれば考えるほど、この矛盾は彼のプロジェクト全体で、無視できないほど深い欠陥であることがわかった。彼がそれを指摘したのは、フレーゲがちょうど数学の基礎についての生涯の仕事を発表しようとしていたときで、ほとんど彼を破滅させるところだった。フレーゲは、のちにラッセルがほとんど〝超人的〟と呼ぶほど、礼儀正しく丁重な補遺を発表し「根本的な前提が間違いである」ことを認め、ラッセルの発見に感謝している。[50]

しかし問題はなくなっていなかった。フレーゲはあるラテン語の諺を引き合いに出して、残念そうに次のように述べている。

哀れな人間にとって、惨めさの中に仲間がいるのは慰めである（solatium miseris, socios habuisse malorum）。私にもその慰めがある。それが慰めにすぎないにしても。証明の中で、概念、クラス、集合の外延を利用した人はみな同じだ。それは単に、私の特殊な基礎の構成法の問題ではなく、算術の論理的基礎がそもそも成立しうるかという問題である。[51]

論理そのものに欠陥があるため数学には論理的基盤がないという、ショッキングな可能性は、ロベルト・ムージルが一九一三年に書いた「数学者（Der mathematische Mensch）」というエッセイにまとめられている。その叙情性をもってしても、事態の深刻さを和らげることができなかった。

そして突然、すべてのものが最も美しい存在に組み込まれたとき、数学者たち――最も奥深くまで考え抜く人々――は、その根底にどうしてもきちんとはまらない何かがあるという結論に至った。たしかに、下を見ると建物全体が宙に浮いているのだ。

ムージルは「数学者はこの知的スキャンダルを立派な態度で伝えた。つまり自分の心の悪魔的な大胆さに、自信と誇りを持っていたということだ」と書き添えている。[52]

ラッセルは、間違いなくそのような大胆さの片鱗を見せ、結局はパラドックスを禁ずることで解決した。彼の〝階型理論〟は、いかなるクラスもそれ自体に言及することは許されないと定めたにすぎない。彼のこの決定には、たしかにある種の論理があった。たとえば「図書館にあるすべての本をリストアップした本」ならば、製作途中にあるときは、その本はまだ存在していないのだから、それ自体を含むとは考えられない。しかしラッセルのこの解決策には、満足いかない人がたくさんいた。ゲーデルもその一人で、彼はこの解決策を「思い切りがよすぎる」方法と呼んだ。「彼は病気を治した。しかし……患者の生命を危険にもさらした」と、ドイツの著名な数学者であるヘルマン・ヴァイルも同調している。[53]

しかしこのパラドックスは他にも問題を抱えており、ラッセル自身もそれに気づいて、非常に困難な作業を終えて間もなく、深い挫折感を味わったと認めていた。表記が複雑すぎて手書きするしかなかった膨大な量の原稿は、完成したあと四輪の馬車でケンブリッジ大学出版局まで運ばなければならなかった。出版局は売上をまったく期待しておらず、予想される損失の埋め合わせとして六〇〇ポンドを要求した。王立協会からの助成金やその他の資金援助を受けても、ラッセルと共著者のホワイトヘッドの収支は「一〇年間の仕事に対してそれぞれマイナス五〇ポンド」だったと、ラッセルは語っている。「これは『失楽園』の記録を抜いた」。何年も経ってから彼はいつもの自嘲的なユーモアを込めて「この本の後半を読んだのは六人しかいなかった」と語った。[54]

その一人がクルト・ゲーデルで、彼は一九二八年の夏に三八五チェコ・クローナ（二一世紀初頭の価値では約一五〇ドル）で第一巻を購入し、ひと夏かけてブルノの実家で読んだ。しかし彼も失望を味わった。「評判から期待していたほど、夢中にはなれなかった」と、夏の終わりにファイグルに宛てて書いている。[55]

他のことは置くとして、論理学を数学の基礎にしようとしたラッセルの計画——論理主義として知られる基礎論の学派——は、広い意味で見ても、せいぜい部分的な成功にすぎなかった。それが拠って立つ集合論の公理の少なくとも二つは、自明な論理命題とはほど遠いものだったからだ。たしかにある集合は要素を含まないという主張のように、自明と思えるものもある。しかし無限個の要素を持つ集合が存在すると仮定する無限公理や、集合を要素とする無限集合から、一つの要素を特定する関数が常に存在するという選択公理が根拠としていたのは、ある種、実体のないものへの飛躍で、それはまさに当時、ヒルベルトの数学の基礎を固めるという楽観的な計画の陣営から、また他ならぬヒルベルトの宿敵ブラウワーから痛烈な攻撃を受けていたものだった。[56]

神は決して数学をしない

ヒルベルトのアプローチは形式主義と呼ばれ、ラッセルのパラドックスをまったく別の方法で解決しようとするものだった。もし数学の方法そのものを使い、証明のプロセスが矛盾を生じさせずに成り立つことを立証できれば、そのメカニズム全体が正しいと断言できるというのがヒルベルトの主張だった。ヒルベルトはこの方法を〝証明論〟と呼んだ。メタ数学は、このように数学そのものを数学的に検証することを説明するのに使われるようになった用語である。「数学の再建について私が研究で目指すものは、数学的推論の確実性に対する一般的な疑念をこの世から完全に取り除くことに他ならない」と彼は述べている。しかし現状は「耐え難い」ものだった。彼は憤慨して問いかけた。「数学的思考でさえうまくいかないというなら、他のどこで信頼性と真実が見つかるというのか[57]」

しかしウィトゲンシュタインは、それほど心配することはないと思っていた。「数学は何のために基礎を必要とするのか。……基礎と呼ばれる数学の問題は、絵に描かれた岩が、絵に描かれた塔を支えているというのと同じだ」。[58] 彼に言わせれば、基礎についての研究はすべて、見当違いに問題を大きくしているにすぎないのだ。

論理学は同語反復（トートロジー）にすぎない――普遍的に妥当な命題を別の言葉で言い直すだけで、世界についての新しい知識は追加されない――というウィトゲンシュタインの主張を発展させ、ゲーデルの学位論文の指導者であるハンス・ハーンは、数学全体にも同じことが言えると示唆していた。「苦労して導き出した定理や、驚かされることも多い結果が伴う数学のすべてが、単なるトートロジーになってしまうというのは、とても信じられない」とハーンは述べている。「しかしこの議論は、一つだけ小さなものを見落としている。それは我々がすべてを知っているわけではないということだ」。全知の存在ならば、24×31と744が、同じものを違う方法で表わしていることをすぐ見抜けるが、人間はその等価性を見つけるのに苦労した。つまり「全知全能の存在には論理学も数学も必要ない」。プラトンは「神は常に幾何学をしている」と言ったが、ハーンは「神は決して数学をしない」と反論したのである[59]。

しかしこれらのいずれもヒルベルトにとって慰めにはならなかった。特に形式主義に対する攻撃が、ブラウワー陣営から起こっていたのだ。ヒルベルトは数学者たちが何年もかけて築き上げてきた建物は、安全で信頼に足るものだと世間に納得させようとしていたのに、基礎についての危機へのブラウワーの対処法は、ぼろぼろになった建物をすべて壊して一からつくり直し、今度はもっと厳しい建築基準法を適用するというものだった。その結果、規模は小さくなるが耐震性は格段に向上する。

それがウィトゲンシュタインが説得されて出席した、ウィーンでの彼の講演のテーマだった。ラッセルの論理主義からもヒルベルトの形式主義からも離れたブラウワーの直観主義は、一般には構成主義として知られ、現代数学の大部分を否定するものだった。ブラウワーは長く数理論理学の恐るべき子供（アンファン・テリブル）と呼ばれる存在だった。一九〇八年には「論理原則の信頼性の欠如（The Unreliability of Logical Principles）」というタイトルの論文を書き、アリストテレスまでさかのぼる、二〇〇〇年にわたる論理学研究を否定している。他の数学者に論争をふっかけていないときは、アムステルダム郊外にあった芸術家共同体の、机とベッドとピアノしかない小屋のような家に住んで仕事をしていた[60]。

構成主義者はすべての数学的対象や概念（整数から集合、幾何学的形状に至るまで）は人間の発明なので、それを構成する具体的な方法によって立証されなければならないと主張した。彼らは特に、数学の証明において〝排中律〟を乱用することを嫌っていた。排中律を使って証明するための標準的な手法では、証明しようとするものの否定が正しいと仮定して、そこから矛盾を導く。このような〝非構成的〟な証明は数学の世界に数多く存在し、多くはとてもエレガントで単純である。三六七人がいる部屋の中で、同じ誕生日の人が少なくとも二人いることを証明するには、可能な限りの誕生日の組み合わせについて考える必要はなく、そうでないと仮定したときに矛盾した結果が導かれることを示せばいいのだ。紀元前三〇〇年にユークリッドも同じ方法で、最大の素数が存在しないことを証明した。素数は1とその数自身だけで割り切れる。素数でない数は必ず二つ以上の素数の積として表せる。つまり9は3×3で表せるから素数ではない。50も2×5×5で表せるから素数ではない。ユークリッドの主張はこうである。最大の素数pがあるとすると、pまでのすべての素数を掛け合わせて1を加えれば、より大きな数をつくることができる。しかしその数をどの素数で割っても余りが1になるので、それも素数である（その大きな数がpより大きな素数で割り切れても、その割った数が最大の素数になるので、やはりpは最大の素数でない）。

有限の数の集合が関わるとき、構成主義者たちは排中律に基づく推論を受け入れるのを厭わない。排中律は「Aである」と「Aではない」のどちらかが真であることはあるが、両方が真であることはないというものだ。そのため「Aではない」が偽であることを証明すれば、Aが正しいと言える。しかしブラウワーは、この法則を無限集合に適用する考えを完全に否定した。そのような場合、無矛盾性だけでは存在を証明することはできないと彼は主張した。彼がこの例として好んでいたのは（のちにウィトゲンシュタインもよく用いるようになる）、無限に続く円周率の小数点以下の数字のどこかに7777という数列が現われるという命題を、どうすれば証明あるいは反証できるかという問いだった。見つけられていなくても「まだ十分に調べていないだけだ」という反論をすればすむ[61]。

ラッセルは同じ主張をするのに「現在のフランス国王はハゲている」という奇抜な例を使った。現在フランス国王は存在しないので、この文は誤っているように見えるが、だからといって、排中律を用いて「現在のフランス国王はハゲていない」と結論づける根拠にはならない[62]。ブラウワーの指摘は、無限集合においてこの法則を使うことは、存在を仮定できないはずのものを、有限集合と同じように仮定している、ということだ。ゲーデル自身がのちに指摘するように、このような間接的な手段で数学的性質の存在を証明する、非構成的な証明は、しばしば「奇妙な結果を導き出す……たとえばある性質を持つ整数の存在を、そのような整数を誰もあげることができず、そのような整数を得るための手順を説明することさえできないまま、証明できる場合がある」[63]

ヒルベルトはこのブラウワーの攻撃に対して、ふだんどおり勇ましく応戦した。「数学者から排中律を取り上げるのは、天文学者に望遠鏡を使うこと、あるいはボクサーに拳を使うことを禁じるようなものだ」と彼は叫んだ。そして一九世紀後半に無限集合を研究し、集合論と数学の基礎の金字塔とされたゲオルク・カントールの研究に触れ、「カントールが我々のために築いた楽園から、誰も我々を追い出せない！」と言い切ったのだ[64]。

ブラウワーがゲッティンゲンで自らの画期的な考えを発表したとき、最後にヒルベルトが立ち上がり、「君の手法では、現代数学の成果のほとんどを放棄しなければならない。それに私にとって重要なのは、少ない結果を出すことではなく、より多くの結果を出すことだ」と冷たく言った。さらに辛辣に、ブロウワーは彼が主張するような革命の指導者ではなく、哀れな小さな暴動の指導者だと断じた。「いまや、武装して力のある国が存在している……〔直観主義者は〕最初から消える運命だったのだ！」[65]

ブラウワーはしばらくして次のように述べている。「形式主義は直観主義から恩恵を受けるばかりだ。……したがって形式主義派は直観主義を冷笑気味に反論するのではなく、何らかの評価を与えるべきだ」。そして「形式主義の枠の中では、これまで本来の数学的なことは何も証明されていない」と指摘した。一九二八年のウィーンでの講演で、彼が重要な恩典をもたらしたのはたしかだった。その深い見識のおかげで、ヒルベルトが数学の形式上の機構の信頼性を確立するための方法論の核心に迫り、その後の世界を変えるようなゲーデルの重大な成果に影響を与えることになった。ブラウワーが指摘したとおり、ある体系が正しい、つまりその公理から誤った命題は導かれないと証明することと、矛盾がない、つまりある公理とその否定（「Aである」と「Aではない」）の両方を導くことはできないと示すこととの間には、根本的な違いがある。前者は意味的な要件であり、後者は構文的な要件にすぎない。形式的体系の完全性を証明するというヒルベルトの難題に属する、対応する二つの概念は完全性と決定可能性である。厳密に言うと、ある体系は、すべての真の命題がその公理から導き出されるなら完全である。もしAという命題について、「Aである」あるいは「Aではない」が常に導き出されるなら、それは決定可能*（あるいは〝構文的に完全〟もしくは〝否定完全〟）である。(66)

ブラウワーの定義によれば、ヒルベルトの形式主義的なプログラムは、純粋に構文的なものであり、きわめて明快な洞察であった。ヒルベルトは言ってみれば、工場から出荷される製品の一つひとつについて品質管理チェックをする必要はないと提言したのである。ゲーデルがのちに説明したように、それは「数学的装置の信頼性を保証すること」が目的なのだ。そのためには、機械（数学的体系の中で働く公理や推論規則）が設計どおりに働き、歯車が詰まることなく回転していること

＊「決定可能」という言葉は、いわゆる決定問題（Entscheidungsproblem）と呼ばれる問題に言及するときは別の意味で使われる。その問題は、コンピュータ・プログラムなどのアルゴリズムが、有限ステップで、与えられた命題が真か偽かを決定できるかを問うものだ。アラン・チューリングが一九三六年に、一階論理においては、そのようなアルゴリズムは構築できないことを証明した。

を示せば十分である。(67)証明論においては、「*A*である」と「*A*でない」の、どちらが真であるかを証明する必要はない。そのメカニズムが必ずどちらか一方を証明し、両方を決して証明しないことを示せば十分である。

重要なポイントは、のちにゲーデルが説明したように、仕組みを検査するときに調べる必要があるのは体系の構文だけで、意味は調べる必要はないということだ。「推論規則は決して意味には触れないので、体系の記号の意味について考える必要はない」とゲーデルは述べている。たとえば「*A*である」を証明し、さらに「*A*ならば*B*である」ことを証明すれば、*A*や*B*が実際に何を表わしているかにかまわず、*B*と結論づけることができる。「この規則は純粋に形式的なものだ」と、ゲーデルは指摘した。「記号の意味について何も知らない人でも使える。好みの公理からたくさんの正しい結果を導き出す機械も簡単につくれるだろう(68)」

ゲーデルの「機械」への言及は、彼の研究がいずれアラン・チューリングやジョン・フォン・ノイマンの理論に深く関わることを予見していると思わせる。それらは一〇年後にデジタル・コンピュータの基礎を築くものだ。彼はたくさんの石を数理論理学の海に投げ入れ、それらの波紋は遠くまで広がっていったのだが、これはそうした波紋の一つにすぎない。

第5章　決定不可能な真実

完全性への声援

　ゲーデルは博士論文を提出するまで、指導教官であるハンス・ハーンにすら見せていなかったらしい。提出したのは一九二九年二月ごろ、ヒルベルトがボローニャで難題を発表してから半年しか経っていなかった[1]。ゲーデルは、一階論理の完全性を証明することで、ヒルベルトが参加を求めた「若い世代の数学者」の誰よりも、形式主義プログラムを一挙に進展させたのである。ゲーデルの論文「形式的論理体系の完全性について（On the Completeness of the Calculus of Logic）」は、一九二九年七月一三日に、ハーン教授とフルトヴェングラー教授によって正式に承認され、翌二月、ゲーデルは二三歳で博士号を授与されることになった。証明そのものは驚くほど簡潔である。同年末に『月刊数学・物理（*Monatshefte für Mathematik und Physik*）』に掲載されたが、分量はわずか一一ページだった[2]。

　一階論理は、命題の基本論理の上に、「かつ」、「または」、「〜でない」、「もし〜ならば……である」などを表わす論理的結合子と、対象の〝いくつか〟あるいは〝すべて〟についての命題をつくり出す記号を補ったものである。後者はフレーゲが初めて発表したもので、二つの量化記号と呼ばれるものである。xが猫の集合の任意の要素であり、関数$F(x)$が「xは黒い」という命題を表わすとすると、「いくつかの猫は黒い」という文は、「存在記号」∃を用いて

$$(\exists x)\ F(x)$$

と書くことができる。これは文章にすると「命題$F(x)$が成立するxの値が存在する」ということだ。「すべての猫は黒い」という命題も同様に「全称記号」∀を用いて、$(\forall x)\ F(x)$と表わすことができる。一階論理では、対象について「いくつか」あるいは「すべて」という記述はできるが（すべての猫、いくつかの数、いくつかの集合など）、（同じ種類の）対象が持つ性質や（同じ種類の）対象の集合については同様の記述ができない。このため「二匹の猫に共通するいくつかの色がある」「いくつかの猫の集合に一匹の黒猫がいる」といった命題は記述できない。限界はあっても、ヒルベルトが目指した数学の基礎となった強力な体系である。

ゲーデルはその証明の中で、この体系の公理で妥当な論理命題すべてがそこから導かれることを保証しただけでなく、すべての公理が互いに独立であること、すなわち、どの公理からもほかの公理を導けないので、どの公理もはずすことはできないことを証明した。

ゲーデルの名を不朽のものにしたのは、そのほんの数か月後に数学界に衝撃を与えることになる〝不完全性定理〟だが、あまり知られていない〝完全性定理〟のほうが重要だという論理学者もい

まだ存在する。「完全性定理にはとても力があり、毎年、そこから驚くべき結果が引き出されている」と、二〇〇七年にジェラルド・サックスが述べている。「とても弱い仮説から、きわめて強力な数学的構造をつくり出すことができる。そしてそれが本当に普遍的な方法なのだ」[3]

ゲーデルの論文を承認したハーンのコメントはそこまで大げさなものではないので、当時はその重要性を十分に理解していなかったのかもしれない。「この論文は、論理計算への大きな貢献であり、博士論文としての条件をすべて満たしているもので、その本質的な部分は公表に値する」と指導教官は書いている。

ゲーデルが論文を執筆していた一九二九年二月二三日、父親が急死した。父は前立腺肥大症を患っていた。手術を受けたが、当時は抗生物質もなく技術も低く死亡率が二〇パーセントにのぼる状況で、感染症を引き起こして亡くなったのだ。父親は数日後に五五歳の誕生日を迎えるはずだった。「家族全員にとって衝撃だった。特に母はこの世の終わりのように嘆いた」と、ルディ・ゲーデルは語っている。[4]数週間後にそれを知ったクルトの友人ハーバート・ファイグルは、ゲーデルに手紙を書いた。

親愛なるゲーデル！
君が見舞われた悲劇的な出来事を、今日初めて知った。君の悲しみは痛いほどよくわかる。哀れな友よ、いまはつらい時を過ごしているだろう。
またウィーンに来られることがあれば、ぜひ声をかけてほしい。当然だが私も君と話がしたい。もし私に何かできることがあれば、教えてほしい。[5]

ファイグルの手紙はブリュンの住所に宛てられていたので、ゲーデルは葬儀のために帰国していたはずだが、そのときの様子や自身の心境をつづった手紙は残っていない。七年後に心の奥底の一部を記録した日記には、自らのさまざまな欠点とともに、父親に対して何も感じなかったことで自分を責める言葉が書き連ねられていた。しかしそれ以降、彼は家族にも誰にも父親のことをほとんど語らず、父の写真さえも持っていなかった。三〇年後、母親が見つけた古い写真を送ってきたとき、彼は返事に「写真の父さんは驚くほど若く見える。私の記憶とはまったく違う。晩年には白髪がかなり多くなっていたのに、この写真ではまだかなり黒い。……いずれにしても父さんの写真が一枚でもここにあるのは嬉しいことです」と書いている。[6]

父の死の三日後、ゲーデルは生まれた場所との最後のつながりを断ち、チェコの市民権を正式に放棄し、オーストリア市民となるべく手続きを開始した。[7] ゲーデルの母親にはブリュンの屋敷とレートリッヒ社からのささやかな年金、そして多額の遺産があったので、少なくとも当面は、母親と二人の息子たちは何不自由ない生活を送れることになった。その年の一一月に彼女はウィーンに移り住み、三人でヨーゼフシュテッター通りに大きなアパートを借りて、父の母親代わりだったアンナおばも一緒に、それから八年間そこで暮らすことになる。そのアパートは有名なヨーゼフシュテット劇場から約一五〇メートル、カフェ・ライヒスラートからは四〇〇メートルほどのところにあった。カフェの一階には豪華な映画館があった。

月三〇〇シリング（五〇ドル）の年金とその他の投資で、母の月収は約三〇〇ドルほどあった。これは二一世紀初頭の額に換算すると約五〇〇〇ドル——彼女はこれで毎月の生活費をまかなうことができた。クルトの月々の生活費も、ほぼ同じだった。一九三〇年代半ばに彼が書いたメモによると、一家の銀行口座には二〇万シリング（約三万ドル）があり、さらに株式その他で数千ドルの財産があった。これは本書の執筆時のレートで五〇万ドルほどになる——十分ではあるが、湯水のように使える額とはとても言えなかった。(8)

しかし当面の間は、その資金のおかげで生活の心配をせず、名声を手に入れるために仕事に打ち込むことができる。そうすればいずれオーストリアでは、特にこの分野では数少ない、大学での地位を得られるかもしれないという期待もあった。自分の好きな仕事を続けられるだけの経済的な安定を得ること、自分の願いはそれだけだったと、のちに彼は語っている。

カフェ・ライヒスラートの夏の夜

一九三〇年九月、ヒルベルトが生まれたバルト海東部の港町ケーニヒスベルクで、大規模な科学会議が開かれる予定になっていた。ドイツ数学会、ドイツ物理学会、ドイツ自然科学者・医師協会という三大専門家協会が、毎年同じ時期に会議を開催していたのである。ウィーン学団は、その前年にプラハで行なわれた同様のドイツ科学会の会合で、国際的な普及・推進活動の一環として〝サテライト〟会議を開催していた。ハーン、ヴァイスマン、ノイラート、ファイグル、カルナップ、フィリップ・フランク、リヒャルト・フォン・ミーゼスら、学団の常連たち全員が論文を発表していた。この成功で勢いづいた彼らは、その年も九月五日から七日にかけてケーニヒスベルクで発表を行なう計画を立て、集まった科学者に論理的経験主義の教義を伝えようとしていた。[9]

その第二回厳密科学の認識論に関する会議の目玉は、数学の基礎について、三つの対立する学派の代表者がそれぞれ自説を主張するオープニングセッションだった。ラッセルとブラウワーはケーニヒスベルク入りする予定はなく、ヒルベルトは町のあちこちで行なわれる主要な学会の会議すべてに関わっていた。とはいえ、選ばれた講演者は誰もが不在の指導者の代理を立派に務めることのできる有能な人物だった。論理主義の代表はカルナップ、形式主義はジョン・フォン・ノイマン、直観主義はブラウワーの一番弟子であるアレン・ハイティングだった。そして数学のトートロジー的な性質についてのウィトゲンシュタインの考えをヴァイスマンが代弁した。[10]

いつものことであるが、ウィトゲンシュタインはこのときも、ささいなこととはいえ面倒の種をまいていた。彼はヴァイスマンがルードヴィッヒ・ウィトゲンシュタインのものとして話そうとするどのような見解についても、ウィトゲンシュタインは一切の責任を負わない」という旨を述べることを条件としていた。[11]

ゲーデルは二日目に、当時完成したばかりの学位論文「形式的論理体系の完全性について」を発表する予定だった。出発の数日前、ゲーデルと会議に参加する他の数人は、八月二六日火曜日の心地よい夏の夜にカフェ・ライヒスラートに集まり、旅行の計画について話し合った。カルナップ、ファイグル、ヴァイスマンの三人は、列車でシフィノウィシチェに行き、そこから汽船でケーニヒスベルクに行くことにしていた。

その六か月前、ゲーデルはヒルベルトの計画を、より難解な次の段階へと進めていることを、すでにカルナップにほのめかしていた。それは無矛盾性と完全性の証明を、ラッセルとホワイトヘッドの『プリンキピア・マテマティカ』のような、算術と数論のすべてを包括する数学体系に拡張することであった。彼はまず高次の論理体系の完全性を証明することから始めていたようだ[12]。またヒルベルトの取り組み全体に、厄介な問題があることをにおわせていた。カルナップは、一九二九年のクリスマスの二日前の日記にこう記している。

一九二九年一二月二三日午後五時四五分から八時三〇分、カフェ・アルカーデン。ゲーデルとの対話。数学の無尽蔵性について。彼はブラウワーのウィーンでの講義に刺激を受けていた。数学は完全に形式化できるものではない。彼は正しいように思える[13]。

その八月の夜、ゲーデルは初めて、自分が問題を解いたことを人に明かした。その数学の歴史的瞬間を記録しているのは、カルナップの短い日記だけだ。

八月二六日火曜日午後六時から八時三〇分、カフェ・ライヒスラート。ゲーデルの発見：PM（プリンキピア・マテマティカ）の体系の不完全性。無矛盾性の証明の問題点[14]。

三日後、彼らはカフェ・ライヒスラートでまた会って、ゲーデルはさらに詳しく話をした。しかしゲーデルが自分の偉大な発見について最初の言及──さらりと触れただけなので、〝発表〟という言葉は大げさだろう──をしたのは、ケーニヒスベルクでの自分のプレゼンテーションが終わる数分前のことだった。自分の完全性定理を徹底的に説明した後、彼は最後に当然のことのようにこう言った。

もし完全性定理が論理の高次部分（拡張された関数計算）についても証明されるなら、次に決定可能性が導かれることが完全に一般化されて示される可能性があり……ということは『プリンキピア・マテマティカ』で表わすことができる算術と解析学のあらゆる問題は解決可能であるということが導かれます。

しかし完全性定理をそのように拡張するのは不可能であると、最近私が証明しました。つまり『プリンキピア・マテマティカ』で表現され、『プリンキピア・マテマティカ』の論理手段で解決できない問題は存在するということです。しかしこれらの問題は私たちの手の届かないはるか遠くにあるので、これ以上近づくことはできません。

最初のころの草稿では、最後の言葉が少し違っていた。「しかしこれらの問題はまだ十分な研究がなされていないので、これ以上詳しく述べることはできません」。つまり結果がまとまったのはそこから最終原稿が完成するまでの間、会議のほんの数週間前だったことがわかる。彼の講演の翌日、会議の締めくくりとして行なわれた数学の基礎についての討論会では、彼はもう少し詳しい説明をしている。「古典数学の無矛盾性を前提にすれば、内容的には真であるが数学の形式的体系では証明できない命題（たとえばゴールドバッハやフェルマーのようなもの）の例をあげることまでできる[16]」

「ゴールドバッハ」と「フェルマー」は、数学における二つの有名な未解決問題の代名詞である。一七四二年、アマチュア数学者であり、法律と医学も学んでいたクリスチャン・ゴールドバッハが、大数学者レオンハルト・オイラーに「2より大きい偶数はすべて、2つの素数の和で表される」という説を書き送った。反例は見つかっていないが（コンピュータでは一七桁まで検証されている）、証明も見つかっていない。一七世紀、フランスの数学者ピエール・ド・フェルマーは「a、b、cという三つの自然数で、2より大きい自然数nに対して、$a^n + b^n = c^n$という方程式を満たすものはない」という定理を証明したと、ディオファントスの『算術』の余白に書き込んでいる（証明自体は長すぎてその余白に収まらないと書かれている。この定理がようやく証明されたのは、初めて提起されてから三五七年後の一九九四年で、証明の長さは一二九ページにも及んだ）。

ゲーデルが指摘したように、決定不可能な命題の存在は単なる不完全性の問題ではなく、数学の基礎に関する取り組み全体の整合性を脅かすものだった。仮にFという命題が真だとしてもそれを証明できない場合、「Fではない」という命題を公理として体系に追加しても、体系の中にそれを反証するものがないため、矛盾は生じない。このような不安定な状況において「内容的に誤った命題が証明可能な無矛盾な体系ができる」のだ[17]。

ハーンはゲーデルに、活字にして発表したいので、この発見を短い文章にまとめるよう依頼した。その記事はウィーン学団の機関誌『認識（*Erkenntnis*）』に掲載された。ゲーデルの完全な証明は、翌年『月刊数学・物理』で発表された[18]。

彼の成し遂げたことの詳細が数学の世界に広まり始めるとすぐに、証明そのものが並外れた数学的才能のなせる業（わざ）であり、その発想と実行力も、結果と同じくらい畏れ敬うべきものであることが明らかになった。天才の作品であっても、完成までに一つずつ積み上げられた知性の足場が想像できるものもある。一方、ごく一部の偉大な芸術作品の証明のごとく、全体像がそのまま生まれたような不気味さを持ち、すべてのパーツが必要な場所に配置され、すべての人間の予想を超えるものもある。バッハのフーガの対主題が途中で交わった瞬間に完全に調和するように、あるいはソネットの一節の終わりで、思考とリズムと韻が一つの完璧な言葉に結合するように、ゲーデルの証明には、こつこつとつくり上げたものでないような直観的なイメージ、全体がひと目でわかるような雰囲気があったのだ。

何年も経ってからゲーデルはルディ・ラッカーに、自分の思考過程を数学的対象への神秘的な旅のようだと説明している。ゲーデルは「他の感覚を遮断しなければならない。たとえば静かな場所で横になるとかして」と説明した。そうしてから、数や無限集合、その他の〝純粋で抽象的な可能性〟の世界にある〝客観的で絶対的〟なものを積極的にさがし求め、直接知覚しようとする。「日常の現実的な可能性だけを頼りに、実在する物体の組み合わせや順列を想像して終わる」のは間違いである。数学には謙虚さと大胆さという、相反するものが必要だと、ゲーデルのノートに書かれている。「一見、取るに足らないつまらない定理を、何度も考えて完全に理解しようとするのは有益である」。しかし同時に、未知の領域に踏み込むときは、〝客観的には意味がない〟という暗い気分を乗り越えるため、成功するという確信が不可欠であり、「自分のやっていることは正しい、自分のアプローチ法は正しい、自分がこれまでやってきたことは正しいという信念」を持ち続けることが必要であるとも書いている[19]。

ゲーデルの証明が異次元なのは、自己言及を繰り返しながら、最後の最後で突然、魔法のように望みどおりの論理式が引き出されるところだ。ドイツの詩人（でありアマチュアの数学者）ハンス・マグヌス・エンツェンスベルガーは『ゲーデルへのオマージュ（*Hommage à Gödel*）』という詩の中で、ゲーデルの偉業を、ほら吹き男爵（ミュンヒハウゼン）が自分のもじゃもじゃの髪を引っ張り上げて、乗っていた馬を泥沼から助け出した話にたとえている。

ミュンヒハウゼンの定理——馬、沼、髪——は
魅力的だが、忘れてはいけない
ミュンヒハウゼンは嘘つきだった

ゲーデルの定理は一見
何でもないように見えるが、考えてみたまえ
ゲーデルは正しかった

……

だから、これらの命題を手に持って
引っぱりたまえ！[20]

ゲーデルの成し遂げたことは、ロベルト・ムージルの〝宙に浮く〟という比喩の、さらに上を行くものだった。彼の不完全性定理は、自身を空中に引き上げて、内部論理の力だけで数学の体系の上へと昇り、それ自身の証明不可能性を示す論理式を生み出した。

証明できないことの証明

無矛盾性の証明がヒルベルトのプログラムの核心であったことには、根本的な理由がある。ゲーデルが一九三四年にニューヨーク大学の哲学協会に招待されて行なった講演の中で説明しているように「無矛盾性があれば、何でもあり」なのだ（この講演内容は公開されておらず、いまでもほとんど知られていないが、彼の不完全性定理の専門的でない説明として、特に優れたものの一つである）。ある数学的体系において、「Aである」とその否定である「Aでない」の両方を導き出すことができるなら「どんな式でも証明可能であることが容易に示される」。たとえ0＝1のようなまったくばからしいものでさえも。ゲーデルはそう述べている。[21]

しかし数学的体系の中で無矛盾性の証明を構築することは、ニワトリが先かタマゴが先かという

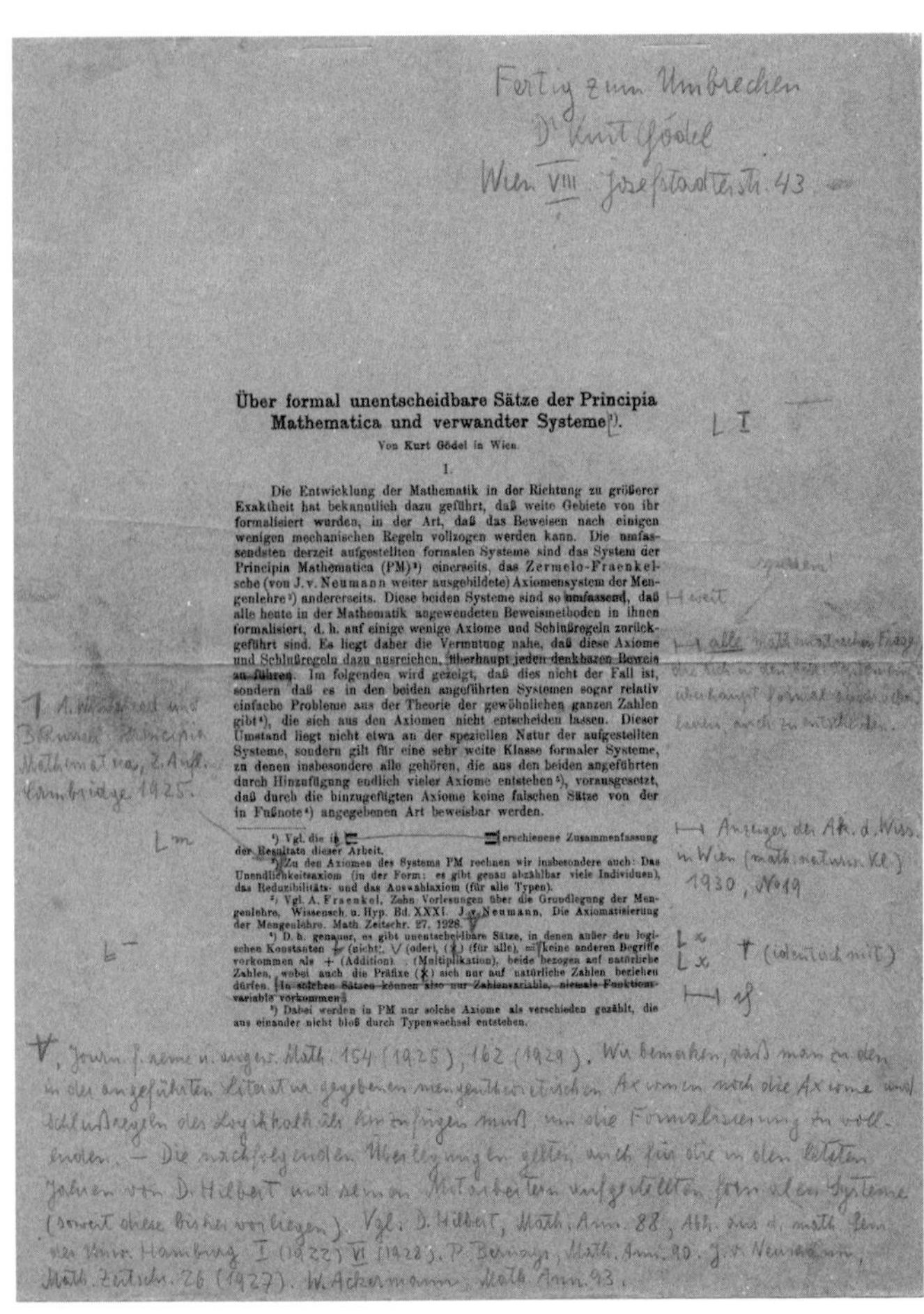

Fertig zum Umbrechen
Dr Kurt Gödel
Wien VIII Josefstädterstr. 43

Über formal unentscheidbare Sätze der Principia Mathematica und verwandter Systeme[1].

Von Kurt Gödel in Wien.

I.

Die Entwicklung der Mathematik in der Richtung zu größerer Exaktheit hat bekanntlich dazu geführt, daß weite Gebiete von ihr formalisiert wurden, in der Art, daß das Beweisen nach einigen wenigen mechanischen Regeln vollzogen werden kann. Die umfassendsten derzeit aufgestellten formalen Systeme sind das System der Principia Mathematica (PM)[2] einerseits, das Zermelo-Fraenkelsche (von J. v. Neumann weiter ausgebildete) Axiomensystem der Mengenlehre[3] andererseits. Diese beiden Systeme sind so umfassend, daß alle heute in der Mathematik angewendeten Beweismethoden in ihnen formalisiert, d. h. auf einige wenige Axiome und Schlußregeln zurückgeführt sind. Es liegt daher die Vermutung nahe, daß diese Axiome und Schlußregeln dazu ausreichen, überhaupt jeden denkbaren Beweis zu führen. Im folgenden wird gezeigt, daß dies nicht der Fall ist, sondern daß es in den beiden angeführten Systemen sogar relativ einfache Probleme aus der Theorie der gewöhnlichen ganzen Zahlen gibt[4], die sich aus den Axiomen nicht entscheiden lassen. Dieser Umstand liegt nicht etwa an der speziellen Natur der aufgestellten Systeme, sondern gilt für eine sehr weite Klasse formaler Systeme, zu denen insbesondere alle gehören, die aus den beiden angeführten durch Hinzufügung endlich vieler Axiome entstehen[5], vorausgesetzt, daß durch die hinzugefügten Axiome keine falschen Sätze von der in Fußnote[4] angegebenen Art beweisbar werden.

[1] Vgl. die in ... erschienene Zusammenfassung der Resultate dieser Arbeit.

[2] Zu den Axiomen des Systems PM rechnen wir insbesondere auch: Das Unendlichkeitsaxiom (in der Form: es gibt genau abzählbar viele Individuen), das Reduzibilitäts- und das Auswahlaxiom (für alle Typen).

[3] Vgl. A. Fraenkel, Zehn Vorlesungen über die Grundlegung der Mengenlehre, Wissensch. u. Hyp. Bd. XXXI. J. v. Neumann, Die Axiomatisierung der Mengenlehre. Math. Zeitschr. 27. 1928.

[4] D. h. genauer, es gibt unentscheidbare Sätze, in denen außer den logischen Konstanten — (nicht), ∨ (oder), (x) (für alle), = keine anderen Begriffe vorkommen als + (Addition), . (Multiplikation), beide bezogen auf natürliche Zahlen, wobei auch die Präfixe (x) sich nur auf natürliche Zahlen beziehen dürfen. In solchen Sätzen können also nur Zahlenvariable, niemals Funktionsvariable vorkommen.

[5] Dabei werden in PM nur solche Axiome als verschieden gezählt, die aus einander nicht bloß durch Typenwechsel entstehen.

ゲーデルの書き込みがある、不完全性定理の証明の論文。

問題に帰する。「この証明とされるものに納得してもらうためには、私たちが使った公理と推論規則が常に正しい結果を導くことをわかっていなければならない。しかし事前にこのことがわかっていたら、矛盾のないことの証明は必要ない[22]」

そうなると、どのようなものであれ、形式的体系に矛盾のないことを証明する際の〝最大のポイント〟は「完全に反論できない方法で行なうこと」だ。つまり直観主義者の中で最も異論を唱える人でも受け入れてくれるような方法でなければならない、ということだ[23]。ヒルベルトが救おうとしていた現代数学の大半は、無限集合の使用の上に成り立っている。しかしヒルベルトの〝証明論〟の考え方を支えているのは「正当化を求めている方法そのものの妥当性」を前提としてはならないということだと、ゲーデルは指摘している。そして「有限数学の無矛盾性については、これまで誰もまじめに疑ったことはないので、『有限の方法、つまり無限集合の存在に基づかない方法』と、厳密に構成主義的な方法だけを用いた無矛盾性の証明が、目的にかなうものなのだ」と続けている[24]。

ゲーデルはまず、証明のプロセスに関する記述を、数の性質に関する記述に変換する方法を考案した。そうすることで、証明の構成に関するメタ数学的な主張は単純な計算式として書けるようになり、数学体系そのものの構文で表現できるようになった。メタ数学を単純な数学的命題に変換することは、彼が最初に成し遂げた自己言及的な技巧だった。

この方式により『プリンキピア・マテマティカ』の数式や論理式を表現する記号列は、すべて単独の一意的な整数に変換することができるようになった。ラッセルとホワイトヘッドは、その体系を構築するにあたって、意図的に限定された数十個の〝原始的〟な記号を使用し、それを用いて論理学や数論のあらゆる命題が表現できることを示した。ただしそれはきわめて面倒な方法であることが多かった。ゲーデルはまず、各記号に数値を割り当てた。彼は不完全性定理を発表するとき、いくつかの異なる符号法を用いたが、一九三四年にプリンストンで行なった一連の講義では、次のようなものを用いた。(25)

0	1
N	2
=	3
~	4
∨	5
&	6
→	7
≡	8
∀	9
∃	10
∈	11
)	12
(	13

（これらの記号の定義とゲーデルの証明の詳細な説明は付録を参照）

この符号法が特に優れているのは、数値から記号への変換も可能な点である。素因数の累乗を使って、〝$x=0$〟のような完全な数式の記号列を表わす整数を生成し、その整数（ゲーデルは〝f数〟と呼んだ）を、簡単な演算処理で$x=0$という記号列に〝復号〟することができるのだ。それだけでなく、f数の計算上の性質を調べることで、元の記号列の特徴を調べることができる。たとえば、3^3（すなわち27）で割り切れるが、それ以上の3の累乗では割り切れないf数は、必ず二番目の記号に等号を持つ（$x=0$や$0=0$など）。同じような数値テストで、たとえばf数の元の記号列に左に括弧が二つあるが右にはないといった、構文的な規則を持つかどうか確認することができる。そうなるとf数の計算上の性質だけから、それが表わす記号列が、$x=3$や$\sim(A) \to B$のような意味のある数学的・論理的な記述なのか、あるいは＝（（→＆のような意味のない記号列なのか判断することができる。ゲーデルが指摘したように、これはその命題が正しいかどうかということではなく、その式が体系の形式的な規則に従って構成されているかどうかを示しているにすぎない。

同様に二つ以上の式のｆ数の間の計算上の関係を調べると、一方から他方への推論が妥当かどうか、つまり体系の許容する推論規則に従っているかがわかる。他の形式的体系と同じく、『プリンキピア・マテマティカ』は公理、すなわち０＝０のような自明な出発点と、一つの記述から別の記述への妥当な結論を導き出す推論規則（$A=B$ならば$B=A$である、Aと$A \to B$ならばB）の両方から構築されている。妥当な推論規則すべてを表わしたｆ数は、気が遠くなるほどの規模だろうが、その数は有限であるため、原理的につくれないことはないはずだ。重要なのは、ゲーデルが二つの式の間の論理的関係を、二つの数の数値的関係として表現することができたことなのだ。

ゲーデルの準備段階の最後は、符号法を完全な証明に拡張することだった。証明は論理式の列であるから、完全な証明はｆ数の列で表わすことができる。ゲーデルは、証明列のすべてのｆ数を一つの巨大な整数にまとめ、証明全体を表わすｆ数〔ゲーデルは「B数」と呼んで区別している〕というものをつくり出した。

しかしゲーデルは、このような証明数が、妥当な証明であるかどうかを決定する性質は〝純粋に算術的〟であることを、また強調した[26]。列の最初の数値は公理の一つを表わすｆ数、最後の数値は証明される命題を表わすｆ数でなければならない。そして途中の数値は、符号化される前の論理式の推論規則を妥当に反映させた数値的規則に従わなければならない。ゲーデルはこれを〝推論の連鎖〟と呼んだ。

つまりゲーデルの符号法では、数論における証明は、それ自体が数論の命題として表現されることになるのだ。こうして彼はついに、「f数zの証明数となるようなxは存在しない」という数論の表現を構築することができた。この関数はドイツ語で証明可能を意味するbeweisbarの略語の上に、数学の記号で否定を意味するバーをつけた形で表わされることになった。

$$\overline{Bew}(z)$$

$\overline{Bew}(z)$が表わす論理式は、長くて複雑ではあるが、純粋な算術的な表現で、『プリンキピア・マテマティカ』の原始的な記号である括弧、等号、xなどからなる記号列に他ならない。つまり$\overline{Bew}(z)$という表現自体も、体系内の他の論理式と同じようにf数を持っているのだ。

かなり控えめな表現にはなっているが、ゲーデルがその講義で述べたように「これは興味深い結果をもたらす」ことになる。[27] 彼のとどめの一撃となる、驚きの数学の魔法は、「$\overline{Bew}(z)$がf数zの表わす論理式と同値」となるような数zが常に見つけられると証明したことだ。彼はそのような数zをgと呼んだ。言い換えると、彼は命題Gを構成することに成功したのだ。

$\overline{Bew}(g)$　　命題G

これは体系の公理から始まり、妥当な推論規則によって進む一連の証明ステップで、f数gを導き出せるものは存在しないと主張するものだ。しかしf数gはその命題Gそのものである。Gとは言い換えると「Gは証明不可能である」ということになる。

ゲーデルが述べたように、これはGが形式的に決定不可能であるということだ。つまり「Gである」あるいはその否定「Gではない」、どちらの証明も体系内で構築することは不可能なのだ。

ゲーデルは、不完全性定理の完全版を初めて発表したときの序文で、この定理と嘘つきのパラドックスとの類似性を指摘したが、実のところ真理という概念を、証明可能性の概念に置き換えることによって、その落とし穴を見事に回避したのだ。「Aである」と「Aではない」という形の一対の命題が両方とも偽であることはないが、両方とも証明不可能であることはありうる。ゲーデルはまさにそれを命題Gのケースで証明したのだ[28]。

真偽はともかく「この命題は証明できない」という命題は悩ましい。もし真ならば、それ自体が「真であるが証明できない命題」の一例となる。しかし偽であれば、体系の公理から導き出せるということで、偽ではあるが証明可能な命題の例となる。こちらのほうがほぼ間違いなく悪いケースだ。

ゲーデルは算術を含むどのような形式的体系（『プリンキピア・マテマティカ』だけでなく）も、同じ欠陥に苦しめられるということを証明して、最後の救いの望みを閉ざしてしまった。というのは、公理にGを加えても——つまり「形式的な証明によって確認する必要がないものが与えられた」と主張しても、それはどこかにまた別の決定不可能な命題を生成してしまうことを示したのだ。

厳しい批判と負け惜しみ

ケーニヒスベルクでヒルベルトのプログラムにさりげなく爆弾を落とした二日後、ゲーデルはドイツ自然科学者・医師協会でのヒルベルトの演説を聴衆の一人として聴いていた。それは引退のセレモニーの一環のようなものだった。ヒルベルトは六八歳で、ケーニヒスベルク市は、彼に生誕地の〝名誉市民〟という称号を授与する式典を予定していた。彼の講演はこの栄誉への公式の返礼であり、おそらく数学の未来に対するビジョンを語る最後の大きなチャンスだった。

講義のあと、ヒルベルトは近くのラジオスタジオに案内され、講演の結びの部分を再現して録音した。四五回転のレコードが残っており、その最後は、一九〇〇年に彼が発表した有名な挑戦についての話で締めくくられていた。「科学を通して真理を追求する人々にとって『イグノラビムス』はない」と、彼は主張した。この言葉は一八七二年にベルリン大学学長で生理学者のエミール・デュ・ボワ＝レイモンが、まさに同じ協会で行なった講演を暗示していたことは間違いない。レイモンはすべての科学知識は心と物質という二つの限界に縛られているので、常に人間の手の届かない真理が存在すると主張した。デュ・ボワ＝レイモンが演説の最後に述べた「イグノラビムス」は、ラテン語の格言「我々は知らない（イグノラムス）、知ることもないだろう（イグノラビムス）」に由来している。ヒルベルトはこの言葉をひっくり返して「我々は知らなければならない、知ることになるだろう」と言ったのだ。[29]

一九四三年に彼が亡くなったとき、この言葉がゲッティンゲンにある彼の墓石に刻まれた。ヒルベルトが二日前にゲーデルの講演を聴いていたら、注釈を加えざるをえなかったかもしれない。

ゲーデルが出した結果のニュースはあっという間に広がった。誰もがすぐに理解できる類のことではないが、何か大きなことが起こったのは間違いなかった。哲学者のハインリッヒ・ショルツは、ミュンスターからカルナップに手紙を送り「ゲーデル氏がどうしたというのですか？」と尋ねている。「いろいろと刺激的なことを聞くけれど、何がどうなっているのかわからない」。パリからはファイグルからこの話を聞いて、友人のナトキンが祝福の言葉を送ってきた。

> ハーバート〔ファイグルのこと〕が先日やってきたとき、君についてたくさん話してくれた。そして自分のことでもないのに、とても誇らしい。……つまり君はヒルベルトの公理系に解決不可能な問題があることを証明したのだ――これは決して小さなことではない。[30]

この結果が持つとてつもなく重大な意味――数学が論理的整合性の基盤の上に置かれる可能性そのものを永遠に葬り去ってしまった――を最初に完全に理解したのは、ジョン・フォン・ノイマンだった。彼はケーニヒスベルクでの会議の直後にゲーデルをつかまえて、その結果について根掘り葉掘り質問していた。フォン・ノイマン自身も、数学の無矛盾性を証明する研究を行なっており、ゲーデルの足跡に迫っていたのである。フォン・ノイマンは手ごわい競争相手だった。彼の超高速暗算能力、正確無比の記憶力を物語るエピソードは枚挙にいとまがない。六歳で八桁の割り算を暗算でこなし、幼いころから父親と古典ギリシャ語で冗談を言い合い、一度読んだ本は一言一句間違えずに暗唱できることは一生変わらなかったし、必要とあらば読むのと同じ速度で、他の言語に通訳することもできた。あるとき、同僚のハーマン・ゴールドスタインが彼を試そうとして、ディケンズの『二都物語』はどのように始まるのかと尋ねたことがある。彼は一五分経っても滔々（とうとう）と話し続け、ゴールドスタインがようやく彼を止めた。フォン・ノイマンの記憶は、逸話や物語、ユーモラスで汚いせりふなどの〝宝庫〟であり、退屈な社会や科学の議論を盛り上げるためにそれらを持ち出していたと、ゴールドスタインは回想している[31]。

フォン・ノイマンは、ケーニヒスベルク会議から約二か月後の一一月二〇日、ゲーデルの定理を祝福する手紙を書き（「久々の論理的大発見」）、そこから導き出した「驚くべき」結果を知らせて、ゲーデルを一瞬パニックにおとしいれた。そしてフォン・ノイマンは、ゲーデルの定理の結果として、無矛盾な体系の無矛盾性の証明が不可能であることを示す、簡単な証明の概要を説明した[32]。

ゲーデルはすぐに返事を書いて、その結果はすでに自分も発見していたと告げた。

残念ながら、あなたが知らせてくれた結果は、すでに三か月前に得られていたことをお知らせしなければなりません。……それを発表しなかったのは、正確な証明は口頭での伝達には向かず、だいたいのことを伝えただけでは、疑念を生じやすくなるからです。この問題については、一九三一年の初めに出版される『モナツヘフト（*Monatshefte*）』で、矛盾をなくすことは不可能であることの証明の、短い概略が出るだけの予定です（この論文の主要部分は決定不可能な命題が存在するという証明のみになるでしょう[33]。

ゲーデルは自分のほうが先に発見していた証拠として、九月にウィーン科学アカデミーに送った抄録の抜き刷りを手紙に同封して送った。フォン・ノイマンは即座に「あなたは以前の結果を拡張し、発展させたことの自然の成り行きとして、無矛盾性の証明の不可能性に関する定理を確立したのですから、当然ながら私がそれについて発表するつもりはありません」と返事を書いた[34]。ゲーデルがフォン・ノイマンより先に発見したと主張したのは、はったりではなかったのだが、彼は急いでモナツヘフト論文の原稿を書き直し、この第二の発見（現在では一般に、ゲーデルの第二不完全性定理と呼ばれている）の概要を説明する節を追加し、論文のタイトルにローマ数字の「I」をつけて、完全な証明が書かれた第二の論文が準備できていることをほのめかした。しかし結局のところそんなことをする必要はなかった。彼が先に発見したことも、第二定理の内容も、誰も疑うことはなかった[35]。

フォン・ノイマン自身の悔しさは、ゲーデルの偉業に対する深い敬意のおかげで和らいでいた。彼は何年ものち、友人の数学者スタニスワフ・ウラムに、自分が決定不可能のアイデアを思いつかなかったことを残念に思っていると告白している。しかしハーマン・ゴールドスタインには、どのみち自分は間違った方向に進んでいたと話している。一時はもう少しで数学の無矛盾性を証明できると信じていた。ゲーデルの結果とまったく逆である。この問題に取り組んでいる間、彼は二晩続けて、証明の際の障害になっていることを解決できそうなアイデアを得た夢を見た。そのたびに彼は興奮してベッドから起き上がり、机に向かってそのアイデアを試した。そのたびに少し前進したものの問題は消えなかった。「数学は幸運だったよ」と、彼はゴールドスタインに言った。「三日目には夢を見なかったからね[36]」

フォン・ノイマンは、二〇年後にゲーデルにアインシュタイン賞を贈る際、「彼の功績は特異で歴史的意義のあるものであり、時空を超えて残り続ける」と述べている。一九三〇年の秋、フォン・ノイマンはベルリンで、古典数学を有限の手法で救済するというヒルベルトのプログラムについて講義をしていたとき、ゲーデルからモナッヘフト論文の見本を受け取った。「あれは印象的な出来事だった」と講義に参加していたグスタフ・ヘンペルは語った。「学期の半ばで、たしか晩秋のよく晴れた日だった。ノイマンがあわててやってきて、ウィーンの若い数学者か論理学者からこの知らせを受けたと言った。ヒルベルトが目指すものは実現できないことが示されたので、このテーマについて話すのはやめて、残りの学期はゲーデルの考えについて議論した[37]」

その年度、メンガーは休暇でアメリカに滞在しており、一九三一年一月にテキサス州のライス研究所で講義をしているときに、ゲーデルの発見を知った。ゲーデルは、その二週間前に数学コロキウムで定理についての講演をしており、メンガーはウィーンからそれを知らせる手紙を受け取ったのだ。コロキウムでのゲーデルの発表が終わると、会場は水を打ったように静かになったと、数学者のフランツ・アルトは当時を思い出して言う。やがて参加者の一人が沈黙を破り、「それはとても興味深い。あなたはそれを出版するべきです」と言った[38]。

メンガーはフォン・ノイマンと同じように、すぐに授業を中断してゲーデルの研究を説明し、結果的にそのニュースを最初にアメリカに伝えることになった。彼はウィーンに戻ったときも、不完全性定理の説明とその重要性について、一般大衆に初めて提示した。一九三二年に企画した、オペラチケット並みの料金の公開講座の一環として行なった「新しい論理学（The New Logic）」をテーマにした講演でのことだ[39]。

しかしゲーデルの証明は、ヒルベルト陣営の一部の人々には理解されず、敵意をもって受け止められた。ヒルベルト自身、彼の助手であり共同研究者であったポール・バーネイズによれば、ゲーデルの証明を初めて知ったとき「いささか腹を立てていた」という[40]。その後、ヒルベルトは一九三九年に『数学基礎論（*Die Grundlagen der Mathematik*）』第二巻に、その完全な証明を掲載して正しさを認めたものの、それが形式主義的プログラムの終焉、あるいは算術の無矛盾性証明の到達点を意味するものだとは認めようとはしなかった。

この目標に関して、ゲーデルの最近のある結果が、私の証明の理論の不可能性を意味するという安直な意見は、誤りであると強調しておきたい。実のところその結果は、形式主義の初歩を考えるとき、無矛盾性のさらなる証明のために、求められる以上に、有限の視点を隙のないやり方で利用しなければならないことを示したにすぎない[41]。

バーネイズは賛辞を贈りながらも、最初はゲーデルの〝真理〟と〝証明可能性〟の何が違うのか、まったく理解できないようだった。論理学と集合論の多大な発展に寄与したドイツの数学者エルンスト・ツェルメロも理解していなかったが、戦いを挑むことを選び、ゲーデルの証明に誤りを見つけたと主張した。一九三一年九月にバート・エルスターで開かれたドイツ数学協会の会議で、ゲーデルはこの若い気鋭の研究者と会う気はないと明言し、オルガ・タウスキーが互いに膝突き合わせて話をするよう勧めても抵抗していた。少人数のグループが、近くの丘に登って昼食をとることを提案したとき、ツェルメロはゲーデルが来たら食べるものが足りない、登ると疲れるなどと言って反対し、ゲーデルと思われる人物（人違いだった）を指して「こんなばか面のやつとは話したくない」とタウスキーに告げた。ところがどうにか紹介されると数秒後には、「奇跡が起きた」とタウスキーは書いている。「二人の学者は深い思索にふけり、ツェルメロは知らないうちに山を登ってしまっていた[42]」

しかしツェルメロは、その後の書簡では、頑なにゲーデルの証明を退けている。ゲーデルの関数*Bew*を証明可能性ではなく、真理の主張に変えれば、ラッセルが提示したようなパラドックスが生じるだけだというのがその理由だった――もちろん、ゲーデルがそうしなかったのはまさにそのためだった。同様の攻撃は何年もの間、断続的に行なわれた。その多くはゲーデルが序文で指摘した、彼の証明と論理的なパラドックスとの類似性に的を絞り、ゲーデルは自己矛盾を説明したにすぎないと主張するものだった。しかしそれらは思いつきによる攻撃だった。ゲーデルは驚くべき速さで、この分野の先頭に立っていたのだ[43]。

誰よりも強がったのはブラウワーで、ゲーデルの証明に驚かなかったのは自分だけで、それで自分の見解が変わったわけではない――そもそも数学を形式的体系に含めることはできないし、含めるべきではないと思っていたから、と苦々しく言っていた(44)。

誰よりも悲しい説明をしたのはアメリカの論理学者エミール・L・ポストだった。一九二〇年代初頭から行なってきた決定不可能命題の研究で、彼はゲーデルの結果を〝予期〟していたと述べた。一九三八年に二人が初めてニューヨークで会ったあと、ポストは礼儀正しいが意気消沈した調子の手紙を書き、会ったとき極度に緊張していたことを詫びた。「しかし一五年間、私は自分の異端の考えで数学界をあっと言わせたいという思いを持ち続けてきました。その夢を打ち砕いた張本人に会ったことで、むしろ興奮しすぎてしまいました」と説明している。そして最後に「私が言えることは、一九二一年にゲーデルの定理を証明でき<ruby>た</ruby>はずだということです——私がゲーデルであったならば(45)」

それでもポストはゲーデルの定理の重要な伸展に寄与した。それはほぼ同時期に発表されたアラン・チューリングの論文とともに、形式的体系を一連の基本的な機械演算の手順として厳密に定義するもので、のちにチューリング・マシンとして知られるようになるコンピュータの概念モデルであり、現代のコンピュータ科学の基盤となるものだった。ゲーデルとチューリングは会ったことはなかったが、それぞれ相手の研究がコンピュータという新たな分野で重大な意味を持つことは認識していた。ゲーデル側はポストとチューリングの「形式的体系の一般的な概念に関する正確かつ非の打ち所がない適切な定義」のおかげで、「ある程度の有限的算術を内包しているすべての無矛盾な形式的体系」に関する自らの定理と証明を、完全な一般性をもって主張できるようになった(46)。ポストとチューリングはそれぞれ独自に、基本的な二項演算（紙テープに描かれたマス目に印をつけるもしくは印を消し、左か右に一つ移動して、そのマス目に印があるかどうか読み取る）を行なうだけのプログラムで、あらゆる計算ができるという架空の機械を思いついたのだ。彼らがここで指摘したのは、形式的数学体系が機械で再現可能な手続きによって定義できるということだけでなく、ゲーデルの決定不可能な命題は、このような機械上で動作する、決して結果に到達せず、永遠に走り続けるプログラムとまったく同じであるということだった[47]。

　ゲーデルも当初から、自分が発見した定理が数学と哲学全体に与える影響について考えていた。のちに自分は「できないこと」を示しただけだという暗澹(あんたん)たる思いを抱くにしても、このときもその後もゲーデルは、この驚くべき結果から前向きで楽観的な教訓を引き出している。それは数学は「無尽蔵」であるというものだ。人間の頭脳が発見すべき新しい数学的真理が常に存在する。もしある形式的体系の範囲内で導き出せないものがあったとしても、それは単に人間の直観が、どんな機械にも真似できない壮大なものであるということなのだ。

　彼はこの結果がヒルベルトのプログラムを覆すものではないと考えていた。それはそこで発見されるのを待っている真理へ至る新たなる道を切り開くのに、人間の英知が必要であるということなのだ。

ポーチの俗物たち

一九三二年六月、ゲーデルは大学教授職(ハビリテーション)申請のため、完全性定理の論文を提出した。このとき指導教官のハンス・ハーンは賞賛を惜しまなかった。「これは第一級の科学的業績であり、あらゆる専門家の間で高い関心を呼んでおり、数学史にその名を刻むことになると、確信を持って言える」と書いている。[48] ウィーン大学では数学の教授職を申請した者は、学術界のはしごの次の段階に上るのに、博士号取得したあと少なくとも四年間は待たなければならないという非公式な規則があったが、ゲーデルは例外的にこの規則を免除された。

それでも教授資格を正式に認可されるまでにはさまざまなハードルがあり、結局、博士号を取得してから三年近くを要した。申請者は論文の他に、試用期間中の講義テーマを三つ提出し（その講義自体もあとで評価される）、専門分野のあらゆる問題について訊かれる口頭試験を突破し、さらにそれらのプロセスすべてにおいて審査委員会と教授会の投票で賛成票を獲得しなければならない。何よりも「候補者の人格は大学教員としての適性に疑義を差し挟まれるものではない」と、彼らに認められなければならなかった。最終的な投票結果は、賛成42、反対1、棄権1だった。ゲーデルの昇進に反対した人物が誰だったのかは、歴史の闇の中である。[49]

教授資格の試験に合格すると、私講師（プリヴァット・ドツェント）の称号が与えられる。これは大学で教えられる資格ではあるが、それで生計を立てられるという保証はない。この称号には地位も給料も伴わない。唯一の収入は、自分の授業を受ける学生から直接支払われる少額の授業料だった。ドツェントは最低限、二年ごとに一学期、週二時間の講義を受け持つことになっていたが、ゲーデルよりはるかに学生に人気があり、職務に熱心な講師でも、教えることだけでは食べていけなかった。ゲーデルはウィーンにいた期間を通して、三科目しか受け持たなかった。一九三三年に算術の基礎、一九三五年に数理論理学の選択科目、一九三七年に公理的集合論と、最低限の要件を満たしただけだった。論理学を受講した学生の一人だった、数論研究者のエドマンド・フラウカは、講義を思い出してこう語っている。「ゲーデル教授は猛烈なスピードで授業を行ない、ずっと黒板に向かい合い、学生には背を向けていた。正直言って、すぐに何も理解できなくなった」。最初は満席だったこの授業に、最後はたった一人しか残っていなかった（最後に残った一人はポーランドの数学者アンジェイ・モストフスキで、のちに著名な論理学者となった）。ゲーデルが大切にしまっておいた一学期の領収書には、支払額の合計が二シリング九〇グロッシェンと記載されていた。ビール二本分ほどの金額である。(50)

ゲーデルの友人たちは彼を助けようと、数学に関するちょっとした編集の仕事を送ったことがある。一九三二年の夏には、メンガーが幾何学の教科書を出版するために受け取った助成金から二五〇シリングを彼に送り、その際、英語が上達するようにとチャーリー・チャンという探偵が登場するミステリ小説を同封した（数か月後、ゲーデルは小説はあまり読んでいないことを告白している。「読むことは私にとってとてもたいへんなのです」）。またメンガーの依頼で、定期的にコロキウムの機関誌『数学コロキウムの成果（*Ergebnisse eines Mathematischen Kolloquium*）』の仕事を手伝ったり、他の数学雑誌に書評や短い記事を寄稿したりしていた。一九三二年一〇月から一九三三年七月までの収入は、授業料として二四シリング七〇グロッシェン、レートリッヒ社からの父親の年金が九一五シリング、その他、細々としたものを合わせて四二八六シリング七〇グロッシェン、約七〇〇ドルほどだった。支出はその収入をはるかに超えていて、当面の快適な生活を保障してくれ

Ausweis

über die im Kalenderjahr 1937 von dem Herrn Pd.

Dr. Gödel Kurt

bezogenen Kollegiengelder, Rigorosen- und Gradustaxen.

Kollegiengelder Winter- / Sommer- Semester				Rigorosen- und Gradustaxen	
S	g	S	g	S	g
2	90				

安い講師料。1937 年。

ていた遺産は急速に減っていた[51]。

　これらは専門とは言い難い仕事だったが、それとは別に数学の研究は続けていて、相変わらず朝は遅くまで寝て、夜中まで起きていた。コーヒーハウスで友人と会い、母や兄と劇場や映画やコンサートに行き、見たものについて長時間、議論をした。週末にはウィーン周辺の丘へのハイキングに家族で出かけ、夏休みはウィーンから南に八〇キロほど離れたラックス山付近で休暇を過ごした。このころの写真には、山々を背にした田舎道で、プラスフォーズ〔男性用半ズボン〕とウールの登山用ハイソックスを履き、ソフト帽をかぶり、ステッキを持った楽しそうな彼の姿が写っている。

　ルディ・ゲーデルはすでに医学を修めており、このころはウィーンの有名なクリニックで放射線科医として働いていて、まだヨーゼフシュテッター通りのアパートで仲よく一緒に暮らしていた。アンナおばが原因でちょっとした衝突が起きることがあったが、ルディは彼女について「とても気立てがよくて親切だが、悲観的で、生活全般について極端に心配性だから、ときどき母の神経を逆なでしてしまう」と語っている[52]。

ラックス山近くでのハイキング。

一九三〇年の世界同時不況後のオーストリアやドイツで、大学で安定した地位に就くことは不可能に近く、ゲーデルのまわりにいた、きわめて優秀な数学者や哲学者ほぼ全員が、他の場所で職を得る機会をうかがっていた。ウィーン学団は、すでにばらばらになり始めていた。最初に去ったのはファイグルで、ロックフェラー財団の奨学金を得てハーバード大学に一年間留学し、翌年にはアイオワ大学に移っている。

国際色のない大都市アイオワシティ（人口一万五〇〇〇人）に到着して二か月後、彼は友人のゲーデルに、アメリカの中部地域での生活について辛辣につづった手紙を送り、ウィーンからアメリカの小さな大学都市に移り住んだ人間が、そこでの生活になじむのにどれほど苦労するか力説している。アメリカン・ドリームは、世間で思われているほど簡単に実現できるものではない。汽車賃や家政婦の費用は信じられないほど高く、町中を出ると歩道がないので散歩もできない（「アメ

ヨーゼフシュテッター通り。ゲーデルは1929年から37年まで右のアパートに母と兄と一緒に暮らしていた。

リカ人は原則として散歩をせず、日曜日に車で走り回ることでじゅうぶん気晴らしになるようだ」）。塩素殺菌された川の水を前にして、アルプスの湧き水を引いている有名なウィーンの水道水が恋しくなった。どれも同じような平屋建ての家は「ほとんどに味気ないポーチがあり、そこで俗物たちがロッキングチェアに座って新聞を読んでいる」し、薄暗く暖かすぎるリビングルームと小さなバスルームには気分が沈んだ。「残念ながら、賞賛されているアメリカ的な快適さを見ることはあまりない」。大学のすべてが、絶望的なほど厳格に組織化され、また人が多すぎた。しかし何よりがっかりしたのは、本質的に成熟していないアメリカ人の退屈でつまらない社会だった。それでもファイグルは、彼らの基本的な人の好さが、ある程度の埋め合わせになっていると認めていた。

大学内の職員たちのつながりは、全体的にウィーンでの私たちよりも強く、あらゆる会合だけでなく、プライベートでも顔を合わせる。足の引っ張り合いや敵意を向けることはあまり許されていない。他人の邪魔はせず、個人のつぶし合いは驚くほど少ない。社交は盛んだが表面的で、それがひどく退屈だ。私たちは最低限の付き合いに抑えようとしているが、それはそれほど容易なことではない。妻のマリアのところには教授の妻たちがひっきりなしに訪れている。それにお返しするのが決まりで、そこから食事へ招き合ったりするうちに、退屈な付き合いの連鎖に巻き込まれてしまう。幸いなことに男性陣はそこまでひどくはないが、妻たちはしょっちゅうクラブに集い、一種の権力者として夫たちの生活を支配している。マリアはこれまで辛うじてクラブを避けてこられた。これからもそれが続くことを強く願っている。……

哲学博士というからには、少なくとも二〇年は学校に通っているはずなのだが、ここの三〇歳の成熟度は、我々の一八歳と若者と同じくらいだ。人々がおもしろくないのは、その未熟さと素朴さのせいだと思う。……神経質でノイローゼになりそうな性格の人は、ここにはほとんどいないという印象だ。少なくとも表には何も出さない。人々はたくましく健康で自信に満ち、女性はだいたいきれいだが、美しい人は一人もいない。みんなおしゃれでいい服を着ているが、個性的ではなく、真にエレガントな着こなしではない。アメリカ人があらゆる行動や言動で（控えめに、しかしはっきりと）「我々にもできる、我々には文化もある」と主張し続けるのは、劣等感からではなく、子供らしい向上心からだ。

ファイグルはニューヨークで地位を得ようと必死だった。そこは「もっと刺激的で、より多くの音楽に触れる機会があり、おもしろい出会いがある」と彼は言っている。「ここでの生活はどこか現実離れしているように感じる」[53]

故国ウィーンでは、以前よりも現実の生活に暗雲が濃く漂っていて、脱国への動きがさらに加速していた。一九三三年一月にドイツで政権を握ったアドルフ・ヒトラーは、二か月後に「職業官吏の回復のための法律」を発布し、〝非アーリア人〟の公務員はすべて〝退職〟しなければならないとした。そこには大学教授も含まれていて、これが歴史上最大の頭脳流出の始まりとなり、ドイツ、のちにはオーストリアに在住していたユダヤ人の物理学者、数学者、その他の科学者がナチスから逃れ、主にアメリカやイギリスへと渡ったのである。早い時期に脱出した一人であるアインシュタインは、プリンストンに設立されたばかりの高等研究所の地位を受けた。彼は「自分に選択の余地がある限り、私は自由と寛容と法のもとの平等が認められた国でしか生きるつもりはない」と、『ニューヨーク・ワールド・テレグラム』紙の記者に語っている。「そのような状況は、現在のドイツには存在しない」。これに激怒したナチス政府は「外国での扇動」を理由に、彼を追放するようプロイセン科学アカデミーに命じた。アインシュタインは、アカデミーが行動を起こす前に辞めて留飲を下げていた。

オーストリアでもナチズムは急速に支持者を増やしていて、次回の選挙では五〇パーセントもの票を獲得するかもしれないと、外国人ジャーナリストが報じていた。一九三三年三月四日、オーストリアのキリスト教社会党総裁エンゲルベルト・ドルフースは、まだ有効だった戦時中の非常事態法を発動して議会を停止し、警察を派遣して議員の入場を禁じた。ドルフースはオーストリア独立のための防波堤を築こうと、ナチズムに対抗する独自の教権的ファシズムを敷き、ナチスの鉤十字（ハーケンクロイツ）の代わりに、自国版のファシスト十字（エルサレム十字（クルッケンクロイツ））を、ローマ教皇の支援を受けた新しい〝キリスト教と強調組合主義者（コーポラティスト）〟国家の紋章として採用した。無秩序な政党や選挙は廃され、その後、議会に代わってさまざまな職能——農民、労働者、企業、教会など——の代表からなる評議会が組織された。そのすべての上に立つのが超党派組織である祖国戦線である。ゲーデルの周囲では、オーストリアのファシズムはナチズムよりもはるかにましな選択肢として受け入れる人がほとんどで、ゲーデルも他の多くの元自由主義者と同じく、公的な地位を維持するために、ややばかげていると思っても、仕方なく祖国戦線のメンバーに登録していた。一九三三年の春にオーストリアにおける政治状況が急変し、ウィーンでの日常生活にぴりぴりとした緊張と、次に何が起こるのかという不安が加わった。(54)

数か月後、メンガーは知人のアメリカ人数学者オズワルド・ヴェブレンに、毎日、耐えられないようなことが起きる緊張を吐露した。メンガーはジュネーブを訪れ、そこでようやく自由に話ができると感じていた。

> ウィーンにいるときは、現地の状況を書けなかった。私がいかにウィーンを愛し、この先何年

> も滞在するつもりで始めたことがどのくらいあったかは、ご存知のとおりだ。しかしこう言わざるをえないときが来てしまった——これ以上はとても耐えられない。何よりまず大学での状況がこの上なく不愉快だ。オーストリアのナチスが四五パーセントを超えるとはまだ信じられないのだが、大学では確実に七五パーセント、私が関わる数学者の間では一〇〇パーセントに近い。これはとても不愉快なことだが、私個人にとっては、あくまで個人的にだが、最悪の状況ではない。なぜなら大学におけるナチスの政治活動は、ナチスでない者を管理業務から遠ざけることであり、それは私も望むところである。しかし耐えられなくなりつつあるのは、二年前から世間の政治的雰囲気が緊迫し、どんどん神経が消耗していることだ。私は特に神経が弱いというわけではない。しかし一日に二回、新聞に書かれていることを読むと（公職にある人間にとって、新聞を読むことは不可欠である）、自分の国の文明の基礎や自分の存在について考えざるをえず、研究に必要な集中力を保つことは到底できない。そしてこのように緊張が続く時間がどんどん長くなり、その回数も増えている。[55]

彼は最後に、アメリカでのポストを見つける手助けをヴェブレンに頼んでいるが、手紙を見たり開いたりする可能性のある人の注意を引かないように、また、彼が政治情勢について述べたことを、誰であれヨーロッパ人に伝えないでほしいと念を押している。

前年の夏、メンガーは同じ問題について、ゲーデルを助けるチャンスがあった。一九三二年六月、ヴェブレンから電話があり、ウィーンを通るので会えないかと尋ねられた。そのときヴェブレンはヨーロッパじゅうを数か月にわたってめぐる人材発掘の旅の途中で、新しくできたプリンストン高等研究所を軌道に乗せるため一流の理論家をさがしていたのだ。メンガーはゲーデルに、発表したばかりの結果について講義を準備しておくよう告げた——基本概念の興味深い再解釈によって、古典的な算術と数論のすべてが直観主義数学で導き出せるという結果だ。ヴェブレンは六月二九日にハーン教授との茶会に招かれ、翌日の午後一時にゲーデルの話を聞きに数学研究所に来ている。(56)

ヴェブレンは深く感銘を受け、帰国後メンガーにこう書いている。「新しい研究所で、あなたと私がゲーデルについて話し合った計画を実現できることを願っています。ゲーデルには年間二五〇〇ドルくらいの給料で、研究所での職を提供できるかもしれない。……研究所は純粋な研究機関なので、彼は講義をする必要はないと思う。しかしもし彼が講義やセミナーをやりたいと言えば、それを聴きたがる学生が大学にいることは間違いない。……この仕事はゲーデルに、快適な環境の中で研究を進めるための自由な一年を与えるものだと思っています(57)」

ゲーデルは懸案の教授資格審査のためにウィーンに残る必要があったので、数か月間、返事をしなかった。ヴェブレンがしびれを切らして電報を打った。一九三三年一月、ゲーデルは「喜んでお引き受けします。詳細は手紙にて。ゲーデル」と返信した。次の手紙では、「手持ちの資金は十分あるので、ヴェブレンが申し出てくれたように旅費を先払いしてもらう必要はない。しかし給料はドルの価値の下落に対して保証してもらえるか」と尋ねている。ヴェブレンはそれを巧みにはぐらかしている。(58)

オルガ・タウスキーら友人たちがウィーン西駅まで見送りに来る中、ゲーデルはオリエント急行の寝台車に乗り込み、旅の第一歩を踏み出した。「立派な身なりの紳士、おそらく医師である彼の兄と思われる人物が、私たちから離れたところにいて、列車が走り出すと立ち去った。私たちはもう少し長く手を振っていた」とタウスキーは回想している[59]。

アイオワシティにいるファイグルから、冗談交じりの祝いの言葉が届いた。「君もアインシュタインや他の有名人と同じように、脱国の流れに逆らえず、ついに大海原を渡ることになったというわけだ。これで永久的な地位を確保できると思うので、ドイツやオーストリアは、またしても（今度は人種的に純粋な）学者を失うことになるとだろう[60]」

第6章　学者のパラダイス

数学者のカントリークラブ

オルガ・タウスキーはのちに知ることになるのだが、実はこのウィーン西駅での別れは、ゲーデルの旅立ちの一歩とはならなかった。彼は一九三三年九月二三日、シェルブールからニューヨークへ向けて出航するキュナード・ラインのベレンガリア号に乗船する予定だったが、途中ですっかり怖気づいてしまって乗船しなかったのだ。体温を測ってみると、わずかに高かったので、そのままウィーンに引き返した。しかし母親と兄の説得で、一週間後にあらためて出発することになった[1]。

九月三〇日にシェルブールを出航するアキタニア号には、無事に乗船することができた。ニューヨーク港に到着した外国人乗客名簿には、職業は〝教師〟、身長は一七〇センチ、髪＝茶色、目＝茶色、肌色＝浅黒い〔実際のゲーデルの肌色とは異なる〕、健康状態＝良好、無政府主義者ではなく、一夫多妻主義でもない、と記されている。波止場で彼を出迎えたのはエドガー・バンバーガー。プリンストン高等研究所の理事で、創設を支援した出資者である富豪の甥である。一〇月二日の研究所の開所式には、四日遅れで出席できなかった[2]。

プリンストン高等研究所はアメリカ高等教育改革を目指す不屈の活動家、エイブラハム・フレクスナーの発案から生まれた。フレクスナーは、その二〇年前に、メディカル・スクールの劣悪な実態を暴露して評判になった人物である。一八六六年、ケンタッキー州ルイビルで九人きょうだいの七番目として生まれ、手押し車の行商をしていた両親はボヘミアからのユダヤ人の移民だった。彼はジョンズ・ホプキンス大学を卒業したが、その学費はいちばん上の兄が払ってくれた。ルイビルに戻った彼は、地元の高校でラテン語を教えたが、一年目にクラス全員を落第させ、求められる水準に達することへの恐ろしいまでのこだわりを証明した。一九一〇年にカーネギー教育振興財団からアメリカの医学教育の現状を調査するよう依頼された彼は、自らアメリカとカナダにある一五三の医大をすべて訪れ、ほんの一握りの大学を除き、ほとんどが卒業証書を乱発するだけで、入学基準も研究室も実習もなく、卒業のための要件は授業料を払うことだけの機関であることを指摘した。この報告書により彼は名誉毀損で訴えられ、殺害の脅迫を受け、また一夜にして全国的な評判を得ることになった。その結果、三分の二の大学が閉鎖となり、抜本的な改革が行なわれ、科学的根拠に基づいた厳格な医師養成がふつうのことになった(3)。

ジョン・フォン・ノイマンの二番目の妻クラーリは、のちにフレクスナーのことを「小さくて、鷹のようにしなやかで、目は美しい光を帯び、謙虚さを装っていてもそれがうわべのもので、明るいユーモアの裏に隠された強さと力、ずる賢さをすぐに感じ取れる」と評している(4)。一五年間ロックフェラー財団で働き、一九二九年、ジョン・D・ロックフェラー・シニアの資金五〇〇〇万ドルを医学教育の発展のための助成金として効果的に分配したあと、彼はアメリカの医学教育全体に目を向けた。アメリカのどんな教育機関でも〝大学〟と認められていることに落胆した彼は、根本的な改革を提案した。アメリカの大学は高度な研究や教育に従事する学者の共同体ではなく、「形もなく一貫性もない活動」を行なっている、目的を持たない集合体であり、大学院課程はたいてい資金のないつけ足しの添え物だという容赦のない結論を下した。「知的水準を重視する姿勢の全体的な欠如、あるところで政治の介入、別のところでは宗教の介入、理想は〝貴族的〟で、有能で知的な人間を苦しめる無規制の乱雑さは〝民主的〟だというばかげた考え方」を乗り越えるためには、既存の制度を改良するという希望を捨て、新しい理想を一からつくり直すことだと、フレクスナーは理解していた(5)。

彼は自分の理想とする場所について、次のように語っている。

有能で教養があり、過度な保護は必要としない、むしろそんなものは嫌がるような人々に開かれたものであるべきだ。……書物、研究室、そして何よりも静寂を備え、世俗的な心配事や未熟な学生への指導の責任を抱えずにすむ、簡素な環境を提供すべきである。施設内での生活、職員の私生活においても、快適に過ごせるよう配慮しなければならない。完全なもの、バランスのとれたものである必要はない。ある地位に適任者が見つからなければ、空席にしておいたほうがいい。……そのような場所は、規模は小さくても、その推進力は大きなものになるだろう(6)。

のちに彼は説明している。「この知的エデンの園には、それぞれの学問分野で最高峰にいる男女のみが集められる。彼らは高度な研究を真剣に追求する機会として、外部からの雑音から切り離されていることが望まれるこの教育機関に引き寄せられるだろう」[7]。彼は母校であるジョンズ・ホプキンス大学を、大学院だけの組織にして、このビジョンを実現しようと何年も努力していたのだが、予想どおりの抵抗に遭っていた。ところが一九二九年一二月下旬のある日、プリンストンにあるロックフェラー医学研究所の事務所に、二人の男がフレクスナーを訪ねてやって来た。彼らはルイス・バンガーバーとキャロライン・ファルドという裕福な兄妹に雇われた弁護士と事業アドバイザーで、一〇〇〇万ドルの使い道をさがしているという[8]。

バンバーガー氏はニュージャージー州ニューアークにある大手百貨店のオーナーだった。この百貨店は、顧客と従業員を大切にするという理念のもと、従業員三五〇〇人、年商三〇〇〇万ドルの企業に成長していた。商品にはすべて値段が明記され、返品・交換は無条件に受け入れられ、販売員の給料も高かった（店内のレストランには「ウェイトレスには十分な額の給料が保証されているので、チップを渡さないでください」という張り紙があった）。七四歳で引退を考えていた彼は、一九二九年一〇月の株式大暴落のわずか六週間前に、全ビジネスをメイシーズ社に売却していた。彼と妹は現金一一〇〇万ドルと、メイシーズ社の株式六万九二〇〇株を手に入れたのだ（株式はその後二か月で価値が半分になった）[9]。

内気で人前に出たがらない性格のバンバーガーは一度も結婚せず、妹にも子供はいなかった。一五年以上勤続した二二五人の従業員に一〇〇万ドルを贈っても、相当な額の財産が残っていた。

高等研究所の施設史には「この財産は、ニューアークの人々のために働くという仕事に長年忠実に取り組んできたことへの正当な報酬であるだけでなく……市民の福祉のために捧げるべき信託金と考えた」と書かれている。バンバーガーが最初に考えたのは、ユダヤ人を優先的に入学させる医大の設立だった。それでフレクスナーに相談することになったのだ。しかしフレクスナーはすぐその前提の誤りを正し、ユダヤ人が医大で差別は受けていないことを伝え、どの医大も優れた教育用の病院を運営するべきだし、有力な大学の一部であるべきだと指摘した。またニューアークはニューヨーク市に近すぎて、職員や学生を獲得するのに苦労していた。[10]

しかし彼の机の上には、これから出版するアメリカの大学の現状をこきおろす本のゲラ刷りが置かれていた。「夢を見たことがありますか」と、彼は何食わぬ顔で訪問者に尋ねた。[11]

その後二年間、彼は新たな後援者を巧みに説得し、（数年後に彼が『ハーパー』誌で賞賛したことで知られるようになる）「役に立たない知識の有用性」を自由に追求できる、純粋な〝学者の社交界〟をつくる計画を実現しようとした。バンバーガー家は新しい研究所の場所として、ニューアーク市かその近郊にこだわっていたが、フレクスナーは計画書の草稿で〝ニューアークの近郊〟を〝ニュージャージー州〟に置き換えるなどして、巧みに問題を回避し、ついに自分の意思を通した。彼は前からプリンストンこそふさわしい土地だと決めていたのだ。アルベルト・アインシュタインを獲得したことで、わだかまりはすべて氷解した。バンバーガー家の人々は、世界で最も有名な科学者が、新しい研究所の最初の五人の教授の一人として加わることに大喜びだった。アインシュタインは、フレクスナーから驚くほど寛大な申し出を受けたとき、「私はこのための火であり炎である」と述べた[12]。

研究所はプリンストン大学構内の新しいオフィスで、フレクスナーがひっそりと開催した会議で正式に発足したが、教授五人のうち三人はそのときプリンストンにいた。その三人は全員プリンストン大学と縁があった。オズワルド・ヴェブレンとジェームズ・アレクサンダーは数学科の専任教授であり、ジョン・フォン・ノイマンは過去二年間、非常勤の客員教授だった。数週間後には、アインシュタインもヨーロッパからやってくる予定だった。ヘルマン・ヴァイルも同じで、数か月の逡巡ののち、彼がフレクスナーの申し出を受け入れたのは、ナチス下のドイツにおいて、ユダヤ人である妻の将来を案じてのことだった。

研究所を精鋭の数学者だけでスタートさせたのも、フレクスナーの計算による行動だった。彼は世間をあっと言わせたかった。数学の世界では、誰が先頭を走っているかについての共通認識があることを彼はよく知っていた。さらに、理事たちには次のように説明している。「数学は我々の出発点として、とても適している。数学者は知的な概念を扱い、それを自分のために追求しているが、科学者、哲学者、経済学者、詩人、音楽家を刺激する。それなのにその必要も責任もまったく意識していない」。しかも凝った研究所や施設を建設する必要もない。「必要なのは少数の教授、少数の学生、少数の部屋、本、黒板、チョーク、紙、鉛筆だけだ[13]」

フレクスナーは「数学者は暗闇の中の牛のように、私にはみんな同じに見える」というタイプだったので、第一級の研究者を集める仕事はヴェブレンに任せた[14]。ヴェブレン自身も長年、プリンストンに数学のユートピアをつくるという夢を抱いていた。フレクスナーと同じく、彼も教育のた

オズワルド・ヴェブレン。

めの事業に、他人の金を気前よく使うことに才能を発揮した。彼は有名な社会学者ソースティン・ヴェブレンの甥であり、祖父母はノルウェーからの移民で、アメリカ北中西部の土地を自分たちの手で切り開き、そこに家と納屋を建て、九人の子供たち全員を大学に行かせた。オズワルド・ヴェブレンはアイオワ大学で二つの賞を受賞している。一つは数学、もう一つは射撃である。長身で細身のヴェブレンは、生涯ずっとアウトドア派で、一見内気で、吃音もあったが、クラーリ・フォン・ノイマンは「敵に回すと怖い相手」だったと述べた。ヘルマン・ゴールドスタインは「石に水を垂らし続けて穴を空けてしまうような男」と評している。[15]

ヴェブレンはプリンストンを数学の中心地とするべく粘り強く動き回り、またフレクスナーと同じく、世俗的な心配事から切り離されることが、数学に没頭するために重要であると考えるようになった。彼はプリンストン大学の新しい数学棟の壮麗な建物ファイン・ホールの建設を自ら監督した。一九三一年にその扉を開いたこの建物は、プリンストン大学の数学プログラムの強化を最初に始めたヘンリー・ファイン学部長にちなんで名づけられた。ファインの友人で同窓生の裕福なシカゴの弁護士、トーマス・デイヴィス・ジョーンズは、数学科のためにすでに二〇〇万ドルを寄付していた。ある晩、七〇歳のファインが自転車で帰宅しようとしていたところ、スピードを出しすぎていた車にはねられて命を落とした。するとジョーンズ家はファインを偲ぶ建物をつくろうと、さらに五〇〇万ドルを寄付した。

ヴェブレンはファインのやり残したことを引き継いで、精力的に活動した。「ファイン・ホールの設計の土台となる原則は、研究者が自分の家よりもこの建物の部屋で仕事をしたいと思うような、魅力的な場所にすることだ」と、彼は説明している。建物には二四の〝書斎〟（〝オフィス〟ではない）があり、そのうち九室には暖炉が備わっていて、ふかふかの椅子やソファー、柾目取り（まさめとり）のオークの羽目板が張られた壁や床に囲まれた空間には、備えつけの黒板やファイル棚、メビウスの輪を歩くハエを描いた紋章が彫刻されたマントルピース、円錐曲線や有名な数式が描かれたステンドグラスの窓などがあった。地下の更衣室にはシャワーも完備され、数学科の教員は着替えるために家に戻ることなく、近くのテニスコートへ行くことができる。建築家がコストを削ることを提案しても、ジョーンズは耳を貸さなかった。「ヘンリー・ファインのためなら、いくらぜいたくしても足りないくらいだ」と彼は返していた。[16]

ヴェブレンは徹底したイギリスびいきで、イギリスの女性と結婚し、オックスフォードやケンブリッジの古いカレッジとその儀式に心酔して、毎日午後四時にファイン・ホールの談話室でアフタヌーンティーをたしなむようになった。プリンストン大学の学部生が、進化し続ける「学部歌（Faclury Song）」に、こんな一節を加えた。

オズワルド・V・ヴェブレンのために乾杯
イギリスと紅茶を愛する男
数学のためのカントリークラブをつくり
そこでは風呂にも入れるようにした

ヴェブレンの計らいで、設立間もない研究所はファイン・ホールのスペースを借り、その静かな荘厳さと数学者の仲間意識を共有できた。また当初から、教授たちが収入を補うために外部の仕事をする必要や誘惑から解放されるよう、多額の報酬を支給する手配をしていた。アインシュタインとヴェブレンは年間二万ドル、ヴァイルは一万五〇〇〇ドル、フォン・ノイマンとアレクサンダーは一万ドルを受け取っていた。これは低いほうの額でも、大学教授としては破格の金額である。プリンストン大学の数学科の教員たちが、この新しいライバル組織を皮肉り〝高給研究所〟という不朽の名文句が生まれた[18]。

ヴェブレンとフレクスナーの計画は、ゲーデルのような非凡な才能を持つ若い数学者を短期間招いて、彼らが研究を進めると同時に、優秀な専任教授たちと交流する機会を提供することだった。当初、この訪問者は単に〝労働者（ワーカー）〟と呼ばれていたが、数年後には肩書が〝臨時職員（テンポラリー・メンバー）〟に変わった[19]。

ヴェブレンは、自分の目的にかなえば、給料についてどのような要望を聞くこともいとわなかった。法律学者で研究所の評議員（のちに連邦最高裁判事となる）であるフェリックス・フランクファーターが、給与は客観的で平等な基準で決めるのではなく個別に交渉するというヴェブレンの方針に異論を唱えると、ヴェブレンは堂々と、研究所は〝学者のパラダイス〟であり、彼らが本当に望んでいるのは金ではなく、真理の研究だけだと説明している。それに対してフランクファーターはぴしゃりと言い返した。「パラダイスがどのような場所かを考えれば、それを目指すべきではないだろう。……何か人間的なことを目指そうではないか。我々は人間を相手にしているのであって、天使を相手にしているのではない[20]」。しかし天国（ヘブン）ではなかったとしても、そこが避難所（ヘイブン）になったのはたしかだ。ヴェブレンは、オーストリアやドイツから逃れて亡命してくる大勢の科学者たちの避難所として発展させるべく、根気強く活動することになる。

パラダイスでの生活

一九三三年の秋、プリンストン大学に到着したゲーデルは、しばらくして母親に手紙を書いている。そこには「この地の自然の美しさ」こそ、プリンストンの最大の魅力だと記されていた。「とても美しい湖があり、その周囲にはプラーター公園〔一角に遊園地を有する、ウィーン市内最大規模の公園〕にあるような、それほど広くはないが、とてもロマンチックな草原がある。全体としては公園のような感じだ。本当のアルプスの森がないだけで[21]」

この町の幹線道路であるナッソー通りは、両側に木が植えられ、車通りも少なく、町を包む上品で落ち着いた雰囲気が損なわれることはない。人口は一万二〇〇〇人、一七五六年から、同じ名の

プリンストンのナッソー通りを見下ろす景色。1930年代。キャンパスは右側。

有名な大学の所在地として知られている。一七世紀にクエーカー教徒が定住したプリンストンはフィラデルフィアとニューヨークのほぼ中間に位置し、近くにはほとんど何もない。一九二〇年にスコット・フィッツジェラルドが小説『楽園のこちら側』で「怠惰な美しさ」と表現した大学キャンパスに隣接し、その中心に「アメリカでいちばん楽しいカントリークラブ」があった、独立革命以前の絵画のような村の時代から、驚くほど変わっていなかった。[22] ナッソー通りには区画ごとに信号機があり、銀行と三つの教会、せいぜい三ブロックほどの距離の商店街には、途方もなく古い木骨造りのチューダー様式の店、その真向いには荘厳な大学の門とネオゴシック様式の建物、レンガ造りのドラッグストアが一八五八年と同じ場所に鎮座し、老舗の宿ナッソー・タバーンには、コロニアル風の凝った造りの酒場、ウィンザーチェア、梁の見える低い天井、どっしりとした暖炉が備わっていた。大学の建造物とそこに漂う俗世を離れた文化的な雰囲気に、旧世界からやってきた観光客や亡命してきた学者たちは、オックスフォードやケンブリッジといったイギリスの名門大学を連想した。

その地域の社会に目をやると、雰囲気はまた違った。そこでは住民も大学関係者も、堅苦しい保守主義であるという評判だった。一九三五年の同窓会誌に寄せられた冗談交じりの手紙には、プリンストンは「南部文化の最北端」と書いてあったが、この言葉には幾分の真実もある。地元の公立学校が人種統合されたのは一九四八年のことだ[23]。アインシュタインは到着直後に、その美しさと穏やかな雰囲気に感嘆しつつも、地元〝社会〟のリーダーを自認する人々を悩ませていた、小さな町の自負心と独りよがりの性質について、友人であるベルギー王妃エリザベートに手紙を書いている。「滑稽なほど儀式好きで、背が低くて、か細い脚の半神半人が住む（ガリバー旅行記の）リリパット国のような田舎町」と書いている。アインシュタインが実際に使った言葉はKrähwinkel（カラスの角）で、これはブルジョワ的な狭量の慣習にとらわれた、文化的に遅れた土地を意味する、皮肉なドイツ語だった。アインシュタインは自分が望んでいたプライバシーを確保するのに必要なのは、町全体の〝洗練された風潮〟に背くことではないかと、皮肉っぽく書き添えている[24]。

数学者のカール・ルートヴィヒ・ジーゲルは、そこの取り澄ました雰囲気に耐えられず、徹底した反ナチスで平和主義に強く傾倒していたにもかかわらず、一九三五年にドイツに帰国した（しかし彼は、一九四〇年六月に、さらに困難となった二回目の渡航を決行し、ノルウェー経由アメリカ行きの最後の船に乗って、ナチス・ドイツに永遠の別れを告げて研究所に戻った）。ジーゲルは独身でありながら二人の女友達と同居するという、型破りの生活をしたため、特に学長夫人から激しく非難された。彼は同じく亡命者であるリヒャルト・クーラントに「ゲーリング（ナチスの高官。ヒトラーの後継者と目された〕のサディズムから逃れても、アイゼンハルト夫人の道徳観念のくびきにとらわれるのでは意味がない。……君のアメリカを好きになれないからといって、気を悪くしないでほしい」と伝えている。[25]

ゲーデルは何年も経ってから、友人で同僚でもあったゲオルク・クライゼルに、ウィーンでの恋人アデーレと一年間離れて過ごさなければならなかった「プリンストンでの独身生活での……フラストレーション」について告白している。国際色豊かなウィーンでは可能だった自由な性生活も、厳格なプリンストンでは不可能だったのだ。[26]

ゲーデルは、キャンパスから二ブロックほど離れた、ヴァンデベンター通り三二番地にあるビクトリア様式の下宿に移った。ゲーデルはプリンストン大学の閑散とした雰囲気や、レストランの閉店時間が早いことに慣れず、遅くまで仕事をして夕食を食べ損なうことがよくあった。ヴェブレン夫人はそれを心配し、ときどき彼のために夕食をつくっていた。ゲーデルはプリンストンでの静かな生活について、次のように述べている。「一年中都会に住んでいると、田舎でのんびりするのはとても快適かもしれない。私の場合はまったく逆だ。二、三か月、大きな都市で過ごして、この田舎の生活の疲れをとりたいと思っている」[27]

この町の社会的規範と大学の息苦しさを高めていたのは、多くの外国人学者、とりわけユダヤ人に対する疑念と憤りだった。アインシュタインは知り合いの、ナチス・ドイツからアメリカへ亡命し、アメリカで仕事を見つけたいと思っていた人物にこう書き送っている。「カルナップから聞いたことだが、プリンストン大学ではユダヤ人を雇いたくないとはっきり言われたそうだ。〝光るものすべて金ならず〟だし、明日どうなるかは誰にもわからない。結局、野蛮人のほうがいい人間なのかもしれない」。こうした風潮が学会で親ナチ派の格好の材料となった。ハンブルクの親ナチ数学者ヴィルヘルム・ブラシュケは、数年後にアメリカで出版された数学者伝の本の中で、ユダヤ人的な名前に言及し、「最も驚くべきことは、プリンストンという小さなニグロタウン（Negerdorf）に大規模な数学事業があり、一〇〇人近い数学講師がほとんど学生のいないところで金の卵を産んでいることだ」と、悪意に満ちた文を書いている。ブラシュケが使ったNegerdorfという語は、ドイツ語で最低の町を指す不快な言葉だが、文脈からすると「ニグロ」は明らかに「ユダヤ人」のことも指していた[28]。

フレクスナーとヴェブレンはそのような攻撃に果敢に立ち向かい、人道的な理由だけでなく、実際的な理由からも、その姿勢を貫いた。フレクスナーの仕事は数学を発展させること、それだけだった。ハーバード大学の数学者ジョージ・バーコフは、アインシュタインに言わせると〝学術界では世界一の反ユダヤ主義者の一人〟であり、彼の演説——外国人数学者が多数アメリカの大学に入り込み、〝アメリカ人〟に与えられるべき仕事を奪う〝危険〟があると警告するもの——は広く引用されていた。フレクスナーは彼に手紙を書いてこう反論している。

> アメリカで五〇人のアインシュタインを雇うことができれば、今後数年のうちに、他の研究所に数百人もの需要が生まれるだろう。……ヒトラーの行動は我々にとっては好都合であり、彼は狂人らしく、いまだその行動を続けている。ドイツは惜しいことをしている。それはアメリ

ジョン・フォン・ノイマン。
高等研究所の同僚たちとの茶会。

カにとっては喜ばしいことだ。私は一流のアメリカ人数学者には、適当な期間内で職を確保することを約束し、それと同時に、ヒトラーに排斥される可能性のある、一流の外国人数学者にも同じことを約束する。数学者は多ければ多いほどいい(29)。

研究所はいろいろな意味で、町や大学の保守性から逃れるための避難所でもあった。それまでとは違う風潮を築くのにひと役かっていたのは、フォン・ノイマンの型破りな明るさだった。研究所が開設された年に数学科の大学院生としてやってきたイズラエル・ハルパリンは、フォン・ノイマンの存在そのものがファイン・ホールの生活に与えたエネルギーについてこう語っている。「朝ファイン・ホールに着くと、フォン・ノイマンの大きな車をさがしました。たしか何かのオープンカーだったと思います。それがパルマー物理学研究所の前にあると、ファイン・ホールが明るく照らされているように見えたんです。そんな日は、一日ここにいてよかったと思える何かに出会えるように感じました。でも車がなければ、彼がそこにいないということで、建物もくすんで活気がないように見えるんです」。フォン・ノイマンは「雑音か、少なくとも雑音になりそうなものがないと仕事ができなかった」ので、列車や船、混雑したホテルのロビーでいちばん仕事がはかどったと、妻のクラーリは言っている。ファイン・ホールの彼のオフィスのドアはいつも開けっ放しで、仕事をしているところを見られたら一〇ドル払うという賭けを同僚としていた。フォン・ノイマンが見つかったことはなかった。(30)

ハルパリンの記憶にある大きな車は、かつて学部生に間違われて以来いつも身に着けているスーツとネクタイ、そして街でいちばんファッショナブルな地域のライブラリー・プレイスに借りている豪華な家で開くパーティーと同じように、フォン・ノイマンの人格の一部だった。ノイマンは運転が下手で、彼の娘は、試験官にタバコと一緒に五ドル札を差し出すという単純な方策で運転免許を取得したと語っている。あるとき同僚が「なぜキャデラックのような教授らしくない車に乗っているのか」と尋ねると、彼は「誰も戦車を売ってくれないからだよ」と答えた。(31)

ヨーロッパからかなりの財産を持ち込むことができたので、贅を尽くして人をもてなし、制服姿の召使いが大量の飲み物を運ぶようなカクテルパーティーを開いて、「どこか窮屈なプリンストンのオアシスだった」と同僚に言わしめた。学部長のアイゼンハートの息子で、研究所が開設された年にプリンストン大学で数学を学んでいたチャーチルは、当時を思い出してこう述べている。「フォン・ノイマンの驚くべき特性は、こうしたパーティーで朝方まで飲んで騒いでいるのに、翌朝八時半に研究所に来て授業を行ない、明快な講義ができたということだ。大学院生の中には、フォン・ノイマンのようになるには、彼のように生きることだと考えた者もいたけれど、彼らにはそんなことできなかった[32]」

ジェームズ・アレクサンダーもノイマンと同じようにアルコールの入るパーティーを催すのが好きで、しかも祖父がエクイタブル生命保険会社の社長だったため、ノイマンよりも巨額の財産を受け継いでいた。そして共産主義的な政治観と登山が好きで、型破りな研究所創設時メンバーの一人だった。大学院の新入生にはいつも、閉館後の図書館に入るには、自分を見習って二階の窓から入るようにアドバイスしていた[33]。

このころゲーデルが母親に宛てた手紙は残っていないが、プリンストンでは、元気な同僚たちに比べずっと静かな生活を送っていたようだ。しかし新天地での生活のすべてをかけて数学に取り組んでいた。プリンストン滞在中に講義を持ったらどうかというヴェブレンの提案に、ゲーデルは「アメリカに来て最初の数か月でいきなり講義を持つのは荷が重すぎるので、まず英語の知識を高めたい」と答えている[34]。

アメリカに初めて足を踏み入れてから一一週間後、一二月二九日と三〇日に、彼はマサチューセッツ州ケンブリッジで開かれたアメリカ数学会とアメリカ数学協会の会合で、英語による最初の公開講義らしきものを行なった。そのタイトルは「数学の基礎の現状（The Present Situation in the Foundation of Mathematics）」だった。この講演のための手書きの原稿には、その後の彼の英語での論文やプレゼンテーションすべてで際立っていた、完璧な言語運用能力と明瞭な表現力が表われていた。書き出しはこうだ。

数学（ここでいう数学とは、数学者が実際に使っている証明方法の総体である）の基礎を築くという問題は、二つの異なる部分に分かれると考えられる。第一に、これらの証明方法は、最小限の公理と原始的な推論規則に還元されなければならず、それらはできるだけ正確に記述されなければならない。第二に、これらの公理について、ある意味での正当化、すなわちそれらが互いに一致する結果や経験的事実を導くという事実の、理論的根拠を求めなければならない。[35]

二月から五月にかけての春学期、研究所で不完全性定理を説明する連続講義を英語で行なうと、二人の学生がノートをとり、タイプして個人的に配布した。ゲーデルもそれを了承した。四月一八日にはニューヨークに行き、ニューヨーク大学哲学協会で彼の定理について大衆向けの講演を行ない、その二日後にはワシントン科学アカデミーで「数学は矛盾がないことを証明できるか（Can Mathematics Be Proved Consistent?）」というタイトルで同様の講演をした。彼の講演はどれも明快で、すばらしく整理されていた。しかし彼にとって人前で話すのはやはり苦痛で、講演のあとはいつも落ち込んでいた。数年後、プリンストン大学でゲーデルの講義を受けた別の学生によると、講義はよかったが、何も書かないのにずっと黒板に向かっている習慣は変わっていなかったという。「彼は聴衆のほうへ顔を向けることができなかった。それは明らかだ[36]」

当時、ナチス・ドイツから逃れてきた学者を支援するために大規模な活動を行なっていたロックフェラー財団のファイルに、「カール・ルートヴィヒ・ジーゲルもゲーデルと同じ問題を抱えているが、それでも二人の居場所を見つけるべきだ」と記載されている。「ゲーデルもジーゲルも変わり者で、大学で教えることはできなかった。プリンストン高等研究所では彼らの天才的能力を活かすことができる」[37]。研究所はそれを喜んで受け入れ、ゲーデルは帰国する前に、翌年の再来訪を求める招待状を受け取った。ニューヨークで一週間ほどゆっくり過ごしたのち、五月二六日にイタリア船レックス号でジェノバに向けて出航し、途中ミラノとヴェネツィアで数日間滞在したのち、一週間半後にウィーンに到着している。彼が戻ったとき、故国は混乱のさなかにあった[38]。

故国の憂うべき状況

故国の暴力的で不穏な状況は、三か月前の流血の衝突で始まっていた。一九三四年二月一二日の朝、リンツの警察は社会民主党の労働者クラブのドアを壊して突入し、武器の捜索を行なった。社会主義の共和国防衛同盟の支部司令官は、ウィーンの党本部からの指令に従わず部下に発砲を命じた。戦闘はまたたく間に国じゅうに広がり、ドルフース政権と極右の護国団は、これは社会民主党を徹底的に潰すチャンスと踏んだ。三日間にわたる衝突で、政府軍は軽砲を使用して、赤いウィーンの象徴だった大規模な共同住宅の一つであるカール・マルクス・ホーフを砲撃した。防衛同盟のメンバーやその他の市民一〇〇〇人以上が殺された。翌日、社会民主党は廃止され、資金は没収、チェコスロバキアに逃亡しなかった指導者たちは収容所に放り込まれた。そのうち九人が処刑された。

ナチス支持者の教員と学生たちの松明を持っての行進。1931年、ウィーン大学。

その後の数か月、オーストリアでは一年前に非合法とされていたナチス党によるテロ事件が連続して起こり、オーストリアは右からの力に揺らいでいた。五月、六月、七月はほぼ毎日のように、政府関係の役人や建物、発電所や水道、オーストリア経済にとって重要な観光地などを標的とした爆破事件や銃撃事件が発生した。暴力がピークに達したのは七月二五日で、オーストリア軍の軍服に身を包んだウィーン親衛隊の一五四人が首相官邸に乱入し、ドルフースを射殺した。このとき政府軍は完全武装した全国の反乱軍を五日がかりで撃退し、クーデターの企てに終止符を打った。

ナチス党が非合法化されても、ウィーン大学の学生や教員の、総統に対する浮わついた熱狂が収まることはなかった。一九三三年度から三四年度の間、州教育大臣のクルト・

シュシュニック（ドルフース暗殺後に首相の座を継ぐことになる）は、大学で行なわれるナチスのデモを見て見ぬふりをする職員たちに、警告を出さざるをえなくなった。その理由として、学生が講義の終わりにナチス党歌「ホルスト・ウェッセル・リート（Horst Wessel Lied）」を歌い、「ハイル・ヒットラー！」と叫ぶ事件をあげた(39)。

社会主義者の取り締まりのほうが、はるかにはかどっていた。政府が社会民主党を廃止して間もなく、モーリッツ・シュリックは地元警察に呼び出され、エルンスト・マッハ協会が非合法化されたことを告げられた。「ドルフース万歳！ 科学の統一を打倒しろ！」とオットー・ノイラートは皮肉った。カール・メンガーは「以前は活気に満ちていたウィーンの知的生活が目の前で衰退していくのは、悲劇的な光景だった」と書いている。ウィーン学団は、その〝リベラル〟かつ〝ユダヤ的〟な思想から、日常的に「軽蔑され、中傷される」ようになった。この夏の混乱のさなか、ゲーデルの師であるハンス・ハーンが癌の手術を受けたあと、五五歳で死去した。文部省はただちに彼の地位を廃止したが、これはかつて活気に満ちていた学団の遺骸に、唾を吐きかけるような所業だった(40)。

「アメリカに行ってから、ゲーデルは以前よりむしろ引きこもりがちになったようだ」と、メンガーは回想している。六月、彼は数学コロキウムで、不完全性定理の延長となる論文を発表した。高次の論理体系に切り替えると、低次の体系では決定できない命題を証明できるようになるだけでなく、低次の体系で証明できていた命題についても、証明の長さを大幅に短くできることを示したのだ。この成果はやがて、コンピュータ科学のさまざまな研究分野で、コンピュータ・プログラム

の短縮方法をさがす、いわゆる〝スピードアップ〟問題に重要な示唆を与えることになる。(41)

少なくとも表面的には、ゲーデルは親しんでいたコロキウムの活発な数学的議論には再び参加するようになり、特に二人の新しい仲間とは、その後、親しい友人となる。一九三四年度から三五年度の間、アルフレト・タルスキがフェローシップでウィーンを訪れていた。彼らは以前にも会ったことがあり、一九三〇年二月にタルスキが初めてウィーン学団と数学コロキウムを訪れたとき、ゲーデルがメンガーに頼んで個人的に会う場を設けてもらい、完成したばかりの一階論理の研究成果をタルスキに伝えるということがあった。二人の論理学者が、自分たちのアイデアについて長時間にわたり議論をしたのはこのときが初めてだった。(42)

アルフレト・タルスキと。
1935年、ウィーン。

タルスキは頭脳明晰で、背の低さやユダヤ人としての出自にはきわめて敏感、自説に激しく固執する人物だった。伝記作家の言葉を借りれば「社交的で、自分の能力を磨くために、他の知識人からの刺激を欲しがり、またそれを必要としていた」。彼は元はアルフレッド・テイテルバウムという名で、一九世紀の繊維産業で財をなした多くの一族の一つである、ワルシャワの裕福な家庭に生まれた。彼は〝汚いユダヤ人〟と揶揄されたいじめへの怒りを、終生持ち続けていた。二二歳のときカトリックに改宗し、新しいポーランド名を名乗るようになった。これで家族とは疎遠になり、自活のために必死で職をさがさなければならなくなった（まだ若く、博士号は取得したが無職だった彼が、家族に資金援助を求めたとき、父親は皮肉たっぷりにこう答えた。「金が必要なのか？　じゃあタルスキ爺さんに会いに行ったらどうだ」(43)）。

彼の競争心の強さは伝説的だった。生きている論理学者の中でゲーデルに次ぐ地位に甘んじることを避けるため、同僚に自分のことを「現存する中で最も偉大、かつまともな論理学者」と説明したこともある。その後、ゲーデルの定理を発展させ、形式的体系そのものに真理の概念を定義することは不可能であることを示した重要な論文を発表した際には、自分の成果のほとんどは独自に得たものであり、自分の研究が「ゲーデルの考えと結びついているのは一箇所だけ」と、まわりが戸惑うくらい強烈に主張したほどだ。しかしゲーデルや、彼の妻のアデーレに対する愛情は、似たような生い立ちとアイデアへの熱意、そして暗黙のライバル意識に基づく、純粋かつ誠実なものだった。タルスキは、ゲーデルが手紙の中で二人称代名詞Duを使う、数少ない友人の一人だった(44)。

この年、ゲーデルが仕事上の親交を深めていたもう一人の友人が、エイブラハム・ウォールドだった。ユダヤ教正統派のパン職人の息子で、ユダヤ教の安息日である土曜日に授業を受けなければならないハンガリーの公立学校への入学を家族が拒否したため、家庭で教育を受けていた。数学を専門的に始めたのは人より遅かったが、彼はメンガーの最も優秀な生徒の一人であり、三学期で博士号を取得することができた。メンガーは、彼を「小柄で細く、明らかに貧しく、見た目は若くもなく老けてもいない。元気のいい若手研究者たちとは妙なコントラストをなしている」と評している。オスカー・モルゲンシュテルンがウォールドについて「並外れた才能とすばらしい数学的能力の持ち主」と言っていることを知り、メンガーはオーストリアの景気循環研究所の所長として、才能ある弟子への資金援助をモルゲンシュテルンに持ち掛けた。モルゲンシュテルンは「他の人たちと同じように、私は彼のすばらしい能力、優しさ、そして彼が問題に取り組むときの並外れた強さに心をつかまれている」と言った。その後、ウォールドはモルゲンシュテルンに微分積分学の個人指導をするようになり、そこから長期にわたる温かい友情が芽生えた(45)。

ゲーデルがウィーンを離れていた年、ウォールドは経済学における価格均衡を研究していた。ゲーデルは持ち前の勘のよさと好奇心で、ウォールドにそれまでの研究成果を教えてくれるよう頼み、その場で、この問題を扱う方程式系の形式化について有益な示唆を与えたのだった。その後に提出されたウォールドの論文を、モルゲンシュテルンはのちに、経済学史上〝最も重要な位置づけにあるもの〟で、商品の価格と生産量を説明するだけでなく、どれだけ需要があっても供給過剰のときには価格がゼロになる商品がある（空気など）という事実を組み入れた、画期的なものであると讃えた(46)。

ゲーデルがウォールドに再会するのは戦後のニューヨークで、ウォールドがコロンビア大学での仕事に就いたときだった。ウォールドはその前にウィーンの経済研究所にいたが、モルゲンシュテルンの後釜として入ったナチスによって解雇されていた。一九五〇年にウォールドがインドで飛行機事故で亡くなったことも、その後のゲーデルに大きな影響を与えた。

しかし数学の議論以外では、メンガーが指摘したゲーデルの精神的な落ち込みが、特に陰りが濃くなっていた政治情勢に対して、見ていてつらくなるほど顕著になることがあった。メンガーはこう回想している。

ゲーデルは情報をよく集めていて、私と政治についてもよく話をしていたが、そのときは強い感情的な不安を示すことはなかった。政治的発言はいつも淡々としていて、たいてい「そう思わないか?」という言葉で締めくくられていた。……

ゲーデルは、ヒトラーに支配されるヨーロッパと第二次世界大戦という、避けようがないと思えるジレンマに直面しても、感情を表に出さないままだった。しかし時として鋭い指摘をすることがあった。あるとき彼は私にこう言った。「ヒトラーがオーストリアで唯一苦労しているのは、国全体を占領するしかないということだ。地域ごとに侵攻できるなら、彼はとっくにそうしていただろう——そう思わないか?」[47]

それでもやはりメンガーは、ゲーデルの純真さが災いするのではないかと心配した。「特に恐れていたのは、慎重であるにもかかわらず、不用意な、あるいは誤解を招く発言をして、途方もない結果を生んでしまうことだった」と書いている。[48] メンガーには、他にも心配していることがあった。それは繊細な弟子のふるまいに表われ始めた、前よりも深い不安の兆候だった。

安静療法

一九三四年六月にウィーンに戻ったとき、ゲーデルには深刻な精神障害の兆しが表われていた。特に体重の減少や不眠は、深刻な心理的危機が差し迫っていることの不吉な予言になることが多い。同僚のゲオルク・クライゼルは「それは彼が船から降りたときの激しい不安から始まった」と語る。[49] 帰国から半年後、ゲーデルはヴェブレンに謝罪の手紙を書き、春学期にプリンストンに行くという約束を果たせないことを告げた。理由は「体調不良」が続いているからで、その原因は歯の感染症だとゲーデルは言っている。

この夏、私はとてもひどい目にあいました。歯が悪くなって顎の骨に炎症が起き、それが治まったあともずっと気分が悪く、体重もかなり減りました。九月にはほぼ回復しましたが、一〇月に入るとまた熱が出て、眠れなくなりました。いまはだいぶよくなっていますが、まだ少し細かいことが気になり、また荒れた海を渡ることや、急な環境の変化で、症状がぶり返すのではないかと心配しています。……

こうした理由から、私がすぐに手紙を書くという約束を守らなかったことについて、怒らないでいただけることを望みます。[50]

ヨーゼフ・ホフマンによる内装。
プルカースドルフの療養所。

実を言えば、彼は一〇月にウィーン郊外で森のはずれにあるプルカースドルフという町の療養所（サナトリウム）で八日間過ごしていた。ウェステンド療養所は最先端の施設で、ウィーンのそう病患者に、あらゆる種類の治療法を提供していた。この施設は一九〇四年に、モダニスト建築家ヨーゼフ・ホフマンによって設計された。すっきりしたシンプルな通路、大きな窓、立方体の椅子や調度品にも取り入れられた幾何学的な白と黒の床タイルのモチーフ。ホフマンはこれらが調和のとれて安らぎに満ちた雰囲気を形成するものととらえていた。これはフロイト以前の、「神経障害とは近代都市生活のストレスや無秩序な混沌から生じる」という考え方を反映している。プルカースドルフの療養所は、一九世紀半ばに建てられた結核療養所を参考に、静かな田舎の環境で、患者に日の光や新鮮な空気に触れさせ、健康的な食べ物を提供し、モダニズムの感覚を取り入れて、彼らを不健康な外部の影響から隔離して、神経への予測不能なショックから守ることで、治療効果を高めようとしていた。患者は目的に沿ってつくられた落ち着いた空間で一日を規

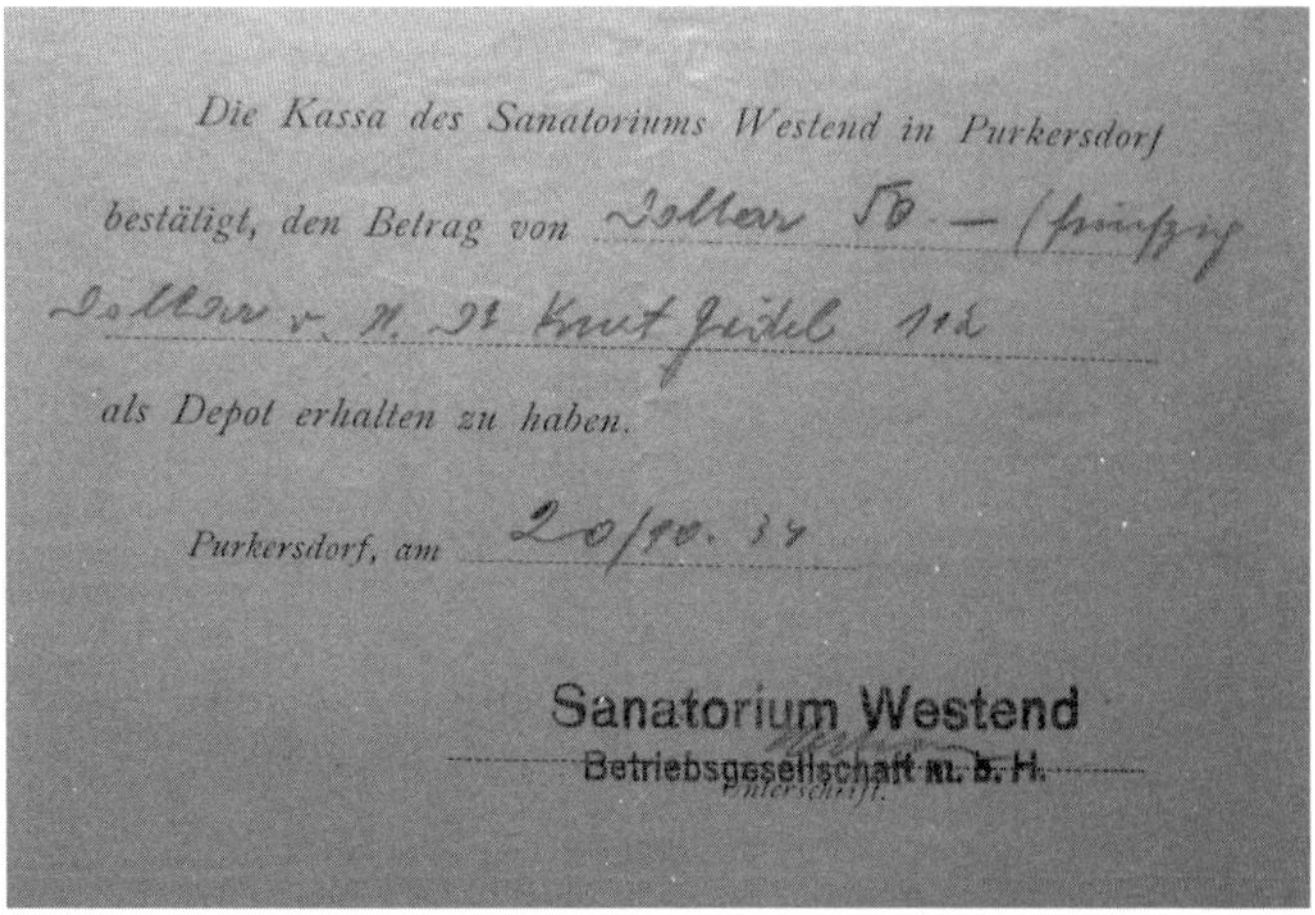
Die Kassa des Sanatoriums Westend in Purkersdorf
bestätigt, den Betrag von Dollar 50.— (fünfzig
Dollar v. H. Dr. Kurt Gödel
als Depot erhalten zu haben.
Purkersdorf, am 20/10. 34
Sanatorium Westend
Betriebsgesellschaft m. b. H.
Unterschrift.

1934年にゲーデルがウェステンド療養所に滞在したときの50ドルのデポジット受領書。

則正しく過ごした。睡眠、食事、理学療法、そして体や頭を使って簡単な活動を行なう。読書、手紙、ビリヤード、卓球、トランプなどをするための特別な部屋が用意されていた[51]。

ヘルスツーリズムは心気症とともに発達し、ウィーンでは〝休養治療〟が、あらゆる種類の病気（本当であれ、思い込みであれ）に対応するものとして、日常生活の一部になっていた。療養所には深刻な精神障害や結核の患者、手術後の療養者、あるいは単にリフレッシュのための旅行者など、さまざまな人々が入居していた。そうした施設には、サナトリウム＆エルホルンハイムという名称を掲げているところも多かった。エルホルンという言葉には、〝休暇〟〝レクリエーション〟〝休息〟〝療養〟など、さまざまな意味がある。

一九四六年にゲーデルの母親が足を悪くしてプルカースドルフで療養した際、ゲーデルは自分が神経症の治療のためそこで過ごしたときのことを母に書き送っているが、それは決して不快な記憶ではないようだった。「母さんが手紙に書いていた、木々が悲しげに葉擦れの音を立てる、あの公園のことはよく覚えています。私はそれがとても好きで、本当に〝城の敷地〟のようだと思っていました[52]」。

ゲーデルはのちに、「その最初の逗留のとき、ウィーンの有名な精神科医ユリウス・ワーグナー＝ヤウレック（マラリア寄生虫による梅毒の治療法の発見で一九二七年にノーベル生理学・医学賞を受賞）が招集されたが、彼は〝精神病〟の徴候を見つけられなかった」と、クライゼルに話している。ウィーンにある大学神経精神科クリニック（University Neuropsychiatry Clinic）の院長だったワーグナー＝ヤウレックは「数か月で回復する」と自信満々に断言した。実際、ゲーデルは数週間後の一一月六日には、メンガーの秋学期のコロキウムの初回の会合に出席している[53]。

しかしゲーデルがヴェブレンに告げていた、体重減少は一つの予兆だった。体調がいいとき、彼はウィーンの伝統的な料理、特に有名なデザートである、プラム・ダンプリングやパラチンタ〔クレープ状の生地でジャムなどを包んだもの〕、クグロフ〔クーゲルホップフ。独特の型で焼く菓子〕に生クリームをたっぷりかけたものなどがおいしいと、いつも楽しげに話していた[54]。しかし彼の不安はいつも、まず消化器系の不調として現われる。彼はウィーンでは内科医のマックス・シュア博士（彼はフロイトの仕事仲間でもあり、のちに精神病理学における不安について重要な業績をあげた）や、潰瘍やその他の胃腸疾患の権威であるオットー・ポルゲス博士の診察を受けていた。ゲーデルが初めてプリンストンを訪れる数年前、ポルゲス博士はゲーデルに摂取してはいけない食べ物の長いリスト（ブラックコーヒー、強いアルコール飲料、刺激の強い香辛料）を出している。母親への手紙では、胃の不調に悩まされていることが繰り返し書かれていて、楽しい出来事や一緒に出かけたときの思い出にまでそれが入り込んでいた[55]。

経済状況への不安やプリンストンでの〝独身生活の欲求不満〟とは別に、他人に自分をさらけ出すことへの不安や、キャリア初期の驚異的な成功がもたらした期待に応えられないのではないかという恐怖に常にさいなまれていた。「他人に見られていると思うと恥ずかしくなる」と、彼は一九三七年から三八年にかけての日記に書いている。「それは何か大きなことを期待されていると感じるからで、それと同じように、失望も恥ずかしく、すべての行ないが恥ずかしいと感じるのは自分への期待が高すぎるからだ」。彼はハインリッヒ・ゴンペルツの哲学講義で出会った、ギリシャのストア学派の精神的、肉体的衛生による自己完成の思想に触発されたようで、二冊のノートを速記で丸ごと埋め、それに「時間管理（Zeiteinteilung）」というタイトルをつけ、緊急に生活を立て直さなければならないと、自らを厳しく批判している。完璧を求めることが最大の敵であるというパラドックス――「時間を浪費し多くのことを成し遂げられない主な理由は、ものごとをあまりにも正確にやろうとするからだ。……仕事を減らせば、もっと多くのことができる。そして何よりもっと楽しんでできるだろう」――に触れ、彼は手間暇かけて細かいスケジュールを作成し、仕事と休憩や気分転換のバランスがとれた生活ができるよう、何十もの活動について、一日の何時に何分間をどのような作業に充てるか計算し、種類別に分類し、分析した。図書館で本を借りる、同僚や家族と話す、銀行に行く、髪を切る、散歩をする、アデーレを訪ねる、ラジオを聴く、鉛筆や消しゴムを注文するなど。本があるとついのめりこんでしまう自分への不満から、本の読み方やノートの取り方を細かく定めた。決断に至るまでに他の人の五倍から一〇倍の時間がかかるからと、決断を行なう手順を何ページにもわたって書き連ねた[56]。

仕事に十分な時間を割くことができないという恐怖に対して、ゲーデルは痛ましいほど自虐的な反応をした（「常に少ししか引き受けないこと」と、彼は繰り返し自分に言い聞かせていた）。どんなにささいなことでも、まず明確な決意と正当な理由がなければ、何ごとも、やるべきではないと心に決めたことで、さらに優柔不断と硬直化の深淵に沈んでしまった。「一般に一時間ごとに何をしているのか、プログラムを守れているかチェックする（デスクにある時計を使って作業するとか）」と彼は書き、服装や手紙、仕事場の整理整頓など、形式を厳格に守ることに救いを求め、生活の乱れを防ごうとした。人生の節度とバランスを追求するあまり不安定な強迫観念に取りつかれてしまうのは、ゲーデルくらいしかいないだろう[57]。

これらをはじめ、のちにエーリック博士に説明した特徴は、今日（こんにち）では強迫性パーソナリティ障害の症状として診断される可能性が高いだろう。たとえば、極端な完璧主義、作業を終えられないほどの細部へのこだわり、リストやメモをつくり規則に従おうとする強迫的衝動、自らへの厳格さや慎重さ、そうした行動が合理的であり望ましいとするこだわり。また特に深刻な心理的危機に陥ったときには、妄想性パーソナリティ障害の症状も見られた。それは、自分の意思に反して毒や薬を飲まされるのではないかという恐怖、他人に自分のことを明かすことへの極端な嫌悪、同僚が自分を嫌い、自分の生活を破壊しようとしているという疑念などだ。

しかし時として何も決められなくなったり、人前で欠点を見せることに極端に慎重であったりしても、それは仕事に対する正確さと良心的な態度の裏返しであり、友人たちの多くは、同僚や科学者として、それが彼の最も賞賛すべき特性の一つであると認めている。何年かのちゲーデルは、一九六〇年代にハーバード大学での権威あるウィリアム・ジェームズ・レクチャーズへの招待を断った理由を語っている。それは主に、完成度の低い形で発表することは、そのアイデアに対する冒涜(ぼうとく)になるからということだった。[58]

ハオ・ワンも、他の多くの人々と同じように、ゲーデルが他人の研究の論評を依頼されたとき、たとえその考えに根本的に反対であったとしても、きわめてていねいに取り組むことに感銘を受けた。[59] プリンストンでゲーデルと知り合った若いスイス人数学者、ヴェレーナ・ヒューバー・ダイソンは、ゲーデルの性格のこれら二つの面が裏表の関係にあることを見抜き、「ゲーデルがいかに良心的な人間であるか」を強調している。

そう考えれば、彼が寡黙なのも、完璧な正確さと明晰さを追求し、余分なものをすべてそぎ落とした状態に達しない限り、出版や公表をしたがらない理由も説明できる。あまり知られていないが、彼は提示されたあらゆる企画、あらゆる仕事、単なる議論でさえ、細かすぎて傲慢に見えるレベルで、調べ上げていた。[60]

一九三五年八月、ゲーデルはフレクスナーに「ここ数か月はふつうの健康状態だった」と書いていて、次の学期にはプリンストンに行けそうだと伝えている。しかし二度目のプリンストンでの生活は悲惨だった。以前の住まいから一ブロックしか離れていない、マディソン街二三番地に借りた部屋に到着して間もない一一月一七日には「健康状態がとても悪いので、この仕事を辞めなければならない」と、フレクスナーに書いている[61]。

外からはうまくいっているように見えたのだ。ヨーロッパからの船上で、彼はプリンストン高等研究所に向かう途中の二人の科学者に出会った。理論物理学者のヴォルフガング・パウリは丁重な手紙をゲーデルに渡して、自己紹介をさせてもらえないかと頼んだ。そしてポール・バーネイズは、ヒルベルトのかつての共同研究者だった[62]。フレクスナーはゲーデルが突然、帰国を決めたことに驚き、もったいないことだと思った。彼は翌日、「君の健康状態はずっとよくなっているという印象を持っていた。二年前にプリンストンに来たときより、はるかに元気そうに見えたからね」と書いている。しかしゲーデルはすでに一五日にはニューヨークへ行き、週末をそこで過ごして、月末の出航に向けて荷造りのためだけにプリンストンへ戻ってきた。フレクスナーは、プリンストンで過ごした一か月半の分の俸給として、元の約束どおり二〇〇〇ドル全額を支払ってほしいという、ゲーデルのやや乱暴な提案には、さすがにやんわりと反対したが、旅費を差し引いた残りの半額を送ることで同意した[63]。

一二月七日にパリに到着したときには、あまりにも具合が悪く、兄に電話して迎えに来てもらった。その電話では一時間以上話し続け、遠距離電話料金が現在の価値で一〇〇〇ドル近くにものぼった[64]。一方、ヴェブレンは心配のあまり、ゲーデルの家族に自ら電報を打って事情を説明した。ヴェブレンは自分の立場を説明する手紙を送ったが、ゲーデルがそれを受け取ったのはウィーンに着いてからだった。

一九三五年一二月三日

親愛なるゲーデルへ

ニューヨークでシャンプレイン号に乗り込む君を見送って、もう干渉するつもりはなかったが、プリンストンに戻ってから、君が帰国の途に就いたことを家族に知らせないわけにいかないと考えた。そうしないと、万が一にも君が何かの事故に遭ったとき、大西洋のどちらの側にいる友人も、数日、あるいは数週間もそれを知ることができない可能性があるからだ。そこで私はフレクスナー博士に頼んで、次のような電報を君の兄上に送ることにした。「あなたの弟は健康上の理由により帰国。シャンプレイン号で一二月七日ルアーブル着」。これは実際に会って安心させるまで具合が悪いことを知らせたくないという君の思いに反すると、わかっている。それでもこうすることしかできなかったので、事情を説明するためにこの手紙を書いている。君の許しを乞う。

妻も君によろしくと言っている。そう遠くない将来にプリンストンで再び会えることを祈る。[65]

一週間後、ゲーデルを助けたいという多くの仲間たちとともに、ヴェブレンは彼を元気づけようと、一九三六年にオスロで開催予定の国際数学者会議での主要講演者の一人として彼を招待するべく手配しようとした。ゲーデルがプリンストンに短期滞在している間に、ヴェブレンは主催者の一人に「ゲーデルのまだ発表されていない最近の研究について聞いていて、それは前の成果と同様にとても興味深くて重要なので、この有名な討論会にふさわしい」と語っていたのだ。[66]

しかしそのような一時しのぎの措置では、どうにもならないところまで来ていた。メンガーは一二月一七日付のヴェブレン宛の手紙で、ゲーデルが帰国してから二回会ったこと、彼が「働きすぎ」のために不眠症とうつ病に悩まされていることを書いている。「ゲーデルが少しでも休むために睡眠薬を飲まなければならないのは、あまりにも悲惨だ。しかしいまもっと悲惨なのは、睡眠薬を飲むのを止めていることかもしれない」と、メンガーは書いている。[67] それから二週間で、彼の病状は急速に悪化した。一九三六年一月八日、モーリッツ・シュリックは、大学神経精神科クリニックにおけるワーグナー゠ヤウレックの後任で、ウィーンを代表する精神科医の一人であるオットー・ペツルに、助けを求める手紙を書いた。

私の研究所の同僚であり私講師のクルト・ゲーデル博士を、あなたに紹介させていただくことをお許しください。

この若者の知的能力は、どれほど賞賛しても足りないほど並外れております。数学者であり、論理学者であり、この分野では天才としか言いようがありません。私自身、論理学と数学の論理的基礎にたいへん興味を持っており、彼の研究分野も、彼に対する同業者の意見も知っています。彼は第一級の数学者であり、その業績は誰もが画期的なものと認めております。ア

レーカヴィンケルの療養所。

インシュタインは、ゲーデルをアリストテレス以来の偉大な論理学者であると、自信を持って述べています。実のところゲーデルがその若さにもかかわらず、数学の基礎的な問題についての第一人者とみなされていることに疑問の余地はありません。ゲーデルはウィーン大学で資格取得した直後、アインシュタインやヘルマン・ヴァイルなどが活躍する、アメリカの有名なプリンストン高等研究所から招聘（しょうへい）され、昨年も二度目の招待を受けました。最近になってアメリカから帰国しましたが、ひどく体調を崩しております。

ゲーデル博士が健康を取り戻せなければ、我々の大学と世界の科学にとって計り知れない損失となるでしょう。(68)

ゲーデルの母親は、彼が暴力的になるのではないかと心配し、夜間は部屋のドアに鍵をかけるようになった。その月の終わり、ゲーデルは家族の強い希望で、ウィーンの森の中心で、西部鉄道でプルカースドルフから五マイルほど下ったところにあるレーカヴィンケルの療養所に入った。彼はそれから四か月間、レーカヴィンケルとプルカースドルフに滞在することになる。[69]請求書や領収書、診察券や処方箋をすべて保管しておくというゲーデルの習慣は一生涯変わらなかったが、一九三六年の冬から春にかけて、彼が療養所に滞在していたことを示す書類はまったく残っていない。ただ、このときの危機を引き起こしたかもしれない手がかりが、一つだけ残っている。彼は四〇年後エーリック医師に、この年に起こったある出来事に、いまだとらわれていると語っている。恋人のアデーレが少し前に中絶をしていて、その件で自分が逮捕され、刑事責任を問われるのではないかという不安がぬぐえなかったのだ。[70]

第7章　帝国からの逃亡

アデーレ

オスカー・モルゲンシュテルンは、初めてアデーレに会ったとき愕然とした。モルゲンシュテルンは、ゲーデルが愛した女性についての印象を日記にこう記している。「彼女はウィーンの洗濯婦タイプ。おしゃべりで無学、決断力があり、それがおそらく彼の命を救った」。彼はその後、彼女のことを説明するために、ドイツ語の辞書で「ひどい」「忌まわしい」という意味の単語をせっせとさがした。たとえば schrecklich、fürchterlich、grässlich、abscheulich、nicht erfreulich、eine solche Pest von Frau ——最後は「あんな疫病神のような女」という意味だ。[1]

教養ある友人たちのアデーレに対する反応に、ゲーデルがまったく期待していなかったのは明らかだ。一九三八年の夏に婚約するまで、誰一人として彼女に会ったこともなければ、彼女の話を聞いたことさえなかった。「私は彼の花嫁に会ったことはなく、ただ三年前に彼が病気だったときに、アデーレという名の人物が彼を見舞ったことだけは知っていた」。カール・メンガーは、ゲーデルの婚約の知らせを聞いたとき、オズワルド・ヴェブレンへの手紙にそう書いている。[2]

アデーレ。1932年。

しかしモルゲンシュテルンが言うように「おそらく彼の命を救った」というのは、まさにそのとおりだった。アデーレの決断力がゲーデルを破滅から救ったことは一度ではない。最初は一九三六年の春にひどい危機に陥ったとき、ゲーデルは偏執性妄想に苦しみ、療養所の医師たちが食事に薬を混ぜたり、毒を盛ろうとしたりしていると思い込み、食事をとるのを拒否していた。アデーレは、何時間も辛抱強く彼に付き添い、自分でつくった料理を毎日持ってきて、まず自分がスプーンで味見して、彼にも食べるよう言い聞かせていた[3]。

二人が出会ったころのアデーレは、肖像画では若々しくある種の魅力を持つ女性に描かれている。スタイリッシュなウェーブのかかった短い髪が、首や肩を気品よく見せている。身長は一五〇センチくらいで、背が高く見えるよう、よくハイヒールを履いていた。髪はブロンドで瞳はグレー。顔の左側には大きな紫色のあざがあり、写真を撮るときはたいてい、そちらをカメラに向けないように気をつけるか、あるいはフェイスパウダーを厚めに塗って隠していた。

しかし一九三〇年代後半になると、終始痩せっぽちのゲーデルの体型と、しだいに丸みを帯びていく彼女の体型に、七歳という年齢差が如実に現れ始めた。二人が一緒にいると、恋人同士というより、中年の既婚婦人と子供のように見えることがよくあった。二人の関係には、彼女が彼を支配していることをうかがわせるようなところが少なからずあった。「謎だ。……彼は完全に彼女の言いなりに違いない」とモルゲンシュテルンは日記に書き、そこでhörigという言葉を使っている。これは直訳すれば〝束縛〟だが、性的な力や支配という意味で使われることも多い(4)。ゲーデルのノートに書かれたセックスに関する文章の中で、ゲーデルは〝性交〟の臨床的な見地として、精神的、肉体的な衛生の問題であり、睡眠をとることや定期的な運動と同じようなものとしている。アデーレに会いに行くことは、頭をすっきりさせるためのすばらしい方法であり、「散歩も同じような効果がある」と書き添えている。しかし別のところでは、しだいに彼女の性的な要求に引き込まれていると認めている。「〝人生に意味がある〟という感覚を呼び起こすには、彼女をよりよい方法で（場合によっては倒錯的な方法でも）満足させることがたいへん有効である」と彼は書いている。他の書き込みでは、アデーレとの「ばか騒ぎ」について、簡潔にこう記している。「サディズムのようなもの（純愛ではない）(5)」

いずれにしても、妊娠と中絶への罪悪感、そして療養所での苦しい時期を支えた彼女の献身的な看護が、ゲーデルを縛る強い鎖になっていた。しかしプリンストンでアデーレと知り合ったドイツ語のわかる友人たちの多くは、彼女や二人の関係の違う面を見て、モルゲンシュテルンでさえ当初の厳しい批評をトーンダウンさせ、彼女の複雑な性格についてもっと繊細な見方をするようになった。彼は日記に「彼女はとても善人であるとも言える。何ごともよかれと思ってしていることはよくわかる」と書いている(6)。

彼女が料理上手なことはモルゲンシュテルンも認めていた。伝統的なウィーン料理——ウィンナーシュニッツェル、ダンプリングのザワークラウト添え、鯉の丸焼き、ケーキ、プラム・ダンプリング、バニラ・キッフェルン〔三日月形の焼菓子〕——をふるまい、オーストリア人の友人たちを喜ばせていた。しかしモルゲンシュテルンは、ゲーデル夫妻と過ごしたある夜のあと、「料理はよかったが、ゲーデル夫人がしゃべりすぎて、楽しいものではなかった」と漏らしている。彼は、アデーレがいると友人との会話もままならないと、しょっちゅう不満を言っていた[7]。

しかしゲオルク・クライゼル、アルフレト・タルスキ、ヴェレーナ・ヒューバー・ダイソンらは、アデーレの陽気さ、プリンストンの生活についての皮肉の利いた見方、夫と冗談を言い合う様子に感心していた。クライゼルは「アデーレと一緒にいるとき、彼がとてもくつろいでいたのは、新鮮な驚きだった」と振り返る。「彼女は正式な教育はほとんど受けていないが、ぴったりな言葉を見つける才能があった」。彼女はゲーデルのことを親しみを込めて、〝クルテル〟とか、たくましい若者（ストラマー・ブルシュ）と呼んでいた。幽霊に関する本を読んでいる彼を、「そんなことに熱心になるなんてウィーンの洗濯屋のおばさんみたい」とからかった。またプリンストン高等研究所のことをよく老齢の年金受給者のための施設（アルタース・バーガーゲンス・ハイム）と呼び、高名な教授の部屋の前に、きれいな女子学生たちが並んでいるという、ユーモアあふれるつくり話をしたりしていた（クライゼルは、ゲーデルがアデーレにウィーンの洗濯屋のおばさんとからかわれたとき、本当のウィーンの洗濯屋は、そういう話を本から仕入れたりしないだろうと冷静な意見を言って、話をそらした[8]）。

ヒューバー・ダイソンによると、クルトが同行しなかったパーティーの帰り、アデーレは深いため息をつきながら、「天才のことを心配せずに、車の中でこんなにいい友人たちと一緒にいられるとほっとする」と言うことがあったそうだ。「そのとき私は彼女に漠然とした親近感を覚えた。私たちはどちらも、自分たちが生きている社会の隅で、不安定ながらもバランスをとっているのだ」[9]

タルスキはアデーレと特に温かい関係を築いたが、それは彼が昔のウィーンの魅力を彼女の中に見出していたという以上のことだった。彼はカリフォルニアのバークレーに住んでいたころ、彼女が送ってくれたケーキに感動し、ウィーンと旧友たちが懐かしくなり、すぐにその贈り物へのお礼の手紙を書いている。「それは少なくとも、味覚と同じくらい強く私の心に響きました。どうか私のことを忘れないでください」。彼は返事を書かない口実をつくらせまいと、切手を貼った封筒と便箋を送った。あるときは「ぜひまたお会いしてアデーレとおしゃべりしたり、クルトとさまざまな問題について議論したりしたい」と書き送っている[10]。

一九三六年の初めの数か月、療養所に収容されて最も苦しんでいた時期、ゲーデルは死ぬと思い込んでいて、前の年の秋にヴェブレンに話した重要な研究が完成しないかもしれないと苦悩していた。ゲーデルは、重要でありながら議論を呼んでいる集合論の二つの公理、選択公理と連続体仮説に着手していて、両者が他の基本的な公理と矛盾しないことを示す証明をすでに仕上げていた。ジョン・フォン・ノイマンはこのころたびたびヨーロッパを訪れていて、療養所で精神的に崩壊しつつあったゲーデルを訪ねたとき、そこで見た驚くべき光景を、のちにモルゲンシュテルンに語っている。

ジョニー〔フォン・ノイマンの愛称〕の話によると、ゲーデルは数年前に精神が不安定になったとき、連続体仮説に関する自分の証明のすべてを、絶対に秘密だと念を押して、彼に詳しく話したという。つまり万一ゲーデルが死んでいたら、ジョニーがゲーデルの名でそれを出版できたということだ。ゲーデルはメンガーにもそれを伝えていたかもしれない。同時に彼は自分に何が起こっているのか知っていた。そのうちに彼は回復し、一九三八年から三九年にかけてここ（プリンストン）でそれを完成させた。人間の脳の中では、なんと不思議なことが起こるのだろう。[11]

ゲーデルはのちに、プルカースドルフとレーカヴィンケルで受けた治療が、自分に癒えることのない害をもたらしたと確信するようになった。ゲーデルは密かに薬物を投与されたのではないかという恐怖に悩まされ続け、それは体調が最低のところまで落ち込むと本格的な幻覚として現われた。一九七〇年代、偏執性妄想が最もひどかった時期には、「以前どちらの療養所でも強心剤のストロファンチンを食事と夜間の注射で投与されていた。いままたそれが起こっている」と主張した。夜、誰かがドアの鍵を外して部屋に忍び込み、彼の意志に反して薬を注射していると言うのだ。

実のところ、プルカースドルフではそれ以上の過激な治療を受けていた可能性もないとは言えない。当時プルカースドルフでは、マンフレート・ザーケルという医師が診療を行なっていた。彼は、インスリン・ショック〝療法〟と楽観的に呼ばれていたが、実は恐ろしい、そしてほぼ確実に役に立たない治療法を開発した人物である。電気ショック療法の先駆けだったザーケル博士のその治療法は、患者をインスリンで繰り返し昏睡状態にするというものであった。そこには極度の睡眠不足、激しい痙攣、脳の永久的な損傷など、意図せぬ副作用、そして死に至る可能性があった。ゲーデルにそのような症状が現れたという証拠はないが、彼はいつも、そこで〝ストロファンチン〟が投与されたと思い込んでいて、その薬が自分の脳に回復不能な打撃を与えたと主張していた。アデーレは、一九三六春に彼が療養所を出たあと、「前のように知的」にはもう見えないと彼に告げている。[12]

「私を殺そうとしている男」

ゲーデルがプルカースドルフからウィーンに戻った直後、ある凶悪な事件がウィーン大学を襲い、大学はまだ安全であるという彼の期待が大きく揺らいだ。

モーリッツ・シュリックは六年もの間、かつての教え子からストーカーまがいの嫌がらせを受けていた。ヨハン・〝ハンス〟・ネルベックは、オーバーエスターライヒ州郊外の小さな村の出身で、一九三一年にシュリックのもとで博士号を取得した。[13] 彼は平凡な学生で、提出した論文の成績も合格の最低ラインだったが、自分なりの優れた哲学のアイデアが頭の中にたくさんあり、自分の才能を認めてくれない教授に対する執拗なまでの恨みを抱えていた。

彼は博士号取得の数年前、ウィーンの裕福な家庭の娘で、同じようにシュリックのもとで論文を書いていたシルヴィア・ボロヴィッカに夢中になっていた。彼女の論文テーマは「哲学における快楽と美（The Agreeable and the Beautiful in Philosophy）」だった。ボロヴィッカは自分に好意を寄せてくる誇大妄想的な男に恋愛感情はまったくなかったが、どういうわけか、自分は教授に好意を抱いていて、その思いが報いられそうな兆しを感じていると、ネルベックに知らせたのだ。嫉妬にかられたネルベックは夜中にシュリックの家に電話をかけたり、家の前でうろうろしたり、路面電車の中にまでついてきたりした。ついには、自分は教授を撃って、その後、自殺するつもりだとボロヴィッカに言い放った。そして、どういう理由かわからないが、ボロヴィッカがくれたピストルをそのために使うと。一九三一年の夏、ボロヴィッカは心配になってシュリックに事情を知らせた。シュリックはそれを聞いて警察に届け、警察はネルベックとボロヴィッカを銃器不法所持で起訴した。

二人は大学神経精神科クリニックのペツル博士に紹介され、診断を受けることになった。ペツルはボロヴィッカを「神経質で少し変わった性格の少女」と評し、ネルベックは完全な統合失調症と結論づけた。ネルベックは精神科病院で数週間治療を受けたあと、家族のもとに帰された。

彼は数週間後にはウィーンに戻っていて、今度は教員免許を取得するために勉強していた。一九三一年から三二年の間、シュリックは家族とともに客員教授としてカリフォルニアのバークレーで過ごしていたが、一九三二年五月にウィーンに戻るとすぐに、また嫌がらせの電話がかかってくるようになった。ネルベックは大学まで押しかけてきて、彼がボロヴィッカと〝不道徳な遊び〟をしていると叫び、絶対にシュリックを撃って、自分も撃って死ぬと言うようになった。一九三二年の夏、彼はウィーン総合病院の精神科に入院することになり、そのことを大学当局に報告されたために教職に就くチャンスをふいにしてしまった。いまや彼は、シュリックのせいで自分の人生がうまくいかないのだと、以前よりも強く信じ込むようになっていた。

ウィーンに戻ることを禁じた裁判所の命令を無視して、彼はまたすぐに大学に戻って温厚な教授を苦しめ、シュリックはしだいに恐怖心を抱くようになった。シュリックはネルベックが本気だと確信し、「私を殺そうとしている男」と呼ぶようになった。カール・メンガーは一九三六年の春に起きた、忘れられない前兆のような光景を回想録に記している。メンガーは共和国大統領が主宰するホーフブルク宮殿での展覧会の正式オープニングに招待されていた。「少し遅れて到着すると、会場は客でごった返していて、身動きがほとんどとれなかった」とメンガーは回想している。

最初に見つけた顔見知りはシュリックで、彼は入口からほど近いところに立っていた。私たちが話をしていると、近くの人ごみの中に通路ができた。そこを歩いていたのは開会式を終えた大統領で、一行(いっこう)を引き連れて出て行くところだった。驚いたことに大統領のうしろにいた一人の男が、シュリックに親しげに手を振った。……

「政府に友達がいるのか？」私はからかうように聞いた。しかしシュリックは表情を引き締めて、重々しい口調で「あれは友人ではなく、以前私のボディガードをしていた警備員だ。……しばらくのあいだ、精神病院を出たり入ったりしていたおかしな男に脅かされていたんだ。大統領のうしろにいた男は、以前は私の護衛をしてくれていた」

「するといまはもう脅かされてはいないんだな」と私は言った。

シュリックはため息をついた。「つい最近まで、その男は入院させられていた」と彼は言った。「しかしつい三日前、彼は退院して、昨日も脅迫電話がかかってきた。でも脅すだけ脅して、実際に危害を加えられたことは一度もない。だからもう警察に訴えようとは思わないんだ」。シュリックが無理に笑ってこう言ったのを、昨日のことのように思い出す。「頭がおかしいのは私のほうだと、彼らが思い始めるのではないかと恐れている(14)」

数週間後の一九三六年六月二二日、ネルベックは八時にアパートを出て大学に向かった。その日の午前中にシュリックが講義をする予定だったのだ。ポケットには七発の弾丸を装填した二五口径のピストルが入っていた。ネルベックは大学本館の、法学部へ続く大階段の一段目で待っていたが、シュリックは反対側の階段を使って哲学部へ行くことを知っていた。九時二〇分、シュリックが現われ、ゆっくりと階段を上り始めた。ネルベックは彼を追い越して階段を駆け上がり、振り返って至近距離から四回発砲し、心臓に二発、腹に一発、そして下腿に一発撃ちこんだ。「さあ、クズ野郎、こうしてやる！」と彼は叫んだ。シュリックの死体は哲学部の会議室に運ばれた。ネルベックは興奮のあまり自分を撃つという決意は忘れてしまったようで、ピストルを片手に突っ立ったままでいた。やがて警察がやってきて彼を連行していった。

裁判官の前で彼は好き勝手に発言をしていた。自分の行為を否定はしなかったが、恩師への復讐を正当化するための新しい物語を手に入れていた。シュリックは無神論と破壊的な実証主義を通して、自分が生まれたときから育んできた深い信仰心をこっそり破壊しようとしていた。それに反対するのが自らの責務なのだと。ネルベックは裁判で「私にとってシュリックの行為は、彼のいわゆる科学的世界観における罪の意識の欠如の表われである」と言い放った。ネルベックの裁判におけ

ウィーンのタブロイド紙に掲載された、
モーリッツ・シュリックが殺されたことを伝える記事。

る証言は、裁判官のまとめによれば、恩師は「彼から愛情と信条と生活の糧を奪った」ということだ。

一〇年の禁固刑を言い渡されたネルベックはすぐに、特に大学に対する反ユダヤ主義、反リベラル右派に傾倒していった。七月一二日にオーストリアで広く読まれている二つの極右カトリック雑誌『より美しい未来（*Die schönere Zukunft*）』と『新帝国（*Das neue Reich*）』――前者の創刊者は〝悪質なマスコミ〟と〝ユダヤ人の守銭奴〟と戦うことを自分の使命と宣言していた――に同時に掲載された、〝アウストリアクス教授〟なる人物による匿名記事では、この殺人事件に形ばかりの非難が表明され、真の悪人が誰かの見解が明らか

裁判でのハンス・ネルベック。

にされていた。〝ウィーン学団〟の悪名高いリーダーは真の哲学者ではなく「ただの物理学者である」とアウストリアクス博士は述べていた。彼は神の存在、人間の魂、道徳律を否定するだけでなく、形而上学そのものを否定し、「人文科学の最高の学問」を「つまらないもの」として退けた。だからシュリックが自分の周囲に、キリスト教的な道徳観を蔑視する「ユダヤ人とフリーメイソンばかり」を集めるのは驚きではないのだ。[15]

この記事のタイプ原稿は、シュリックの同僚や友人の間で回覧され、ゲーデルは、生涯その写しを論文とともに保管していた。[16] アウストリアクス博士は学者らしさを装いながら、この犯罪の〝衝撃〟を報じる新聞記事はどれも「この恐ろしい事件の背後にある真相と動機に触れていない」ことを示唆した。「ネルベックが凶行に走ったのは、一九二二年から大学で指導を受けていたシュリック教授の、過激で破壊的な哲学の影響を受けたためだ。つまりこの銃弾は、犠牲者から見るとどこかの狂人の論理ではなく、生きる意味を奪われた魂の論理によって撃ち込まれたのである。……私自身、若い学生がシュリックの哲学の影響を受けて、神や世界や人道に対する信頼を失ったケースをいくつか知っている」

アウストリアクス博士とは、他ならぬヨハン・ザウターだった。法学部の教授で非合法のナチス党員、物議をかもす発言をいくつもしている。特に有名なのが、フロイトの学説を「科学を装った精巧なポルノにすぎない」と断じたものだ。シュリックが殺されたことにも「ユダヤ主義の危険な影響力」が露呈していると説明している。

さて、ユダヤ人社会は、飽きることなく彼を最も偉大な思想家として賞賛し続けるだろう。それは私たちもよく理解している。ユダヤ人は生まれながらにして反形而上学者だからだ。彼は哲学では、論理主義、数学主義、形式主義、実証主義を好んでいた——これらの思想をシュリックは彼自身の中で完全に一体化していた。しかし我々はキリスト教国であるドイツに住むキリスト教徒であり、どの哲学が優れていてふさわしいかを決めるのは、我々自身であるとみなに訴えていく。ユダヤ人はユダヤ人の哲学者を自分たちの文化研究所に集めればいい！　しかしドイツのキリスト教国であるオーストリアのウィーン大学の哲学部は、キリスト教哲学者のものだ。オーストリアにおけるユダヤ人問題の平和的解決は、ユダヤ人自身の利益にかなっている。そうでなければ暴力的解決は避けられないということは、このところ繰り返し説明されている。願わくば、ウィーン大学での悲惨な殺人事件により、ユダヤ人問題に真に納得のいく解決法の研究が加速することを。

ナチスがオーストリアを占領した一九三八年三月から数か月のうちに、ネルベックはザウターらの嘆願によって仮釈放されたが、彼らはネルベックを〝システムツァイト〟（ナチスが独墺合邦以前のオーストリアを指すときに用いる独自の蔑称）の犠牲者〟、シュリックを〝ユダヤの代弁者〟と表現している[17]。

シュリックが銃弾に倒れたことは、残り少なくなったウィーン学団にとって、ある意味で最後の一撃となった。アメリカの哲学者アーネスト・ナーゲルはその前年、ヨーロッパの分析哲学の現状を調査するための長期にわたる旅の間にウィーンを訪れ、一九三六年の初めに、学団はすでに「最盛期を過ぎた」という印象を持ったと書いている。「ルドルフ・カルナップのプラハへの旅立ち、オットー・ノイラートのハーグへの亡命、クルト・ゲーデルのプリンストンへの訪問、ハンス・ハーンの早すぎる死、……学団の最古参の強力なメンバーがいなくなってしまった」。シュリックが殺されてから数週間のうちに、メンガーはインディアナ州サウス・ベンドのノートルダム大学から、客員教授として迎えたいという電報を受け取り、すぐにこれを受諾した。それによって数学コロキウムも実質的に終わりを告げたのである[18]。

ゲーデルはシュリックが殺されたことにひどく動揺していたと、彼の兄がのちに語っている。ゲーデルは、プルカースドルフを退院してからも、月に一度の診察のために療養所に通っていた。

しかし一九三六年一〇月、もっと静かな環境で静養するため、そのときはアデーレとともにウィーンを発った。スタイリアン・アルプスのアフレンツにあるホテルに〝クルト・ゲーデル夫妻〟として宿泊し、そのアルプスの高山の草地で、アデーレの看護のおかげで彼は健康を取り戻し、体重も約四五キロから約六三キロにまで増えた。ただこのときも、毒殺を恐れていた彼のために、アデーレが皿からスプーンで一口ずつ食べさせなければならなかった[19]。

決着がつけられない年

「コロキウムを諦めるのは、とてもつらかった」とメンガーはのちに書いている。「しかしウィーンでは、我々がやっていたような会合を開く時間がなくなっているのは明らかなので、できればアメリカで、似たようなグループを集める機会があるのではないかと考えている。ゲーデルやウォールドらと別れるのはとても悲しいが、まもなく自由な世界で彼らに会えると信じている」と書いている。一九七八年のインタビューで、メンガーはオーストリアが大惨事に見舞われるのは間違いないと思っていたと語っている。「多くの人がそれに気づいていないことが理解できなかった。私の目には明らかだった。もちろん細かいことまでわかっていたわけではないが、いずれ惨事に至ることは、私にはわかっていた[20]」

ゲーデルのことを深く心配していた彼は、自由な世界での新しい家からフランツ・アルトに手紙を書き、友人がトラブルに巻き込まれないようにと頼んだ。

私にとってとても大切なウィーンの数学者たちのために、ほとんど何もできないことを深く悲しんでいる。私はみんなでときどき集まり、特にゲーデルがコロキウムに参加できるよう取り計らうべきだと思う。他の参加者全員にとってだけでなく、ゲーデル自身にとっても大きな利益となるはずだが、本人はそうとは思っていないかもしれない。もし彼がときどき、あなたや他のウィーンの友人と話をしなければ、何に巻き込まれるかわからない。必要なら私の名前を出して、強引なくらい誘ってほしい。[21]

一九三七年の夏、ノートルダム大学での最初の学期がとてもうまくいき、同大学の職をオファーされたメンガーは、学長のジョン・フランシス・オハラ神父に、ゲーデル自身と彼の研究内容についての話を持ち込んだ。メンガーに言わせると、オハラ神父は「きわめて精力的で機知に富んだ神父」で、ノートルダム大学に一流の数学プログラムをつくりたいと思っていて、そのために「多くの国の学者を自分の大学に招く」ことにたいへん前向きだった。オハラ神父は早速、客員教授として一学期だけ来てくれないかとゲーデルに提案した。[22]

そのころウィーンにいたゲーデルの仲間は、誰もが必死で居場所をさがしていた。故国以外ならどこでもよかった。一年も経たないうちに、フランツ・アルトはニューヨークの計量経済学研究所へ、エイブラハム・ウォールドはコロラドスプリングスの、経済学研究のためのコウルズ委員会へ、フリードリヒ・ヴァイスマンはケンブリッジ大学へ、オスカー・モルゲンシュテルンはプリンストン大学へ旅立っていった。カール・ポパーはすでにフェローシップを得てケンブリッジ大学に移り、その後ニュージーランドのクライストチャーチにあるカンタベリー・カレッジで職に就いた。「まだ月への道は半ばだ」と彼は言った。マルセル・ナトキンは哲学を完全に捨てて、アートとポートレート専門の写真家としての道を選びパリに定住した。オルガ・タウスキーは、ペンシルベニア州の女子大学ブリンマー大学で一年、ケンブリッジ大学で二年、フェローとして研究生活を送りつつ、最後の一年はイギリスに残れるよう必死で職をさがした。一九三七年の秋、彼女はロンドン大学の女子校の一つで講師になっていた。そこで彼女は週九つのクラスを教え、宿題と試験の採点もすべて行なうという非人間的な仕事の条件を受け入れていた(23)。

一九三七年のその秋の大半、ゲーデルの日記には彼が友人たちと交わした会話の記録が書き連ねられており、その中で彼は延々と、海外での経験や、イギリスとアメリカで得られる可能性のありそうな、さまざまなフェローシップやその他の地位の給料や条件について尋ねている。九月にウィーンを訪れたタウスキーは、長い時間、彼と話をしたが、隙間風が入るイギリスの建物についておもしろい話をした他は（「イギリスでは窓を閉めたまま風車を回すことができ、暖房もあまりきかないし、湿気もひどいから、イギリス人はみんなシュマッチ——イディッシュ語で『ぼろぼろ、痩せ衰えた』を意味する——で体が小さい」）、職さがしの助けとなる情報は与えなかった。ウィトゲンシュタインは、ケンブリッジ大学でフェローシップを終えたばかりだったが、あまりに短気だったため「まったく人気のない」人物になっていた。「彼の部屋に入ったら、追い出される危険がある」。またタウスキーは、ウィトゲンシュタインが「ゲーデルが行なった研究の哲学的意

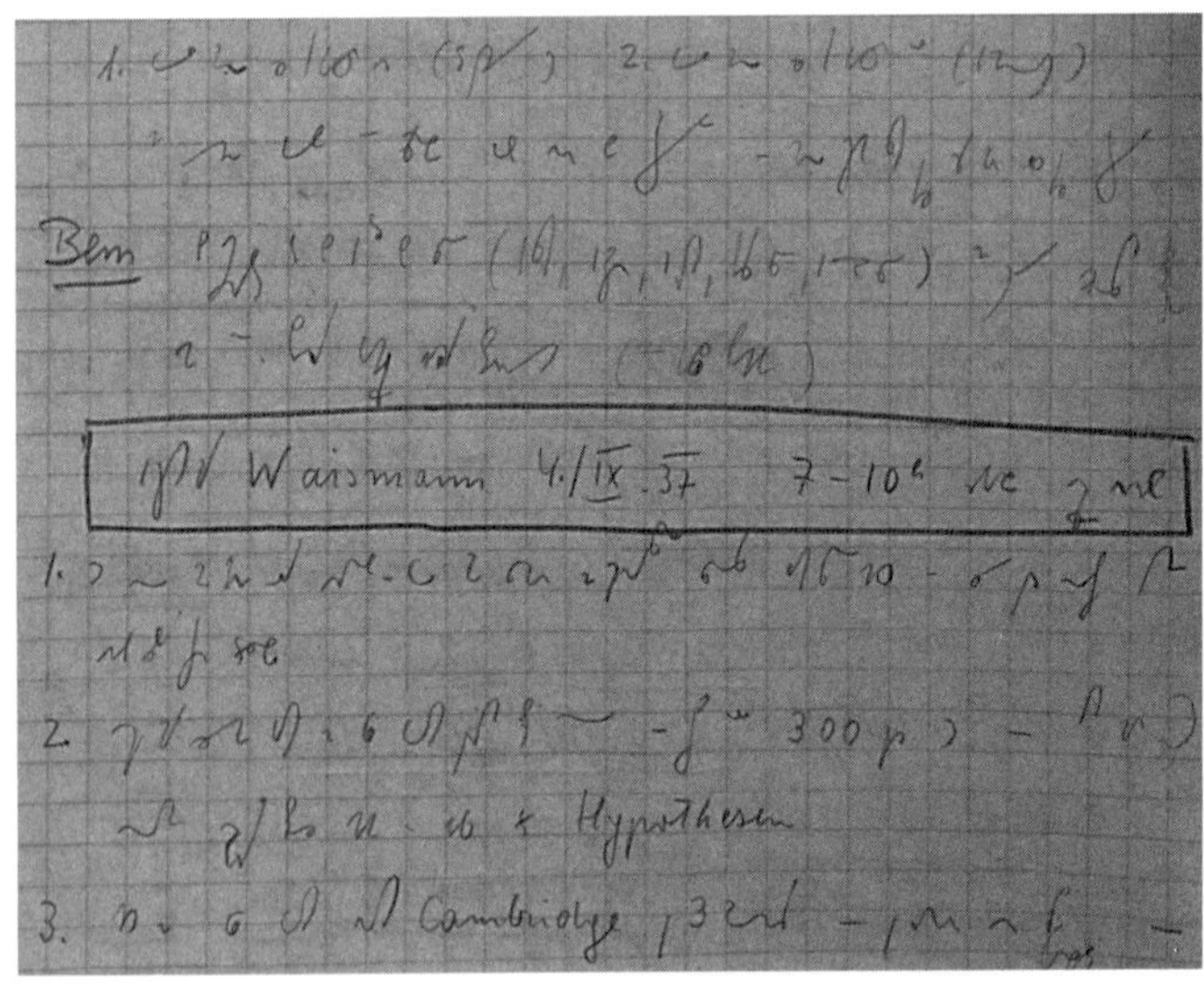

速記で書かれた、ゲーデルの1937年から38年の日記。

味合いについて、四人で議論した」と言われていることも知らせた[24]。

しかしゲーデル自身は、自分の将来についてはどうすればいいか決められずにいた。深刻なのは家の財産が底を突き始めていたことだ。ゲーデルは定期収入を得るための努力はまだ何もしておらず、父親の遺産である銀行預金と債券、それにプリンストン高等研究所からの奨学金で貯めた数千ドルくらいしか残っていなかった。この年の暮れ、エドガー・ツィルゼルが昔のゴンペルツやシュリックが築いたコミュニティを消滅させないよう、隔週で会合を行なおうとしたが、参加者の都合が合わなくてもめていたところ、ゲーデルは「どの日でもかまわないのは私だけだ」と悲しげに言った[25]。

一方、ゲーデルの母親はウィーンでの生活は金がかかりすぎると感じ、またチェコスロバキアで口座が凍結されたため、ブルノの屋敷に戻ることにした。つまりゲーデルは本当にウィーンにとどまりたいのなら、年末までに自分でアパートをさがさなければならなくなったのだ[26]。ゲーデルは友人や叔父のカール・ゲーデルに、家賃統制法やどこで部屋をさがせばよいかを徹底的に聞き、もし再びアメリカに行くことになれば、どれだけの収入があり、どれだけの貯金ができるかを細かく計算した。彼は一つの計算式を書き出し、レーカヴィンケルとアフレンツでの滞在に費やした二〇〇〇ドルを含む経費を差し引き、ウィーンのアパートを引き払ったときに浮くお金を足した。

給与－アメリカでの生活費－旅費－レーカヴィンケル－アフレンツ
＋貯金＋ウィーンのアパートを引き払ったときに浮くお金≒D

3900 − 1000 − (800（船） + 200（パリ） + 200（列車） + 100（イタリア） + 100（保険）) − 2000 + 400 + 400 ≒ 300$[27]

メンガーは夏の間にゲーデルに手紙を書き、オハラ学長の申し出をすばやく伝え、ノートルダム大学の資料を送っていたが、ゲーデルはまだ迷っていた。彼はメンガーに、興味はあるがなかなか踏み切れないと返事を書いている。

ノートルダム大学に行くことは、原則としてはいいことだと思っています。実際、アメリカのカトリックの大学の仕組みを知ることは、私にとってとても興味深いことです。送られてきた冊子はとてもおもしろく、送ってくれたことに感謝します。……私としては、行けるとすればいちばん早くて一九三八年の夏学期でしょう。……一学期だけの仕事でないと受け入れるのは難しい。ご存じのとおり、私はアメリカで健康を害した経験があるので、それ以上の期間の拘束を事前に決めておきたくないのです。しかしもし上記の条件が満たされて、他の条件（給料と私の義務）に問題がなければ、喜んで引き受けたいところです。

私のほうでは、あまり目新しいことはありません。アフレンツから戻ってから健康状態は悪化していますが、それでもまだ十分に元気です。……いま考えているのは、来学期は入門レベルの講義をするか、もっと高度なことを講義するか、あるいはまったく講義をしないで自分の研究に専念するかということです。高度なことを行なおうとすると、学生が集まらないという危険があります。カルナップとハーンがもう講義をしていないので、形式論理学や集合論の準備が不足するでしょうから。

最後に、君のノートルダム大学への着任を心から祝福します。それは冊子に書いてありましたが、これでウィーンの友人をまた失うことになるのはとても残念です。[28]

七月、ゲーデルはフォン・ノイマンの最後のウィーン訪問のとき、プリンストン高等研究所への復帰を打診されていた。フォン・ノイマンは、研究所の人々は数学の基礎にうんざりしていると注意しつつも、「一刻も早く、アメリカでのオファーは何でもすぐ受け入れるよう」強く勧めた。ナチスから攻撃を受けていたのは、ユダヤ人科学者だけではなかった。フォン・ノイマンは、ナチスの週刊誌『黒い軍団（*Das Schwarze Korps*）』に掲載されたばかりの記事に言及している。それはドイツの物理学者ヴェルナー・ハイゼンベルクを、量子力学の研究を理由に「白いユダヤ人」と中傷し、彼を物理学における「ユダヤ人の陰謀」の中心と断定していた。ノーベル賞受賞者のヨハネス・シュタルクやフィリップ・レーナルトらが推進したナチスの公式路線は、ヒトラーの荒唐無稽な〝宇宙氷説〟を支持しただけではなく、科学的な人種論も提唱していた。それは、正確な観察に基づくドイツ物理学（ドイッチェ・フィジーク）は、「アーリア人種の北欧・ゲルマン民族の血統」を持つ優れた人類の象徴であり、アインシュタインの相対性理論や量子力学のような〝数学のつくり話〟は、隠れて害をなす、〝エゴ〟と〝私欲〟に溺れた〝ユダヤ人の精神〟の産物である、というものだ。ゲーデルの数学の基礎に関する研究もまた、抽象化という〝ユダヤ人の精神〟に、危険なまでに汚染されているものだった。[29]

一一月一日、ゲーデルがヴェブレンから受け取った返事は望ましいものではなかった。ヴェブレンは、研究所で短期間講義をするための資金を提供するのがせいぜいだということを示唆した。そのため、フォン・ノイマンの助言やメンガーの働きかけがあったにもかかわらず、ゲーデルはオハラ学長からの申し出を断ることにしたのである。その手紙は行方不明になり、結局メンガーが電報で返事を出し、一二月にゲーデルは、仕事が決まらなかったことと、そのとき進行中だった連続体仮説の研究について彼に報告した。

私は今年度はやはり渡米しないことに決めました。これはすでにオハラ学長への手紙にもはっきり書いたのですが、その手紙はどこかで紛失してしまいました。いまのところ一九三八年から三九年にノートルダム大学に行くことも約束できませんが、二か月ほどすれば、何かはっきりしたことが書けるようになっているでしょう。……

昨年の夏、私は連続体問題の研究を続け、ついに一般集合論に関して連続体仮説の無矛盾性を証明することに成功しました。しかし当分の間、このことは誰にも言わないようお願いします。これまでのところ、そのことを知らせたのはあなた以外にはノイマンだけで、彼がこのあいだウィーンに滞在していたときに、証明の概略を説明しました。いま私は連続体仮説の独立性を証明しようとしていますが、うまくいくかどうかはまだわかりません。[31]

彼が本当に逡巡していたのは、アデーレをどうするかということだった。彼女はゲーデルと一緒に住みたがっていたが、彼のほうは何度も疑念に悩まされ、彼女の浪費癖と涙、そして仕事を中断せざるをえなくなることに憤慨し、彼女と結婚しないですますことはできないだろうかと考えていた。[32]

ゲーデルはアメリカに行くことの利点と欠点のリストに、欠点として「ウィーンでの数学者としての仕事に応募できなくなること」(メンガーは「自分がノートルダム大学に永久にとどまると決めた場合、ゲーデルがウィーン大学での自分の地位を引き継いでくれれば、それはすばらしいことだ」と、タウスキーを介してゲーデルに伝えていた)、利点としては「楽しい船旅、ヴェネツィア、ニューヨーク、音楽、アフレンツ、パリ、役に立つ英語」に加えて「アデーレの問題を一時的に棚上げできる」と書いている[33]。

オーストリアの婚姻法は、一九三四年のバチカンとの協約により、教会が会員の結婚についての法的権限を持ち、カトリック信者の民事離婚は禁じられていた。アデーレは夫と長い間別居していたが、当時の状況ではゲーデルと結婚することはできなかった[34]。しかしその年の一一月、ついにゲーデルは困難に立ち向かい、郊外の、ウィーンを見渡せる高台にあるグリンツィングにアパートを借り、アデーレも一緒に住むことになった。ゲーデルが辺鄙（へんぴ）な場所を選んだのはおそらく、彼を知る人たちの目に触れないようにするためだろう。アデーレは家の修理と改築に取りかかった。キッチンのシンクはダブルのものに、天井照明は真鍮（しんちゅう）とクロムめっきのものに取り替えた。請求書の宛先は〝ゲーデル夫妻〟だった[35]。

グリンツィングは眼下の街から離れた世界で、ウィーンの森のはずれにあり、古風でまるでアルプスのような趣のある村で、丘の上には白ワインの原料となるブドウ畑が広がっている。大学から二ブ

グリンツィングのヒンメル通り。1938年。

ロックほどの、リングシュトラーセにあるエフルッシ宮殿のすぐ向かい側の、ショッテントアー停留所から、三八番の路面電車に乗って約二〇分ほど走ると、左手にヴォティーフ教会、右手に映画館ヴォティーフキノが見える。その後、ベルクガッセの急坂の下にあるジークムント・フロイトのオフィス、そしてゲーデルが一九二九年にその上階に住んでいたというカフェ・ヨーゼフニウムを過ぎると、今度は緑の丘陵地帯を延々と登り、遠くに城が現われ、それを眺めているうちに、終点のグリンツィング駅の屋根付きアーチをくぐって、ループ線へと入る。ヒンメル通りを一〇分ほど歩くと、実質的にウィーンの最も端の通りにある、彼の新しい住まいとなった優雅で堅固な造りのアパートに到着する。

ツィルゼルが哲学と数学の討論会の最後の砦を守ろうと努力した結果、いくつかの成果をあげることができた。ゲーデルが一九三八年一月に学団に渡した論文は、ヒルベルトのプログラムを、数学のさまざまな部分に対する、純粋に構成主義的な無矛盾性証明の一連の仕事という形で生かす可能性についてのものだった。ゲーデルは論文と、グループの討論の記録を残していた。弁証法的唯物論とマルクス主義、宗教と科学、有意味な命題の存在に関するシュリックの未発表の論文などについての話があった。ゲーデルは学団のメンバーの一人、若いユダヤ人心理学者エルゼ・フレンケルが、大学の精神医学研究所で有名な心理学者シャーロットとカール・ビューラーに指導されて行なっていた、性格タイプの研究に強い関心を抱いていた[36]。

しかしそれはメンガー、シュリック、ハーン、カルナップ、タウスキーなど、スターがそろっていた昔の学団にはまったく及ばない。ゲーデルはツィルゼルが〝脅し〟のような質問をすることと、彼をしつこく〝教授〟と揶揄してくることにいら立っていた。シュリック・サークルの長年の仲間だったローゼ・ラントは、生計を立てる手段がほとんどなく、哲学的な誇大妄想に苦しんでいた。その夏フォン・ノイマンはゲーデルに、彼女は誇大妄想症で、アメリカに招待しないからといって自分を非難していると説明した（「ヴァイスマンもゲーデルも、彼女に比べればまだ小物だよ」と、フォン・ノイマンは軽口をたたいた）。その彼女は、議論の間じゅう、膝に頭を乗せて眠っていた(37)。

一九三八年二月二一日、フレクスナーはゲーデルにまた手紙を書き、翌年の彼のプリンストンへの復帰を「最大の喜び」をもって受け入れると伝えた。復帰の時期は一学期か二学期のどちらか都合のいいほうで、給料は二五〇〇ドル、いつでも好きなときにノートルダム大学へ移ってかまわないという条件だった(38)。

三週間後、ウィーンに地獄が訪れる。

三月のスミレ

のちに不気味な前兆として語られることになるのだが、その冬オーストリア全土にオーロラが出現し、異様な輝きを放った。ヒトラーによる経済、外交、軍事的な圧力でナチスを持ち上げるキャンペーンからオーストリアを救うため、シュシュニック首相は三月九日、わずか四日後の三月一三日の日曜日に、オーストリアの独立を確認する簡易国民投票を実施すると発表した。

ウィーンにいたアメリカ人記者たちは、オーストリア人がヒトラーのドイツに加わるかどうかを問うこの国民投票で、ナチスが六〇パーセントの票を獲得すると予想していた。シュシュニックの国民投票は、オーストリアの愛国心、キリスト教、ドイツのナショナリズムに、一挙に訴えるような表現が用いられていた。「自由とドイツ、独立と社会、キリスト教と統一オーストリア、自由と労働と、民族と祖国を支持するすべての人の平等」という命題に、イエスかノーかで簡単に答えられるようになっていたのだ。大がかりな政府の宣伝攻勢がかけられ、壁や歩道は〝イエス〟の投票を促すスローガンで埋めつくされ、航空機からビラが町に投下され、電波を通じて祖国への応援メッセージがとどまることなく流された(39)。

翌日の夜から強い南風が吹き、そして日中はずっと雲一つない空の下、街を埋め尽くした国民投票のビラが強風で舞い上げられていた。北からは漠然とした予兆ではなく、もっと具体的な脅威が迫っていた。ヒトラーは怒りに燃えて国境に軍隊を集結させ、シュシュニックに「国民投票を放棄するか、辞任してオーストリア・ナチス党に政権を任せるか」という最後通牒を突きつけた。シュシュニックは慎重にその両方を行なった。翌朝、ドイツ軍の隊列が国に流れ込んできた。この作戦はあまりにも急な計画であったため、トラックは燃料不足になり、オーストリア国内のガソリンスタンドで燃料を補給しなければならなかったが、それ以外は何の障害も抵抗もなく進行した。その日の午後、数百機のドイツ空軍の爆撃機がウィーン上空を飛び、文字どおり空を暗くして、はっきりとその力を見せつけた(40)。

夕方には、ヒトラーは故郷のリンツに到着し、市庁舎前に集まった熱狂する群衆に向かって演説を行なった。「その晩、ウィーンでは地獄が始まった」と、ドイツの劇作家カール・ツックマイヤーが書いている。

冥界の門が開かれ、そこにいたいちばん下層の、いちばん汚く、いちばん恐ろしい悪魔が吐き出された。街はヒエロニムス・ボスの悪夢の絵と化し、幽霊や悪魔が下水や沼から這い出てきたかのようだった。男女の喉から絶え間なくあがる、高く、恐ろしく、突き刺さるような、ヒステリックな叫び声が、昼も夜もいたるところから聞こえてきた。人々の顔は消え、ゆがんだ仮面がそれに取って代わった。ある者は恐怖、ある者は狡猾、またある者は狂気と憎しみにあふれた勝利の喜びの表情を浮かべている。

ツックマイヤーは、第一次世界大戦で十数回の戦闘を経験し、砲撃やガス攻撃が上空から行なわれるのを見てきた。一九二三年のヒトラーのミュンヘン一揆のときには傍観者だった。ナチスの支配が始まった最初の数年はずっとベルリンで過ごした。「しかしそのどれも、ウィーンでの日々とは比べものにならない」と彼は書いている。「ウィーンで起きたことは、合法を装って進められたドイツによる権力掌握とは何の関係もない。……ウィーンに放たれたものは、羨望、嫉妬、恨み、盲目的で悪意に満ちた復讐への激流だった[41]」

ツックマイヤーはタクシーに乗っているときに暴徒に囲まれたこともあった。そんなとき彼は、プロイセン陸軍の軍曹の真似をして大声で「ハイル・ヒトラー」と叫び、窓からヒトラーに敬礼して、なんとか逃げおおせた。ユダヤ人は通りで殴られ、辱められ、正統派ユダヤ教徒の男性は、にやにや笑うヒトラー青年隊や革長靴を履いた突撃隊の男たちに行く手を遮られ、集会所(シナゴーグ)は荒らされ、トーラーはびりびりに破かれ、ユダヤ人の子供はユダヤ人が所有する建物の窓に〝Jude(ユダ)〟と無理やり書かされた。街中のユダヤ人商店が略奪されたが、そこでは暴力さえ用いられず、客はただ商品を手に取って金を払わずに立ち去ったのだった。[42]

しかし独墺合邦直後に蔓延していたのは、欲深さよりも純粋なサディズムだった。ユダヤ人のエッセイストでコーヒーハウス知識人だったアルフレート・ポルガーは、同郷人たちの熱狂に皮肉な視線を向けている。「ドイツ人は一流のナチスだが、お粗末な反ユダヤ主義者だ」と彼は言う。「オーストリア人はお粗末なナチスだ。だがなんと彼らは一流の反ユダヤ主義者なのである」。独墺合邦の最初の夜、エフルッシ宮殿に群衆が押し入り、大階段を駆け上がって中に突き進み、ついには装飾入りの大きなデスクを廊下に引きずり出し、手すりの上から、下の中庭の石畳に投げ落とした。そして怯えるエフルッシ一家に「また来るからな」と告げて、去っていった。[43]

当時高校生で、のちにウィスコンシン大学の著名な数学教授になったウォルター・ルーディンもまた、悪夢のような日々を目の当たりにした一人である。「最初の二週間、地元で人気のある娯楽の一つは、ユダヤ人(できれば高齢者のほうが、ユダヤ人にとって屈辱的)を集めて、膝をつかせ、小さなブラシと(手の皮膚を焼くための)アルカリ液の入ったバケツを渡し、歩道の脇にある政治的な落書きを磨かせて、さらし者にすることだった」。落書きは国民投票のイエスを意味する無数のスローガンで、一瞬のうちに破壊されてしまったオーストリアの愛国時代の名残であった。

その翌日、ルーディンの大嫌いだった体育の教師が、突撃隊員の軍服を身にまとい、ピストルをベルトに下げて学校に現われた。数日後、ルーディンはその教師が誤って自分の足を撃ってしまったことを知った。「当時の数少ない明るいニュースの一つだった」[44]

一九二九年にドイツ民族主義の学生が起こした暴動を大学総長として取り締まったイニツァー枢機卿は、今度は街の教会の鐘を鳴らして鉤十字の旗を掲げるよう命じた。ヒトラーはこの手厚い歓迎に気をよくして、オーストリアを完全に併合することを決意した。三月一五日、ホーフブルク宮殿前の大広場であるヘルデンプラッツに詰めかけた二五万人の熱狂的な喝采を前に、ヒトラーは演説を行ない、こう宣言した。「いまこのとき、私はドイツ国民に我が人生最大の成果を報告することができる。ドイツ国民と帝国の総統そして首相として、我が祖国がドイツ帝国に併合されたことを発表し、歴史に刻むことができるのだ」。オーストリアは消滅した。帝国内のオーストリア領は、ただの東方の辺境（オストマルク）となった。これは神聖ローマ帝国の国境地帯だったころの呼び名である。

最初の数日は、統制のとれていない暴徒によって、ユダヤ人の財産のアーリア人化が荒っぽく行なわれていたが、すぐにナチスの官僚機構の非常に効率的な仕組みができて、それに取って代わられた。ユダヤ人の事業乗っ取りのための〝監督官〟が任命され、アドルフ・アイヒマンがベルリンから派遣されて、いまやユダヤ人が切望する出国ビザと引き換えに、彼らの資産を着々と剥奪する作業を開始したのである。「ある点では、ドイツのユダヤ人よりも恵まれていた」とルーディンは回想する。「ドイツでは締めつけは少しずつ進み、最初の二年は、きっとすべてが丸く収まり、別の政府ができて、ものごとが正常に戻るという希望があった。その結果、ドイツにいたユダヤ人は

ナチスに乗っ取られたウィーン大学。

なかなか行動を起こさず、手遅れになってしまった。オーストリアでは、二、三日のうちに、国外に出るしか道はないことが完全に明らかになった」。ジークムント・フロイトは、国際的な影響力を持っていたため、家具や貴重な考古学コレクションを持ち出すことまで許可されたが、その代わりに「私はドイツ当局、特にゲシュタポから、私の科学的名声にふさわしい敬意と尊敬をもって扱われてきた。自由に研究をすることができた。そのため不満を表明する理由はない」という書面に署名するよう迫られた。フロイトは息子のマーティンに、商業広告の消費者の声のような文言をつけ加えてやろうかと思ったと語っている。「ゲシュタポは誰に対しても、大いにお勧めできる」とでも。(45)

ウィーン大学では代理学長が任命され、ただちに教員と学生からすべてのユダヤ人を排除する〝浄化〟が開始された。学生二〇〇〇人が放

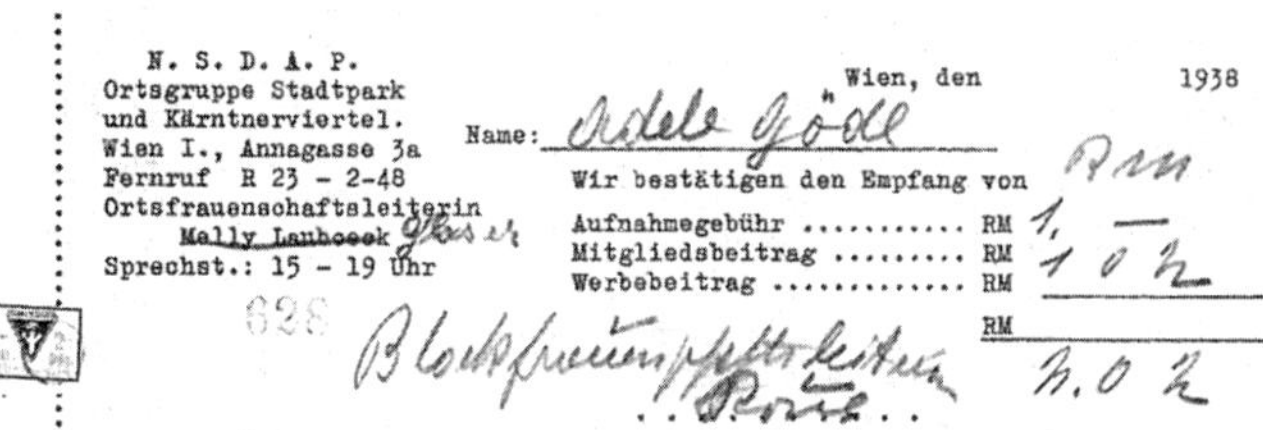
N. S. D. A. P.
Ortsgruppe Stadtpark
und Kärntnerviertel.
Wien I., Annagasse 3a
Fernruf R 23 - 2-48
Ortsfrauenschaftsleiterin
Mally Lauboeck Glaser
Sprechst.: 15 - 19 Uhr

Wien, den 1938
Name: Adele Gödel
Wir bestätigen den Empfang von
Aufnahmegebühr .... RM 1.—
Mitgliedsbeitrag .... RM 1.02
Werbebeitrag .... RM
RM 2.02

628
Blockfrauenschaftsleiterin
Rosse

アデーレのナチス入党申し込みの受領書。

校となり、哲学部の教授と講師二九七人のうち九七人、医学科三一五人のうち一八〇人が解雇された。メンガーはまだウィーン大学の終身雇用される立場で休暇中だったが、ナチスに先手を打つという小さな満足を得るため、解雇される前に辞表を電報で送った。四月二二日、政府の命令で講師の教員免許がすべて一時的に停止された。ゲーデルはそのことを翌日、新代理学長のヴィクトール・クリスチャンから手紙で知らされた。ただちに解雇されなかった者も、仕事を再開したいなら〝新秩序下における講師〟として、申請し直すよう求められた。ゲーデルは名目上の職さえもこうして奪われたのだ[46]（〝ユダヤ人問題〟における教育界の権威、そして親衛隊の将校として、クリスチャンは戦時中、ナチスの犠牲者から奪った貴重なユダヤ教関連の図書や、ウィーンのウェーリンクにあるユダヤ人墓地から掘り起こした頭蓋骨や骸骨からなる〝人類学的資料〟を集めていた[47]）。

多くのオーストリア人があわててナチス党員になろうと申し込んだため——彼らは〝三月のスミレ（一九三三年三月に全権委任法が制定された）〟と皮肉られた——当局は新規の申請を受けつけなくなった。アデーレは二ライヒスマルク（約八〇セント）の会費を添えて律儀に申し込んだが、結局入党できなかった。しかし彼女の母親のヒルデガルド・ポルケルトは間に合い（会員番号2654956で発行は一九三八年四月二日）、父親のヨーゼフ・ポルケルトは一九三二年から党員になっていて、1451031というはるかに若い会員番号を持っていた。[48]

ゲーデルはオーストリアの帝国への併合に賛成し、ナチスに投票したという罪悪感に何年も悩まされることになる（ヒトラーが四月一〇日に行なった第二回国民投票の結果を信じるならば、オーストリア人の九九・七四パーセントが同じ行動をとった）。彼は国を出るためにどうしてもパスポートが必要で、新政権に逆らった場合の影響を恐れていたからと、理由を説明した。

二七四日で世界一周

一九三八年七月六日、ナチス政府は新たな婚姻法を発布して、オーストリア法を既存のドイツ法と一致させ、結婚と離婚を完全に民事上の行為とした。[50] つまりアデーレは自由に結婚できるようになったのだ。これもまたゲーデルがアデーレの支配におとなしく従っていることの表われだが、八月末にゲーデルは、アデーレに結婚式の手配をすべて任せるという委任状に署名している。二人はプリンストンに発つ二週間前の九月二〇日に小じんまりと民事結婚式を行なった。そこにはアデーレの両親、ゲーデルのいとこであるカール・ゲーデル、そしてアデーレと初対面の兄のルディを含め、九人の友人や家族が出席した。ゲーデルは市庁舎の地下にあるレストラン、ラートハウスケラーで開かれた質素なレセプションの領収書を保存していた。そこにはブイヨン一一杯、前菜一一

品、ペストリー二七個、シェリー酒二杯、スパークリングワイン四杯、ミネラルウォーター二本とある。(51)

「私も結婚は彼にとってかなりよいことだと思う」。メンガーはヴェブレンにそう書き送っている。しかし驚いたことに、ゲーデルは一〇月一五日に一人でプリンストンに到着した。「なぜ、奥さんを来させなかったんだ？　そのほうが君にとってずっといいに決まっている」と、その年の秋にメンガーは友人に書いている。(52)　しかしそうしたら事態は悪化していたかもしれない。彼は一年間はウィーンから離れて暮らすという条件で、結婚に同意していたと考えるほうが妥当ではないか。アメリカ行きはアデーレとの結婚を考える前から計画していたことだ。

いずれにせよ、彼は前にアメリカに来たときよりもずっと健康そうだった。連続体仮説の研究は順調に進んでおり、研究所で講義をしたり、春学期を過ごすことになっていたノートルダム大学で正規の授業やセミナーの講師をしたりすることに前向きだった。メンガーが提案した数理論理学の入門コースの授業を受け持つのは、「英語が不十分」という理由で気乗りしなかったようだが、ノートルダム大学でのメンガーのプログラムに貢献するにはどうするのがいちばんいいのか手紙で延々と話し合ったのち、渋々ながら承諾した。(53)

結婚記念写真。1938年9月。

メンガーは、ゲーデルの「良心的な性格と役に立ちたいという気持ち」を高く評価していたが、現実的な彼は、自らの数学コロキウムをウィーンからアメリカの中心部に移すという夢をかなえるには、世界一の現役論理学者を一度呼ぶだけでは足りないと理解していた。ゲーデルのクラスは二〇人ほどの生徒で始まった。そのうち半分は数学の博士課程の学生や講師たちで、彼らは最後まで残ったが、残りの半分の年配の哲学者は、カトリックの論理学の伝統と対立する形式論理学のアプローチ全体に納得がいかず、ほとんどすぐに出席しなくなった。メンガーはこう回想している。

ノートルダムでの滞在中、ゲーデルはいたって健康そうだったが、とりたてて楽しそうなわけでもなかった。彼は大学のキャンパス内に住んでいた……しかし、彼は自分の住んでいる建物の舎監と、あれこれとつまらない理由でけんかをすることがあった（鍵などのこと）。この二人をとりなすのは、それほど簡単ではなかった。舎監は年寄りの司祭で自分のやり方に固執していたし、ゲーデルは自分の権利を主張するからだ。[54]

ゲーデルの権利の主張がメンガーをさらにいら立たせたのは、祖国ウィーンで講師資格を停止させられるというナチスの〝不法行為〟について、数学同様に論理的推論を適用しようとすることだった。「このような状況で、どうして権利について語れるのだ？」と、メンガーは彼に不満をぶつけた。「君の置かれている状況で、ウィーン大学での権利にいったいどんな実用的な価値があるというのか」。「学期末が近づくと、ふだんは冷静なゲーデルが、落ち着かない様子になってきた」

とメンガーは振り返った。学期が終わったら、家族のいるウィーンに帰りたいとよく口にしていた。「ノートルダムとプリンストンの知人すべてから、懇願され、警告されていたにもかかわらず、彼は戻ることを決めていた」とメンガーは書いている。「そして彼は行ってしまったのだ」[55]

ウィーンに残してきたアデーレについて考えていたのは当然にしても、実のところ七月中旬以降にアメリカに滞在することは法的にはできなくなっていた。前にアメリカに来たときは、アメリカへの再入国を何度か認められる移民ビザを取得していた。しかし独墺合邦のあとドイツがオーストリア国民のパスポートをすべて失効させたため、ヒトラーから逃れようと亡命する人々が激増し、ゲーデルが一九三八年一〇月一五日にアメリカに到着したときには、九か月の観光ビザでしか入国できなかったのだ。滞在を延長するためには、いずれにせよ出国して他の国で新しいビザを申請しなければならなかった。

ヒトラーのポーランド侵攻で第二次世界大戦が始まる二日前、メンガーはゲーデルからメモを受け取ったが、そこには淡々とした言葉が記されていた。「世界を揺るがす出来事を前にして、平然としていることの記録となるかもしれない」「六月末からまたウィーンで忙しく動き回っていたので、残念ながらコロキウムの原稿は何も書けなかった」とゲーデルは書いている。「講義を担当していた論理学の試験はどうなっただろうか。……秋にはプリンストンに戻りたい」。メンガーが旧友になぜ冷たい態度を取り続けるのか、オスカー・モルゲンシュテルンはいぶかしんでいた。彼はゲーデルに嫉妬しているのか、あるいはゲーデルがプリンストンに来ることに過度とも思える妙な不安を抱いているに違いないと考えた。しかしのちにメンガーはこう認めている。「ゲーデルの政治的な無知と、他の多くの人々の大きな苦しみへの無頓着さのせいで『私がかつて彼に感じていた温かい気持ちを、自分の中に見つけるのは簡単ではなくなってしまった』」。ゲーデルの自信のなさや心の狭さ、時としてそれは良心的な態度や愛嬌のある無邪気さとつながっているものだったが、メンガーはそれに対して他の友人たちほど寛大にはなれなかった[56]。

ゲーデルは官僚主義の悪夢のような故国へと戻った。もうナチス政府の許可なしには出国することはできない。さらに悪いことに、当局は必要な陸軍健康診断を何か月も先延ばしにして、その間は何もしてくれなかった[57]。一九三九年から四〇年にかけて、研究所は彼に四〇〇〇ドルという前よりはるかに高い給料を出す地位を提示していた。しかし戦争が始まるとアメリカは観光ビザの発給を停止した。ドイツとオーストリアからの移民ビザの枠は、国外に脱出しようと必死なユダヤ人たちですでに申し込みが多すぎて、その道も閉ざされた。

フォン・ノイマンは持ち前の行動力と冷静な判断力で、この問題に進んで関わり、簡単には諦めなかった。「ゲーデルは唯一無二の存在なんだ」と、彼はフレクスナーに主張した。「いま生きている数学者で、私がこう言えるのは彼だけだ。沈みかけているヨーロッパから彼を救い出すことは、誰がやるにしろ、最大の貢献の一つだ」。一週間後の一〇月五日、彼はウィーンのゲーデルに電報を打った。「招待はまだ有効。できるだけ早く来られたし」と[58]。

そしてノイマンはフレクスナーのために見事な法的分析を行ない、ウィーンの米国領事館にすぐゲーデルのビザを発給してもらえる手段を発見した。国ごとの割り当て人数にとらわれない、〝ノンクオータ〟と呼ばれる特別なビザを申請できる職業があり、〝教授〟もそこに含まれることがわかったのだ。問題は〝教授〟として認められるには、申請者が「申請の直前まで、少なくとも二年間、教授として仕事をしていた」と示さなければならないことだった。しかしノイマンはそれについても抜け道を見つけた。「本人の力の及ばない事情で中断されていても」一定の条件下では教授として認められる。フォン・ノイマンの覚書では、多少の虚偽は含まれるものの、ゲーデルが本当にそうしたケースに当てはまるという説得力のある議論が展開されている(59)。

しかしアメリカのビザを取得することは、問題の半分にすぎなかった。ゲーデルが必ず帰ってくるという確証がなければ、ドイツ当局は出国を許可しないだろうし、アメリカの移民ビザを取得すれば、ナチスの官僚に警戒される恐れがあった。そのため同時期に、彼は保険として、形式的に新秩序下の講師の職にも申し込んだ。以前の講師職とは異なり、この新しい職には通常の給与が支払われる。ナチスの内務文化省の大学担当官であったフリードリヒ・プラットナー――新たに大学の生理学教授に任命され、親衛隊の高官でもあった――が、ゲーデルのような「これ以上の講義をさせるのは好ましくない」講師に対する最も簡単な対処法は、以前の講師資格がすべて「完全に失効する」一〇月一日まで申請を保留しておくことだと、すでに学長に進言していた(60)。

しかしゲーデルはなんとか申請書を提出した。国家社会主義者講師協会（National Socialist Dozents Association）の責任者は、彼の思想の真正性について報告するよう求められた。彼の研究で最も批判の対象となるのは数学の基礎についての研究で、これはアインシュタインの相対性理論と同じく〝ユダヤ人の科学〟とさげすまれていた。

元講師のクルト・ゲーデルは科学的には高い評価を受けている。彼の教授資格の研究は、ユダヤ人のハーン教授のもとで行なわれた。彼はいつもユダヤ系の自由主義的な学団で活動していたと非難されている。しかしここで言及しなければならないのは、当時の体制下で数学は大いにユダヤ化されていたということだ。国家社会主義に反対する直接的な意見や活動は、私には知らされていない。同じ職業の仲間は彼と密接な付き合いをしておらず、これ以上詳しい情報は得られていない。これらの事情から、私は彼を新秩序下の講師に任命することをはっきりと支持することはできないが、反対する根拠もない。

ハイル・ヒトラー！
講師会長A・マルケト博士へ
ウィーン大学講師会長より(61)

ゲーデルはもう一つ、時代に負けた重要な行動をしていた。九月二〇日にプリンストンの銀行口座を解約し、一〇〇〇ドル以上をウィーンに移していたため、外貨の出所について公式な説明をする必要があった。そのとき生涯ただ一度だけ、〝ハイル・ヒトラー！〟と書かれた書類に署名をしたのだ。(62)

一一月下旬、さらに悪いことに、ついに健康診断が行なわれ、ゲーデルは駐屯地勤務に適性あり、いつでも召集される可能性あり、というありえない宣告を受けた。メンガーに聞こえてきた話によると、彼のめがねと知的な外見のせいで、ナチスの暴漢たちにユダヤ人と思われ路上で殴りかかられたが、アデーレがハンドバッグか傘を振り回して追い払ったという（後年ゲーデルはクライゼルに、自分を誤認するような、いいかげんなことができるのはオーストリアのナチスだけだと皮肉った）[63]。

一方、プリンストン高等研究所の新所長のフランク・エイデロット（元スワースモア大学学長）は、この難局を打開するべくドイツ大使館と米国国務省に猛烈なアピールを始めた。彼はもろもろを飲み込んで、一二月一日付でワシントンにいたドイツ臨時大使におもねるような手紙を書き、ナチスはゲーデルをプリンストンに戻す許可を与えるべきだと訴えた。

ゲーデル博士はアーリア人で三三歳の既婚者であります。彼は兵役につく義務があると思いますが、世界で最も偉大な数学者の一人なので、科学的研究を続けるほうがより重要だと、ドイツ政府により認められることを強く希望いたします。……彼がここプリンストン高等研究所にいることで、ドイツ科学の威信が大きく高まることは間違いありません[64]。

官僚の歯車は実際に回り始めていた。ウィーン大学の学部長は、ゲーデルの求める休学を認めることが望ましいか尋ねられ、こう答えている。

ゲーデルは、彼の師であるユダヤ人のハーン教授が好んだ、数学と論理学の境界領域を包含する分野で、一定の名声を得ている。ゲーデルの評価は、数学の基礎の問題に関心が集まるアメリカで特に高い。

ゲーデルの政治的見解については、大学講師会長のマルケト教授に助言を求めたが、彼の意見は私の個人的な印象と完全に一致していた。ゲーデルはウィーンの数学界が完全にユダヤ人の影響下にあった時代に育ったので、国家社会主義との精神的なつながりはほとんどない。政治にはまったく無関心な人物という印象だ。だからこれから起こるであろう困難な状況に、在米の新生ドイツ人の代表として対処することはできないだろう。

個人的にはゲーデルにはよい印象を持っているし、彼についての悪口を聞いたことはない。マナーもいいし、母国の評判を落とすような社会的な過ちを犯すこともないはずだ。

もしゲーデルが政治的な理由で渡米できなくなれば、彼の生活の問題が出てくる。ゲーデルはここでは何の収入もなく、アメリカへの招きに応じるのは、自活の道をつけるためだけなのだ。もしゲーデルに帝国内で相応の報酬が出る職を見つけてやることができれば、彼の出国にまつわる問題はすべて意味のないものになるだろう[65]。

一九四〇年一月二日、ゲーデルは妻とともに出国ビザを手に入れたという喜びの知らせを電報で送った。二週間後、彼はベルリンから、アメリカの〝教授ビザ〟が手元に届き、すぐに出発することを電報で伝えている。イタリアなど中立国の船で大西洋を渡るドイツ人乗客は、イギリスやフランスの軍艦に拘束される恐れがあったため、ドイツ当局は彼にロシアや日本を経由する遠回りの航

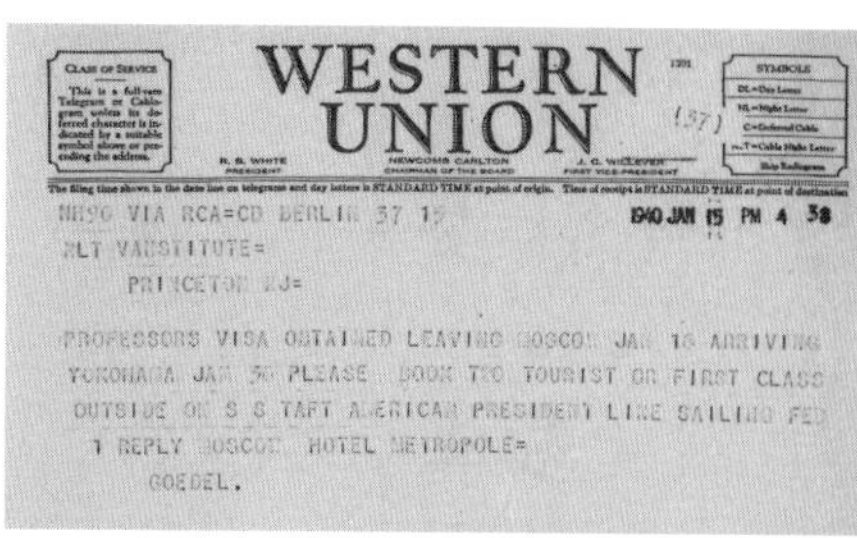

WESTERN UNION

NH90 VIA RCA=CD BERLIN 37 15

NLT VANSTITUTE=

PRINCETON NJ=

PROFESSORS VISA OBTAINED LEAVING MOSCOW JAN 18 ARRIVING YOKOHAMA JAN 30 PLEASE BOOK TWO TOURIST OR FIRST CLASS OUTSIDE ON S S TAFT AMERICAN PRESIDENT LINE SAILING FEB 1 REPLY MOSCOW HOTEL METROPOLE=

GOEDEL.

1940 JAN 15 PM 4 38

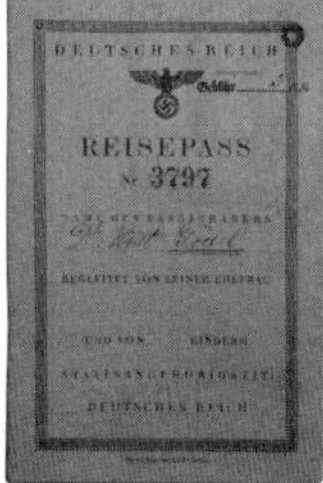

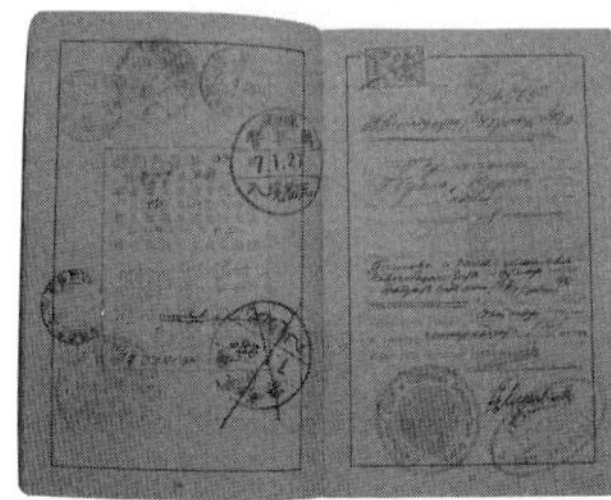

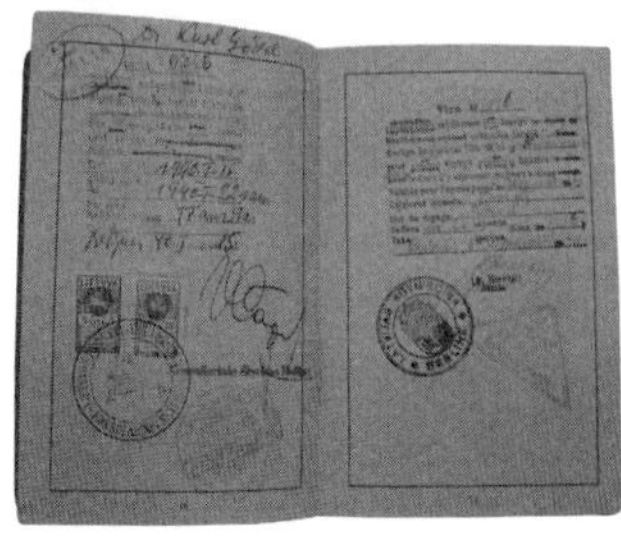

WESTERN UNION

NG64 8 TOUR=SANFRANCISCO CALIF MAR 5 1000P

INSTITUTE FOR ADVANCED STUDY=

PRINCETON NJ=

ARRIVING NEWYORK SATURDAY 5/25 PM PRINCETON SATURDAY NIGHT=

GOEDEL.

1940 MAR 6 AM 8 02

ウィーンからプリンストンへ。1940年。

太平洋横断の船上で。

路で行くよう求めた。ベルリンでの最後の数日間は、大使館から大使館へと移動し、必要な通過ビザを取得した。そしてアデーレと一緒に列車に乗り込んで旅の第一歩を踏み出し、いつ逮捕されたり送り返されたりするかわからない状況の中で、ナチスが占領するポーランド、リトアニア、ラトビア、モスクワへと進んでいった(66)。

モスクワのホテル・メトロポールに一泊し、シベリア鉄道に乗ってウラジオストクまで六〇〇〇キロの旅に出て、ロシアの冬の荒涼とした何もない土地を越える。その後、汽船で横浜に到着し、そこで最初のアメリカ船プレジデント・クリーブランド号に乗船するため二週間待った。その間、アデーレは新居を飾るため、日本の置き物や小間物をスーツケース丸ごと一個分買い込んだ(67)。プレジデント・クリーブランド号で寄港したホノルルについて、ゲーデルは兄への手紙で「この旅でいちばんよかった」、その後に入港したサンフランシスコについては「これまで見た都市の中で間違いなくいちばん美しい」と書いている。それからアメリカ西部を列車で横断してニューヨークへ向かい、三月九日の土曜の夕方にプリンストンに到着した。彼らのとてつもない冒険が始まってからほぼ二か月後のことだった。ゲーデルは九か月で完全に世界一周したことになる。これ以降、彼が

アメリカ東海岸を離れることはない。(68)

プリンストン到着の翌日、モルゲンシュテルンが彼に会い、ウィーンの様子を尋ねた。「コーヒーがまずい」とゲーデルは大真面目に言った。

「彼はとてもおもしろい」。モルゲンシュテルンはその夜の日記に書いている。「深みと世俗を超越したところが入り混じっている」(69)

第8章　新世界

連続体と変化

「ゲーデルは、進んでアメリカを好きになろうとしていた」と友人のゲオルク・クライゼルは言っていた。[1]

到着の三週間後、彼はウィーンの兄に手紙を書き、プリンストンにある地元の大手雑貨店ウールワースの棚に安い商品が並んでいるのを見たときの、新鮮な驚きを伝えている。彼はナッソー通り二四五番地の家具付きアパートに住むことになり、アメリカで二人の生活を始めるため、安い生活用品をさがしにアデーレと一緒にその店を訪れたのだ。「一〇セントショップと呼ばれる店がある」と、彼はルディに熱を込めて語っている。「家庭用品がただみたいな値段で手に入る。たとえばガラスの砂糖入れが五セント、小さな額縁の絵（とても魅力的）も同じ値段だ（どれくらい長持ちするかは、時間が経ってみないとわからないがね！）[2]」

英語力を高めるため、彼はすぐに『ニューヨーク・タイムズ』紙の日曜版を読んで、見たことない俗語や専門用語（信号無視して通りを渡る人、軍艦、もみがら、いかさま裁判、優れた人、空中サーカス（バーンストーミング）を、アメリカ社会に溶け込むために知っておいたほうがいいと思われる事実とともに、まめに記録するようにして、何年もそれを続けた。書き留めるのは主要な大衆誌のタイトル、タクシー運転手やドアマンや床屋への適正なチップの額、ニューヨークの公営住宅や大学のスポーツ奨学金の仕組み、ニュースに出てくる人物や組織の名前などだった(3)。

脱国して安堵する一方で、故国に残っている家族や友人への心配はやはり尽きなかった。ブリュン（一九三九年三月よりナチス占領下のボヘミア・モラビア保護領）に戻った彼の母親は、インフレ、戦時中の物資不足、収入の激減で、さらに困難な状況に置かれていた。ゲーデルは「レートリッヒがまた母さんの年金を半分に減らしたなんて、信じられない」と、ルディに手紙を出した。「工場の経営が、本当にそんなにうまくいっていないと思えるかい？」。彼とアデーレは、没収されたり盗まれたりする可能性があるので無事に届くか確信が持てないまま、食品——特に手に入りにくいコーヒー、紅茶、ココアなど——を箱詰めして送り、また母親の生活費として月に二五ライヒスマルク（約一〇ドル）を、できるだけ早く送ることを申し出た。しかし「私もいまお金が有り余っているわけではありません」と、彼は説明している。「一九三九年と四〇年の俸給は半分しか支給されず、そのうち半分以上は旅費に充てられました。借金まですることになり、まだ五〇ドル返済が残っています。七月一日には、翌年の俸給の支払いが始まるので、それで状況は急速に好転するでしょう(4)」

ウィーン学団に最後まで残っていたわずかなメンバーも、独墺合邦から数か月の間になんとか帝国から脱出できた。ローズ・ランドとエドガー・ツィルゼルはウィーン、フィリップ・フランクはプラハにいた。しかしオットー・ノイラートは、数年前にドルフース政権下での逮捕を避けるためにオランダに逃げていて、一九四〇年五月のナチスによるフランスとネーデルラントへの攻撃で不意を突かれることになった。ゲーデルはその年の夏、心配になってヴェブレンに手紙を書き、昔の仲間の消息を尋ねた。そしてノイラートの脱国のときの状況が、自分自身のときよりさらに壮絶だったことを知った。ナチスの激しい爆撃の中、ノイラートは誰かが強奪した漁船にあわてて乗り込み、通りがかったイギリスの駆逐艦に救出されたが、イングランドに到着すると、今度は敵国人として抑留される羽目になった。マン島の収容所から、ノイラートはある友人に冷静な手紙を書いている。「私はずっとイギリスの刑務所の状況に関心を持っていた。その情報を得られるなら、喜んで金を払ったが、いまそれを無料で教えてもらっている！」。バートランド・ラッセルとアルベルト・アインシュタインの取りなしで、彼はその年の暮れに釈放され、オックスフォード大学で講義を行なうことになった。(5)

ゲーデルがプリンストンに戻ったときには、研究所は大学のメインキャンパスから西に一マイル、ゴルフコースで隔てられた、もともと農地と森だった二六五エーカーの土地の自前の建物に移転していた。のちにゲーデルは、この新しい静かな世界について母親にこう説明している。「あちこちで木が花をつけ、プリンストン周辺の土地は大きな公園のようです。研究所はその少しはずれにあり、私は毎日およそ半時間、花が咲いている樹々や茂みの間に、広い前庭のある家が見え隠れする中を好んで散歩しています」。新しいキャンパスのあるオルデン・ファームの大半は、独立戦争でジョージ・ワシントンがイギリス軍と血みどろの戦いをして勝利した場所である。ゲーデルの部屋はフルド・ホールという新しい建物の二階で、「裏手には、地平線上に広大な草原と森の境目を望む、とてもすばらしい景色が見えます[6]」と言っていた。

フレクスナーは当初から、建物にお金をかけることに激しく反対していた。研究所の土地の購入や自前の建物の建築に金を使うぐらいなら、給料に回すべきだという考えだ。一九三七年当時、数学者たちはまだ（プリンストン大学の）ファイン・ホールを共同で使っていて、経済学者たちはプリンストン・インの地下室を借りて大勢が集まっていた。フレクスナー自身もナッソー通りの、大学の向かいの商業ビルに部屋があり、この状態に満足できないという意見を理解できなかった。「私は部屋を追加で借りるほうがずっといいと思う」と、彼はヴェブレンに言った。「そして自らが存在する目的についての考えで心を満たせば、建物や敷地のことなどほとんどどうでもよくなるだろう」。ヴェブレンの考えは彼とは違っていたが、それは北欧の農家の息子としての血が騒ぐせいだろうと感じていた。「彼はとても優秀な人物だが、〝建物〟とか〝農場〟とかいう言葉に陶酔してしまう」と、フレクスナーは冗談めかして言った。しかしそこではヴェブレンが押し切り、創設者も追加で五〇万ドル提供してくれた。そしてヴェブレンはファイン・ホールを建設したときと同じ役割を引き受けることになり、プリンストンにおける最新の数学のカントリークラブをつくるべく、計画をあらゆる細部まで練り上げた。「建築家が来る予定があると、だいたいヴェブレン教授は一日分の仕事と、一晩の睡眠を犠牲にしていた」とフレクスナーは述べている[7]。

フルド・ホールはプリンストン大学のゴシック様式とは意図的に対照的なつくりになっているジョージア様式の赤レンガの大きな建物で、広大な芝生の真ん中にぽつんと建っていて、その前に

プリンストン高等研究所に新たに完成したフルド・ホール。

は円形の自動車走行路があった。不気味なほど生活感がないことを除けば、伝統的な大学や大学進学準備校(プレップ・スクール)のメインホールのようで、むしろ療養所、孤児院、老人ホームのような雰囲気である。最上階には食堂があり、昼食と夕食を補助金のおかげで安く提供していた。一階から数段下がったところには談話室があった。芝生に通じる扉はガラス張りで、中には快適な椅子やソファーが置いてあった。ヴェブレンは早速ここで毎日のアフタヌーンティーを再開した。

フルド・ホールで新たな生活を始めたゲーデルは、研究者としてのエネルギーに満ちあふれていた。研究所ではいつもどおり、最後の授業までにほとんどの受講者がいなくなったとはいえ、再び講義を行なった。またイェール大学から直観主義論理学についての講演を依頼された。

そして何よりも、〝連続体仮説〟の独立性を完全な証明の最終的な形にするべく懸命に取り組んでいた。それについてはすでに『米国科学アカデミー紀要』に二つの短い論文を発表していた。一九三八年にゲーデルが研究所で行なったこのテーマの講義を詳細にメモしていた学生ジョージ・ブラウンが草稿を作成し、プリンストン大学出版局での出版に向けて原稿準備に協力している。[8]

不完全性定理に次いで、この定理は集合論の基礎、無限の概念、そして数学的真理と現実に関するゲーデル自身の哲学的思想の核心に迫るものであり、数学に多大な貢献をするものになった。連続体仮説は一八七八年にゲオルク・カントールが初めて提唱し、それ以来、数学的論争の種となっていた。カントールは、無限集合に関する先駆的な研究の過程で、無限にはさまざまな大きさがあるという驚くべき発見をした。最小の無限は、1、2、3、……といった通常の自然数で表わされるものである。ガリレオが三〇〇年前に気づいたとおり、一見、最小の無限より大きいか小さいように思える無限集合も、細かく調べれば、まったく同じ大きさであることがわかる。それらは、数学的には一対一対応と呼ばれる形で、自然数と対応することができるからだ。つまり偶数や平方数は、自然数と同じ数だけ存在し、どちらの集合も1、2、3という順に並べることができる――それらは〝可算〟なのだ。

1 ↔ 2
2 ↔ 4
3 ↔ 6
4 ↔ 8
5 ↔ 10
6 ↔ 12
7 ↔ 14
8 ↔ 16
……

1	↔	1
2	↔	4
3	↔	9
4	↔	16
5	↔	25
6	↔	36
7	↔	49
8	↔	64
	……	

分数も自然数と同じ大きさの無限集合である。巧妙な工夫によって1、2、3、……という順番で並べることができるからだ。たとえば分母と分子の和の大きさの順番で並べるなどが考えられる。

1	↔	1/1
2	↔	1/2
3	↔	2/1
4	↔	1/3
5	↔	3/1
6	↔	1/4
7	↔	2/3
8	↔	3/2
9	↔	4/1
10	↔	1/5
11	↔	5/1
	……	

しかしカントールはそれとは対照的に、直線上のすべての点の集合、いわゆる〝連続体〟——πや2の平方根のような無限小数としてしか表現できない〝無理数〟を含むすべての実数の集合とまったく等価なもの——は〝非〟可算であり、どうやっても数えられないことを示した。連続体は、自然数の無限よりも大きな無限なのである。

カントールの主張は独創的でシンプルなものだった。0から1までの任意の実数のリストを思い浮かべ、いちばん上の実数に対して小数点以下第一位の数字を選び、そこから斜めに数字を選んで新しい数をつくる。

0.**3**490117……
0.1**5**80228……
0.96**7**1405……
0.231**4**159……
0.7741**0**63……
0.83119**7**5……

その新しい数（この場合は0.357407……）の各桁に1を加えてできる数（0.468518……）は、無限に長いリストであっても、決してリストに現われないとカントールは気づいていた。その数の小数第一位の4と、リストの最初の数の小数第一位とは異なるため、それはリストの最初の数にはなりえない。同じように、小数第二位はリストの二番目の数の小数第二位と異なるので、それはリストの二番目の数にもなりえない。つまり、どのようにnを選んでも、その数の小数第n位はリストのn番目の数の小数第n位と異なるので、それはリストのn番目の数になりえない。数えられる方法で実数をリストアップしようとしても、リストにない別の実数を生成することはいつでも可能なのだ。

カントールは無限集合の大きさを〝濃度〟と呼び、ヘブライ文字のアレフを使ってその大きさを表わした。$\aleph_0$（アレフ・ゼロ）は自然数の集合の濃度で、そのあとに続く無限の濃度は$\aleph_1$、$\aleph_2$、……と表わされる。したがって連続体の濃度は$\aleph_0$より大きい。

集合論で特に重要なのは、自然数の無限集合からつくることができるすべての部分集合の数もまた、$\aleph_0$より大きい濃度を持つということだ。実はこれは連続体の濃度と完全に等しい。一般に、

n個の要素からなる集合からは、2^n個の部分集合をつくることができる。aとbの二つの要素を持つ集合から、要素を含まない〝空集合〟{}を始めとして、四個（$=2^2$）の異なる部分集合をつくることができる。同様に、三つの要素を持つ集合からは、八個（$=2^3$）の部分集合をつくることができる。すなわち{}, {a}, {b}, {c}, {a, b}, {b, c}, {a, c}, {a, b, c}である。したがって同じ規則により、濃度$\aleph_0$の無限集合からつくることのできる部分集合の数は$2^{\aleph_0}$となり、これは$\aleph_0$より大きくなる。

これに続く集合論の多くを左右する重要な問題は、実数の無限部分集合において、連続体の濃度より小さく、かつ自然数の集合の濃度より大きいものはあるかどうかだった。つまり、連続体の濃度は自然数の次の無限大$\aleph_1$とすべきなのだろうか（この場合、$2^{\aleph_0}$は$\aleph_1$に等しい）。それとも$\aleph_1$より大きいアレフ、たとえば$\aleph_2$とすべきなのだろうか（この場合は、自然数と連続体の間に無限が存在し、$2^{\aleph_0}$は$\aleph_1$より大きい）。

カントールの連続体仮説は、連続体の濃度は$\aleph_1$であることを提唱するものだった。言い換えれば、実数の無限部分集合は、実数すべての集合、あるいは自然数の集合と同じ大きさになるということだ。その二つの間に無限はない。これが数学にとってきわめて重要な問題であることは、一九〇〇年にヒルベルトが、有名な未解決問題のリストのトップに、連続体の濃度の問題をあげたことにも反映されている。

ゲーデルの証明は、カントールの連続体仮説が、少なくとも集合論の他の基本公理と矛盾しないこと、つまりそれらを合わせても矛盾を導けないことを示し、この問題に答えるための大きな一歩を進めた。これは、ヒルベルトの有名な課題に取り組んで三度目の成功だった。彼は選択公理についても、同じことを証明した。これも連続体仮説とは別の集合論の基本的な命題であり、なぜか足もとのぐらついた土台に置かれていた。したがってこれらの命題のいずれか、あるいは両方を、集合論の無矛盾な体系の公理に加えることができるうえ、そこから導かれる結果に新たな矛盾が生じる心配はない。

しかしそれは連続体仮説が正しいかどうかについては何も示しておらず、ゲーデルは、その絶対的な真偽を証明することは可能であるはずだと固く信じていた。その後『アメリカン・マセマティカル・マンスリー』誌に寄稿を依頼されて書いた「カントールの連続体問題とは何か（What Is Cantor's Continuum Problem?）」と題された論文――専門家ではない読者を対象とした「……とは何か（What Is ... ?）」のシリーズ記事――の中では、実際には真ではないとの考えに強く傾いていた。「それはとても疑わしい」とゲーデルは書いている。「連続体仮説の否定を導き出す、説得力のある命題は数多くあるのに、連続体仮説を導き出す説得力のある命題は一つも知られていない。したがって集合論における連続体問題は、最終的にはカントールの予想の反証となりうるような、新しい公理の発見につながると考えられるのではないか[9]」

次の段階は連続体仮説が他の公理から独立していること、つまり他の公理から導出できないと証明することであり、ゲーデルがその後の二〇年以上をかけてじわじわと近づいていった。もし連続体仮説が集合論の公理と矛盾せず（したがって反証可能ではない）、かつ集合論から独立した（したがって証明可能ではない）ものであれば、既存の理論の欠陥を認めることになり、また彼の不完全性定理が示したように、どんな無矛盾な数学体系にも存在するであろう、決定不可能な命題の驚くべき例を示していることになる。

友情と不信

ゲオルク・クライゼルは、他の親友たちと同じように、自分の殻に閉じこもるゲーデルの性格は、根本的に反社会的な思考から生じているのではなく、むしろ時間やエネルギーを無駄遣いしたくないという心配から生じていると考えていた。ゲーデルの友人で哲学者のハオ・ワンは「彼は世捨て人のように思われているが、友人に対してはとても情の厚い人だった」と述べている。ワンは一九四九年に初めてゲーデルと会い、何年にもわたって技術的なことについて文通を続け、一九七一年にようやく、ゲーデルと定期的に会って彼の哲学的見解について議論することに同意を取りつけた。彼はゲーデルの心配を乗り越えた、数少ない特別な人間の一人だった。「重要な点は、彼はあらゆる手段で自分の義務を制限していたことだ」とワンは言う。「彼と密接につながっていたのはほんの数人だったが、いったん本当に親しくなると、その関係はとても密接になる[10]」

クライゼルは一度ゲーデルに、彼自身もアデーレも、友人をもてなすのが好きなのは明らかなのに、なぜもっと頻繁に人を招かないのかと尋ねたことがある。ゲーデルは「ほとんどの人が、他人と一緒にいると、本人が思っているよりも興奮しているように見えて、それがとても疲れる」と答えた（クライゼルは「はっきりしていたのは、彼はときどき、わずかな情報から苦もなく適切な結論にたどりつくことだ」と述べている[11]）。

ゲーデルの友人への深い愛情を証拠立てる話がある。一九五七年にクライゼルが、イギリス人物理学者フリーマン・ダイソンと結婚していたヴェレーナ・ヒューバー・ダイソンと不倫関係になって駆け落ちしたとき、ゲーデルはクライゼルを非難したプリンストンや数学界の人々の輪に加わろうとしなかった。クライゼルはある日の午後、ヴェレーナと彼女の二人の子供を連れてゲーデル夫妻とお茶を飲み、間接的にでもその事件に対してゲーデルの承認を得ようとしていたと思われる。クライゼルはその後「五〇年代に私が軽率と思われる行動で人々に不快な思いをさせたときも、ゲーデルの友情は揺るがなかった」と敬意を表わしている。これでもかなり控えめな表現だった。クライゼルとヒューバー・ダイソンはその後、数学の会議や社交の場に一緒に現われ、クライゼルは彼女を「私の妻のダイソン夫人です」と紹介していた。(12)

ヴェレーナ・ヒューバー・ダイソン。
セルフポートレート。

しかしゲーデルはクライゼルと熱心に連絡を取り合い、彼とヴェレーナがカリフォルニアに引っ越しても、大陸越しに長電話をして、研究所からの支給金を使ってクライゼルをプリンストンに定期的に呼んで、数学の基礎の進歩に彼が置いていかれないようにしていた。プリンストンと母親業に退屈しきっていたヒューバー・ダイソンは、のちに「クライゼルと一緒にいることは楽しくなかったけれど意義深いもの」で、女性として、そしてまだ大きな実績はないが数学者としての生活に再び目覚めたと語っている。優秀な論理学者というだけでなく、人目を引く美女でもあった彼女は、その後、アルフレト・タルスキと長年にわたって気まぐれに関係を持った。タルスキはその優秀さを埋め合わせることができないほど横暴だった[13]。

そのころプリンストンには、ドイツとオーストリアからの亡命者が多く住んでいた。文学者のエーリヒ・ケーラーとその妻アリスは、エブリン・プレイス一番地の自宅に、ディナーの客として、また一時的な下宿人として、絶え間なく入ってくる難民を迎えていた。その中には作家で数学者のヘルマン・ブロッホもいて、彼は一九四二年から四八年まで彼らの家に住んでいた。化学者であり科学哲学者でもあったポール・オッペンハイムは、アインシュタインの親しい友人かつ隣人となり、ドイツ移民の科学者、芸術家、知識人のために、定期的にプリンストン通り五七番地の自宅で昼食会を開いていた。アインシュタインの家はそのすぐそばにあり、毎週、日曜日の朝にアインシュタインと散歩をしたすぐあとにその会を開くのが習慣となった。ゲーデルは、この二つのグループ両方と付き合いはあったが、親密になることはなかった。

プリンストンに戻ってからできた二人の大親友、アルベルト・アインシュタインとオスカー・モルゲンシュテルンは、いろいろな意味で、最も想定外な人物だった。アインシュタインとは以前の来訪時に、少なくとも形式的には会っていたが、二人の友情が花開いたのは一九四〇年以降である。のちにポール・オッペンハイムが、二人が親密な関係になったのは、自分のおかげだと主張し

アインシュタインと。

ている。オッペンハイムはフルド・ホールの二階にある両者のオフィスがわずか三・六メートルほどしか離れていないにもかかわらず、ゲーデルが有名な同僚に気後れして近づけないでいるのを知り、オフィスのある階に乗り込んでいって両方のドアを同時にノックし、二人が出てくると「アインシュタイン、こちらがゲーデル。ゲーデル、こちらがアインシュタインだ」と告げた。オッペンハイムは以降ずっと、このことを「科学への唯一の貢献」と説明している[14]。

アインシュタインは、プリンストンの堅苦しい社会風習を破ることで、自分のプライバシーを確保するという、自らの判断に忠実に従っていた。日ごろから古い革の上着にだぶだぶのズボン、靴下なしで靴を履き、自分のことを「博物館の飾り物」と冗談めかして言い、友人に「プリンストンでは、私はばか者と思われている」と話していた。[15] 彼の住んでいた、研究所に近いマーサー通り一一二番地にある白く塗られたコテージ風の質素な家には、その後——プリンストンでしか考えられないが——二人のノーベル賞受賞者が住むことになる。

しかし彼は名声から逃れることはできなかった。あるとき毎日の習慣でオフィスへ向かって歩いていると、一台の車が彼を追い越し、そのまま道路から木に突っ込んでいった。運転手が、ひと目でそれとわかる世界で最も有名な科学者の目立つ姿に目を奪われ、振り返ってしまったのだ。アインシュタインはゲーデルとモルゲンシュテルンに、サイン欲しさに彼を追い回す人々について「まるで人食い人種の最後の生き残りだ。食う相手の精神を手に入れようとしている」と述べた。[16]

一九四〇年に再会してから数年の間に、ゲーデルはアインシュタインの家に何度も行って科学的な議論をしたと、誇らしげに母親に伝えていた。「アインシュタインの家に招待されるなんて、一般的にはめったにないことだと思います」と、彼は書いている。研究所への行き帰りにさまざまなことを話し合ううちに、二人の友情は確固たるものとなっていった。「ゲーデルは……私たちの仲間の中で唯一、アインシュタインと対等に歩き、話ができた人物だ」と、フリーマン・ダイソンは述べている。一九四四年から四八年までアインシュタインの数学の助手を務めたエルンスト・シュトラウスはゲーデルについて、「アインシュタインの晩年で間違いなく最高の友人」だと考えていた。「彼らはまったく異なる性質の持ち主だった」とシュトラウスは言う。「しかしなぜか互いをよく理解し、非常に高く評価していた」

彼らは性格のあらゆる面で違っていた。アインシュタインは社交的で明るく、よく笑い、常識をわきまえていた。一方、ゲーデルはきわめて厳粛でとてもまじめ、あまり他人と交わらず、真理に到達するための手段としての常識に不信感を抱いていた。しかし二人に共通するある根本的な性質があった。ものごとの中心にある問題に全身全霊で取り組むということだ(17)。

ゲーデルはのちにアインシュタインの伝記作家であるカール・シーリグに、「私たちの議論は主として哲学、物理学、政治に関するものだった。……なぜアインシュタインが私との会話を楽しんでくれるのか、何度も考えた。理由の一つは、私が反対の意見を持つことが多く、それを黙っていなかったことにあると思う」と語っている。それは尊敬のあまりかしこまっている大半の同僚たちとはまるで違う、アインシュタインにとっては歓迎すべき性質だった。モルゲンシュテルンは日記に「彼はゲーデルを何にもまして高く評価している」と書いているが、こうつけ加えることも忘れていない。「アインシュタインはすべてを認識していた。彼の病的な特徴も、その天才性も(18)」

しかし二人の天才の間には純粋な人間同士のきずなもあり、それが互いに深い影響を与えていた。一九四七年の夏、アインシュタインが数週間、寝たきりになったとき、ゲーデルは毎週面会に訪れ、アインシュタインもまた、よく具合が悪くなるゲーデルをその都度、気にかけていた。彼らは互いにささやかだが心のこもった贈り物をしていた。アインシュタインは新築祝に花瓶を贈り、ゲーデルはアインシュタインの七〇歳の誕生日に額入りのエッチング（アメリカの著名なリトグラフ作家ストウ・ヴェンゲンロスの『静かな時間（*Quiet Hour*）』）を贈った。アデーレがアインシュ

オスカー・モルゲンシュテルンと。

タインへの特別なプレゼントとしてウールのベストを編んだこともある。ゲーデルの母マリアンネが、息子の著名な友人に興味津々なことを知り、アインシュタインが彼女に思いやりにあふれた手紙を書いたところ、彼女はそれをとても喜んだ。「アインシュタインはきっと手紙に親切なことを書いたのでしょう」とゲーデルは母に伝えた。「(少なくとも私にとっては) 親しみやすいといえば彼のことなのです[19]」。

しかしモルゲンシュテルンとゲーデルの友情は、アインシュタインとの友情よりも長く続き、二人の人生において最も深いものとなる。モルゲンシュテルンは、ゲーデルと友人であるという威光を、学者としての名声や個人としての自尊心のために必要としたわけではない。プリンストンで会ったころは、むしろモルゲンシュテルンのほうが有名で、経済学者として国際的な名声を博し、政府や企業の最上層部で助言を求められる立場だったのだ。ジョン・フォン・ノイマンとともにゲーム理論という画期的な概念を考案し、市場、政治交渉、核抑止力など、さまざまな状況における競争者間の戦略的相互作用の理解に革命を起こしていた。彼はまたカリスマ性に満ちた、颯爽とした人物だった。彼の母は短命だったドイツ皇帝フリードリヒ三世の非嫡出子と言われていて、モルゲンシュテルンは生まれながらの貴族のような魅力と風格を受け継いでいた。乗馬の名手であり、音楽と文学をこよなく愛し、四〇歳近くになっても未婚のハンサムな男性であり、半分くらいの年齢の、美しく教養のある女性と、次々と付き合っていた。

二人の男性の間に芽生えた信頼と愛情は深く誠実で、打算や私利私欲にとらわれないものだった。ゲーデルは母親に「彼は特に好感の持てる人物です」と語り、モルゲンシュテルンには自分の仕事や人生について、他の誰にも話さないことを率直に話していた[20]。三〇年もの間、彼らはだいたい数日に一度は顔を合わせ、その間に電話で長話をすることもよくあった。

「なぜ彼が私を選んだのかはよくわからない」とモルゲンシュテルンはゲーデルとの交流が始まって間もないころ、日記にそう書いている。「しかし私のことを好いてくれて、いつも私のために特別に時間を割いてくれているようだ」。ゲーデルはモルゲンシュテルンとともに彼の著作を読んで議論し、モルゲンシュテルンが結婚して子どもが生まれると、ゲーデルとアデーレはクリスマスや誕生日を、彼の家族と一緒に祝い、定期的に互いの家を訪れ、お茶や夕食をともにしていた。ゲーデルは母に、モルゲンシュテルンについて「頻繁に会うのは彼だけです」と伝えている[21]。

モルゲンシュテルンは「いい知り合いはたくさんいるが、真の友人はゲーデル以外にいない」と述べている。「なんという頭脳だ！（Was für ein Kopf!）」と、ゲーデルについての感嘆をもらし、彼との会話、特に一九五六年に親しい同僚だったフォン・ノイマンが亡くなったあとの会話をこう表現している。「大学が象徴する平凡の海に浮かぶ島だ。会うごとに示唆があり、思考がある。とても親しげで、明るく静かな口調で、ささいなことを不思議がる」。何年かあと、ゲーデルはモルゲンシュテルンに「昔からの友情に」という言葉を添えた自分の写真を贈った。「本当にそうだった」。モルゲンシュテルンも同じ気持ちだった。「彼の友情は心を打つと同時に、すばらしいものだ(22)」「私は彼がとても好きだ」と、モルゲンシュテルンは日記に心情を吐露している。「彼ほど私を鼓舞してくれる友人はいない(23)」

大学での奇行

「彼が重要な人物であることは何度も示されている」。モルゲンシュテルンはゲーデルが一九四〇年にプリンストンに来た直後には、彼をこう評していた。「しかし少し頭がおかしい(24)」

ゲーデルとアデーレは、プリンストンに来て最初の三年間で三回引っ越しをした。その理由について、ゲーデルは母親に「空気の悪さに耐えられない」と語っている。プリンストンの夏の蒸し暑さが心臓に悪いと訴えていたが、医師である兄にはもっと詳しく説明している。「私の考えでは、もう一つの大きな原因が（医師は取り合おうとしなかったが）アパートの暖房だと思う。温水ヒーター（水を循環させるタイプ）のはずなのに、部屋が煙くさくなることがとても多かった。私が呼んだ腕のいい修理工たちにはばかにされたが、そのうちの一人が、地下室から何かの煙が壁の割れ目か窓を通って上がってきているのかもしれないと言ってくれた（もちろん研究所の人たちにも告げた。頭痛はなかった）」。あるアパートでは、ラジエーターを取りはずすことまでしたが、そうすると研究所所長のフランク・エイデロットが言うように「冬の間はかなり居心地が悪くなった」[25]。

ある日、研究所の数学者仲間であるマーストン・モースが、プリンストンの地元の家電用品店で、これとは別のゲーデルの奇妙な恐怖症の話を聞いた。彼が研究所で働いていることに気づいた販売員が「ゴー・デルとかいう教授を知っていますか？」と尋ねた。「ええ、知っていますよ」とモースが答えると、店員は「彼は頭がおかしいんじゃないですかね」と言った。「どうしてですか」とモースが尋ねた。「彼のところに冷蔵庫を三台届けたんです。彼はその冷蔵庫から有毒ガスが出ると思っていたんです[26]」

彼とアデーレは大家と口論が絶えなかったが、それはすべて二人の気難しさや注文の多さのせいばかりではなかった。プリンストンは住宅不足が深刻で、大家は「威張っていて」必要な修繕さえしてくれない人が多いと、ゲーデルは言っている。以降二年間、夏は暑さを避けるためメイン州に長期滞在し、一九四一年はブルックリン（マウント・デザート島近くの海沿いの別荘地で、学者に人気がありヴェブレンも夏を過ごしていた）にあるマウンテンアッシュ・インに二か月滞在、翌年にはその近くのブルー・ヒルに舞い戻った。そこでゲーデルは海岸沿いを毎日一人で散歩していて、しかも訛りがあったため、地元の人々の間で彼が潜水艦に信号を送るドイツのスパイではないかという噂が立った。彼とアデーレの奇行は、ホテルのオーナーにも強烈な印象を残した。そのオーナーは何年もあとに、アデーレが部屋の掃除は不要とメイドを追い返したにもかかわらず、のちにゲーデルが、トランクの鍵を盗まれたとしてホテル側を責める、長文の手紙を書き送ったことを覚えていた[27]。

家族の行方もさることながら、自分がずっと不安定な地位にいることが、ゲーデルを苦しめていた。研究所は年俸四〇〇〇ドルで臨時の所員として地位を更新し続けてくれていたが、一年ずつしか更新されなかったのは、彼の健康状態が長期的に安定しているか、わからなかったからだろう。さらに、「私は一年ごとに更新しなければならない地位を必ずしも喜んでいるわけではないし、さらに使える資金がますます減っていると聞いている（おそらく戦争のためではないか）」と、彼は兄に書いている[28]。一方、ニューヨークのドイツ領事館は、休暇の延長を正式に申請するよう要求してきた。ルディがウィーンから連絡してきた話によると、現地のナチス軍や学術関係の役人たちが、ゲーデルの居場所を知らせるよう手紙を送り続けてくるという。どうやら彼が正式な許可を得てアメリカに発ったことを知らなかったようだ。またドイツでの税金の支払いについての問題や、アデーレとウィーンで最後の数か月を過ごしたアパート（ヘーゲルガッセ五番地）の賃貸にまつわる問題も山積みだった。

その状況の真っただ中で、信じがたいことに、ゲーデルが新秩序下において講師に任命された。〝総統の特別保護〟を彼に授与する、一九四〇年六月二八日付の精巧な型押し加工がされた証書は、回収されないまま大学のファイルに入れっぱなしになっていた。それが六〇年後、彼が署名せずにいた受領書とともに発見された[29]。

数か月後、彼はルディに手紙を書いた。

軍司令部から私についての問い合わせがあったと知り、とても驚いている。どちらにしても、私はこの間の四月末に休暇の延長を申請し、それはウィーン当局にも報告され、何も問題はないと地元の領事館で告げられた。〝本人不在の状態〟での再任命されたこととも、やはり驚きだった。なんにせよ、私は一九四一年五月までここにとどまるつもりだ。すでに私はこの職を引き受け、給与の一部を受け取っているからだ。ところで私のウィーンでの役職に給料がつくのかどうか（またその額はいくらか）については、とても興味がある。それを知ることはできないだろうか。新しい法律によれば、すべての講師に給料が支払われることになっている。もし大学にいる誰かと話をしたら、私が領事館経由で、ウィーン大学学長と科学・教育・文化省に休暇延長の申請書を出したことを報告してくれるだろうか。その理由として、（１）ウィーンに戻る資金（ドル）がないこと、（２）ウィーンで生活する資金がない旨を伝えてほしい。彼らはウィーンからのこの問い合わせについて何も知らないらしい。知っていれば、近いうちに大学に来るよう求めることはないだろう。[30]

一九四一年三月、彼は再び休暇の延長を申請したが、このときは彼のアメリカでの長期滞在にドイツ当局が疑いの目を向け始めていることを、領事館からはっきり伝えられた。数か月後、ベルリンの科学・教育・文化省は次のように報告している。

在ニューヨークのドイツ総領事からの報告によると、ゲーデル博士は、プリンストン高等研究所から、来年度の研究活動のために四〇〇〇ドルの俸給を提供されたため、休暇の延長を希望している。総領事が彼に説明したとおり、この申し出に応じることは望ましくないが、他に適当な活動が見つからない。ゲーデル博士は、万一、これ以上の休暇が認められない場合、本国送還後にドイツの大学で有給の職を得られるかどうか知らせてほしいと言っている。ただしゲーデルは心臓の病気のために、負担の大きな管理や教育的な活動はできないとのことだ。(31)

この役人が使った〝送還（Heimschaffung）〟という言葉は「束縛される」「誘拐される」という不穏な意味を含む。

一九四一年一二月、ゲーデルの精神状態の悪化を心配したエイデロットは、ゲーデルとアデーレ二人が診察を受けていた、ニューヨークの精神科医マックス・グリュエンタール博士に、彼が危険な状態ではないかと手紙を出した。「私は当然、ゲーデルの病状について大いに心配しています。彼の症状ついて一般的な見方をうかがえればとてもありがたいです。彼にこのまま仕事を続けさせてかまいませんか？　快方に向かっていますか？　彼を苦しめている精神的な緊張を和らげるため、この研究所でできることがあれば知らせてください。また私が特に知りたいのは、病気のせいで彼が暴力的になり、彼自身や他人を傷つける危険があると思われているかということです」。グリュエンタールは少なくともその点については、彼を安心させることができた。「病気のせいで、彼が暴力的になる大きな危険はないと思います」と返事を書いた。するとエイデロットはそれに対する返信として、ゲーデルの友人たちに頼んでもっと頻繁に精神科医の診察を受けるよう仕向けるつもりだと書いている[32]。

戦時下での生活の不安をさらに高めたのは、彼とアデーレが入国時にドイツ市民として登録していたことで敵性外国人とみなされたため、会議に出席したり、グリュエンタール博士と会ったりするのにニューヨークへ行くたびに、あるいは休暇をジャージーショアで過ごそうとするとき、事前にトレントンの米国連邦検事に手紙を出して許可を得なければならないことだった。その後ようやく〝オーストリア人〟への登録変更が認められた。オーストリア人については、米国国務省がナチス・ドイツの協力者ではなく、被害者として認めていた[33]。

それでも試練が足りないかのように、一九四三年四月、ゲーデルはトレントン徴兵検査場に行って、軍の身体検査を受けるよう命じられた。彼はまだ米国市民権を持っていなかったが（彼とアデーレは市民権申請の第一歩である〝最初の書類〟を一九四〇年一二月に出している。この書類はアメリカに五年住めば申請が可能になる）、他の米国永住者と同様に徴兵の対象になっていたのだ。どの国でも軍の官僚というのは無能なものだが、地元の徴兵委員会はゲーデルを1-A、軍役に適格と分類した。三年前にドイツ軍で検査を受けたときと同じである。

不幸を阻止しようと、エイデロットは徴兵委員会に緊急の嘆願書を送った。「ゲーデル博士は、ナチス・ドイツからの難民の大半と同じように、アメリカの戦争遂行に協力するためできることは何でもする覚悟でいます。しかしこのような状況では、ゲーデル博士がプリンストンに来てから二度も精神と神経の不安定さを示し、主治医が精神病と診断したことを、徴兵委員会に報告しなければばならないと考えています。……彼は治療を受けてよくなったため、一九四〇年に我々が再び研究所に招き、それ以来ずっとアメリカに滞在しています。しかし昨年から症状が再発し、また治療が必要になりました」。そして「ゲーデル博士は数学の天才です。しかしこの能力は、不幸にもある種の精神症状を伴っていて、それは積極的な数学研究を妨げるものではありませんが、軍隊という立場からすると深刻な問題になるかもしれません」と説明している。エイデロットは、プリンストン大学の医師で、プリンストン病院の医長でもあり、アメリカで二度不調をきたしたとき、ゲーデルを治療したヴァンネマン医師に、もっと詳しい説明をしてもらうことを勧めた[34]。

徴兵委員会は、エイデロットが「ゲーデルの病状を知っていること」は理解したが、その情報を徴兵検査センターに報告し、軍医による「完全な精神鑑定」を要請する以外に何もできないと答えた。結局、ゲーデルは徴兵検査（彼はオーストリア・ハンガリー帝国時代の古風なオーストリア語でAssentierungと呼んでいた）を受けに、同時期に徴兵通知を受けた同僚の教授に伴われてトレントンへ向かった。このときはどういうわけか、ありがたいことに4-Fに分類され、永久に兵役免除されることになった[35]。

精神的な危機を何度か経験しながらも数学の研究を続けられることは、エイデロットが指摘したように、ゲーデルの性格の驚くべき側面であり、このときのエピソードも例外ではなかった。回復して間もなく、彼はまったく新しい分野の研究に全力で取り組み、アインシュタインの〝一般相対性理論〟の方程式に、きわめて独創的な解を導き出した。これは数学における偉業だった[36]。しかしゲーデルがそれ以上に興味を持ったのは、その不思議な哲学的含意、特に時間の性質に関するものだった。

ゲーデルは『生きている哲学者たちの書庫（*Library of Living Philosophers*）』シリーズのアインシュタイン特集に寄稿を依頼されて書いた短い論文の中でこう説明している。「哲学を志す者にとって相対性理論の最も興味深い点の一つは、時間の本質、つまり神秘的で一見自己矛盾した存在である一方で、世界と我々自身の存在の基盤をなしているように見えるものについて、新しく驚きに満ちた視点を加えたという事実である」[37]。アインシュタインの簡単なほうの理論である特殊相対性理論においても、違う速度で動いている観測者は、時間の経過の感じ方が異なるだけでなく、二つの出来事が同時に起こったかどうかの認識さえも異なることはよく知られている。しかしアインシュタイン方程式の標準的な宇宙モデルを記述する解には、〝特権的〟、つまりある意味で客観的な〝宇宙時間〟が残されていて、それは膨張する宇宙の平均質量とともに動く観測者が知覚する時間に対応している。

一方、ゲーデルの解は、そのような客観的な時間の経過への足がかりさえも排除してしまった。ゲーデルのモデルでは、宇宙は膨張するのではなく、あらゆる場所にある物質が、局所的な慣性系で、同じ平行軸に沿って回転している。彼の宇宙では普遍的な時間の基準として、他と区別される場所はない。ゲーデルはアインシュタインの方程式から導き出した世界における〝他の驚くべき特徴〟をいくつか指摘した。

つまりこの世界では、ロケットで十分に大きなカーブを描いて往復することで、これらの世界で過去、現在、未来のどの領域へも行って帰ってくることが可能で、それはまさに他の世界で宇宙の彼方へ行くことができるのと同じなのだ。

ゲーデルもすぐ認めたように、この状態は不合理を意味するようだ。「たとえば、自分が住んでいた場所の少しだけ過去に行くことを考えよう。そこには過去の自分であるはずの人物がいるだろう。そのとき、その人物に、彼の記憶にないはずのことを何かしらできてしまうのだ」。しかし彼は、この宇宙のいたずらが起きる可能性は、彼のモデルを自動的に除外するものではないと反論した。このような航行に必要なエネルギーを計算すると、現実的には不可能かもしれないというのだ。宇宙船は最低でも光速の三分の二の速度で移動しなければならないし、乗員が生きている間に旅を終えるには、船自体の重さの一〇億×一〇億倍以上の重さの燃料を搭載しなければならない。したがってこのようなタイムトラベルのパラドックスが起こらないのは、彼のモデルが間違っているからではなく、それが技術的に永遠に手の届かないところにあるからに他ならない[38]。

ゲーデルのモデルは、より単純な反論に直面した。宇宙が膨張していることを示す、はるか遠くの銀河の赤方偏移などの強力な観測証拠と一致しないというものだ。しかしゲーデルは、自身のこの発見のより深い含意というのは、もしそのような世界が存在するならば、どんな客観的な意味であれ、時間の経過という概念を無意味にしてしまうと主張した。これは時間は物理的な現実ではなく、単にそれぞれの観測者の知覚の産物になるという、イマニュエル・カントをはじめとする〝観念論者〟の哲学者の主張によく似ている。「もし時間の経過という経験が、客観的な時間の経過なしに存在しうるのであれば、客観的な時間の経過を前提とする理由は何もない」とゲーデルは結論づけた[39]。

彼の友人のゲオルク・クライゼルは、ゲーデルの論文の〝行間〟に、過去からよみがえる幽霊や「人の魂が生き続ける時間を超えた未来」への強い関心を感じると考えていた[40]。

市民ゲーデル

戦争末期の数か月間、ウィーンは、イタリアから飛んでくるアメリカ軍の爆撃機や、東から迫りくるソ連軍の射程圏内に入っていた。ウィーンの石油精製工場は何度も空襲の標的とされ、中心街には誤爆が相次ぎ、オペラ座やブルク劇場は大きな被害を受け、リングシュトラーセはがれきの山で埋まり、あるときは爆撃の標的がまったくはずれ、シェーンブルン宮殿の敷地内にある有名な動物園に命中し、数千匹の動物が命を落とした。その襲撃のとき、大学本館には二六発の爆弾が投下された。

一九四五年の夏、ゲーデルは家族からほぼ一年ぶりに連絡を受けた。戦時中、赤十字経由で何通か手紙が来たが、彼が送った手紙はすべて行方不明になっていた。戦争が終わって一か月経ったとき、彼は手紙を書いた。「親愛なる母さん、親愛なるルディへ。これほど長い時間が経ったあと手紙で詳しい話を聞けたこと、そしてこれまでの何か月かを乗り切れていたことを知ってとてもうれしい。……もちろんできるだけ早く荷物を送ります。……早ければ来年の夏にウィーンを訪ねたいのですが、それは可能ですか？　状況が早く改善され、近々連絡がもらえることを願っています(41)」

ゲーデルとアデーレは母や兄、そしてその他の親戚のために、食料小包や日用品の詰め合わせを山ほど送り、そこにウィーンの有名なコーヒー製造小売り会社ユリウス・マインルのクーポン券（小麦粉などの主食、粉ミルク、インスタントコーヒーに引き換えられ、アプリコットジャム、サーディン、クロワッサン、ハム、タバコなど、ちょっとした贅沢品はアメリカから直送される）も入れてやった。

戦時中の出来事や、友人知人の消息が少しずつ伝わってきた。ゲーデルは母親からの三通の手紙で、フリッツ・レートリッヒが強制収容所で死んだことを知らされ、ようやく現実を受け止めた──いまにして思えば、悲劇に対して必要以上に厳格な論理で抵抗しようとする気がかりな傾向が、このころから現われていた。「レートリッヒのことを書いてくれていたのを、いまになって思い出しました」。ゲーデルは一九四七年に母に返事を書いた。「しかしそれが記憶に残らなかったのは、とても信じられなかったからです。なんといってもレートリッヒはユダヤ人といってもハーフであり、ガス室に送られるとは思ってもみませんでしたから（彼らは兵役に就いてさえいたのです(42)）」

ブルノはチェコの都市でも最も激しい空襲にさらされ、街の兵器工場を狙った連合軍の空襲で三万戸のアパートが破壊された。ナチスの残虐行為と報復によって、戦中戦後の恐怖が高まった。ブルノにいたドイツ人は、他のズデーテン・ドイツ人〔チェコスロバキアのドイツ人〕がそうだったように、帝国内で特に熱心なナチス信者だった。ルディはヒトラーや国家社会主義について不注意な発言をしがちだった母親が、深刻な問題に直面するのではないかとても心配していた。チェコ人の裏切り者をナチスがしょっちゅう処刑し、それを知らせる赤いポスターが町中に貼られて、ドイツ人の領主や雇い主に対するチェコ人の憎悪がどんどん高まっていき、ゲーデルの母親とチェコ人の家政婦の関係もきわめて険悪になっていった。一九四四年八月、ウィーンを訪れた母親は、ルディにもう戻らないよう説得されて、レルヒェンフェルダー通りにある、彼の診療所に隣接する小さな単身者用アパートに引っ越した。戦争の最後の三日間、ロシア軍がドイツ軍の最後の生き残りと戦っている間、彼らはこの建物の地下室で過ごした。地上に戻り、大量の薬莢（やっきょう）と野ざらしの死体の山を初めて見たとき、彼らは涙にくれた[43]。

しかしマリアンネはウィーンに移っていたため、終戦によって解放されたチェコ人たちの猛烈な報復を免れることができ、それで命が助かったことは間違いない。一九四五年五月一二日、ドイツが完全に降伏してから一週間後、チェコの大統領に復帰したエドヴァルド・ベネシュがブルノにやってきて「共和国におけるドイツ問題を清算しなければならない」と宣言した。ブルノにいた二万人のドイツ人が集められ、チェコの工場労働者、非合法戦闘員（パルチザン）、兵士などで急ごしらえされた衛兵により、オーストリアとの国境まで強制連行された。ソ連軍の占領下でつくられたオーストリア臨時政府は彼らの入国を禁じ、数千人が仮設キャンプに放り込まれ、残りはブルノまで徒歩で帰った。その途中で約一七〇〇人が、飢え死にしたり殺害されたりした[44]。

チェコスロバキアの新政府は、国内のドイツ人の財産を没収し、ゲーデル家の屋敷もやはり押収された。ゲーデルは地元の弁護士を雇ったり、米国国務省に援助を求めたりして、何年もかけて財産を取り戻そうとしたが、「チェコの旧ドイツ国民に対する報復は、ヒトラーが占領地をどう扱ったかを知らなければ、とうてい理解できないだろう」と納得し、のちには一九五〇年代にドイツに亡命したブリュン人が発表した、ドイツ民族主義の色が濃いままの本や新聞記事に嫌悪感を抱いていた。(45)

しかし母のマリアンネにとってそのときの最大の問題は、ウィーンにあった。一九四六年一月、ルディは手紙でゲーデルに、ロシアがチェコスロバキアから、母親と同じようにオーストリア市民権を取得していないドイツ人を検挙し始めたという驚くべき知らせを伝えてきた。

ここからの追放はナチス党とは関係なく、むしろチェコスロバキア共和国にいる、市民権を持たないすべての民族ドイツ人が対象になる。だから党員でなかった母さんまでも！　当然ながら、母さんをここに引き留めるためにあらゆる手段を講じるつもりだ。特にそのころ母さんは何年もウィーンに住んでいたのだから。……もしプリンストン大学当局から、地元の軍政府に対し、おまえの立場を考慮して奥さんを例外としてもらえるよう要請する手紙をもらえるのであれば、当然そのほうがいいだろう。(46)

結局それは杞憂に終わった。しかしアデーレもゲーデルと同じように彼の家族のことを心配していて――ウィーンの状況を見て「完全に動揺している」とモルゲンシュテルンが報告している――機会がありしだい、ウィーンに行こうと決めていた。ワシントンのオーストリア公館やニューヨークの領事館に何度も足を運び、電話をかけて、ようやく必要な許可をすべてそろえた（「再びなつかしい祖国の組織を相手にしているのだと、すぐさま気づいた」と、ゲーデルはおどけた様子で言った）。アデーレは一九四七年五月二日にウィーンへ向かい、七か月ほど経った一二月四日に帰国した――のちに彼女は、離れていた期間を〝結婚の休暇〟と呼ぶようになった[47]。彼女が不在の間、ゲーデルの友人たちが交代でゲーデルの世話をし、食事を与え、田舎への小旅行に連れ出し、料理と掃除ができる家政婦を見つけるのを手伝った。ゲーデルは「モルゲンシュテルンはとても親切で、私に気晴らしを見つけようとしてくれている」と母親に伝えている[48]。

アデーレが訪問しても、彼女に対する家族の態度が改善することはほとんどなく、それは始まりからずっと冷え切ったままで終わる運命にあった。クルトとアデーレの死後一〇年以上経った一九九〇年にインタビューに応じたルディは、アデーレについて聞かれると「弟の結婚を批判する立場にはない」と冷たく答えた[49]。マリアンネ・ゲーデルの死後、アメリカにいる息子に宛てた手紙はすべて破棄されたが、クルトからの返事に、二人の女性の間の緊張と、アデーレとの生活に対して彼自身がずっと持っていた葛藤が明確に表われている。

このような家族の力学がゲーデル自身の精神病理と結びつくのは避けられず、その最も顕著な面は、古典的な精神分析理論の教科書に載りそうな症状として現われていた。父親に対して感じていた冷淡さ、成人後もずっと保たれていた母親との親密な感情的なつながり、肛門へのこだわり、若いころからずっと変わらない芸術、音楽、装飾の好み、子供のころのおもちゃ、ゲーム、おとぎ話への執着、支配的な年上の女性に性的に惹かれることなどである。終戦直後から隔週、やがて月に一度になったが、だいたい日曜日の夕方に律儀に書いていた母親への手紙には、真の優しさと家族との親密さ、そして周到な深い配慮が表われている。プリンストンにある彼とアデーレの家や庭、海岸での休暇のことなどを楽しげに語り、自分の仕事について根気よく説明し、アインシュタインについて知りたがる母の好奇心を満たし、本や演劇、政治や政治家、人生の意味などについての考えや見識を語った。それには真心があふれ、尊大さのかけらもなかった。彼は決して偉ぶることはなかった。また彼はよく自分の腸の状態を母親に伝えていた。とはいえ母親から送られてきた浣腸器を使ってみるという五四歳の男について、フロイト博士がどう考えるかは、まったく別の問題である。(50)

アデーレがウィーンに到着して数週間後、彼は母親の「アデーレが息子をこんなに長いこと放置して、妻の務めを怠っているのではないか」という当てこすりに、手紙で反論した。「私はふだんレストランで食事をしているし、食器を洗わなければいけないときは、食後すぐに自分でお湯で洗い、ラックに置いて乾かすので、それほど時間はかからない。ベッドメイキングは健康を保つ体操のようなものだし、そもそも他にやることはない」と言い張った。しかしその一方で、アデーレの抱える深刻な問題についても素直に認めている。

母さんといるときの〝不機嫌な〟アデーレは、残念ながら他人とふつうの関係を結べないようだと言わざるをえません。ふつうの人なら気にも留めないような、悪意がない言動、あるいは善意でさえあるかもしれないようなことを、ひどい侮辱と受け取ることがあるのです。またアパートの大家に対する嫌悪は、いくつかのことについては正当な不満であるにしても、完全に正常の領域を超えていると思います。特に自分に敵意が向けられているという意味で。それとは別に、ここで彼女は明らかにヒステリー（単に頑固というだけでなく、病気としての意味で）の症状を示していて、おそらく神経障害の医者の世話になったほうがいいと思われるのですが、それは費用がそれほどかからず、確実に回復が望めるならばの話です。彼女の母親や姉と一緒にいることが、彼女によい影響を与えることを望んでいますし、念のため母さんにも知らせておきたかった。当然ですが、何があろうとここに書いていることを彼女に言わないでください。事態が悪くなるだけでしょうから。(51)

その夏、モルゲンシュテルンもヨーロッパを旅行し、ゲーデルの家族を訪ねる機会を得た。彼はマリアンネを魅了し、ルディとも馬が合った（「とても善良で魅力的な男性、四五歳。弟によく似ている。趣味がよく、蔵書もすばらしい。母親もいい人だ」）。そして彼らにとっては息子であり弟であるクルトが、控えめながら名声を博した重要人物であることを初めて明確に説明され、二人はとても驚いていた。「二人ともクルトの本当の姿を理解していなかった。K〔クルトのこと〕は決して彼らに話さなかったし、ウィーンで彼はあまり知られておらず、私から話を聞いてとても喜んでいた(52)」

アデーレが帰国して間もなく、二人はアメリカに帰化するための最後の関門である市民権テスト

ルンで、七年前にアインシュタインの帰化宣誓式を担当したフィリップ・フォーマン連邦地裁判事のもとで試験を受けることになった。

ゲーデルの試験の話は伝説の域に達していて、いろいろな話が伝わっているが、モルゲンシュテルンが実際に見聞きしたことを語っているので、それがいちばん正確だろう。ゲーデルは市民権テストの数か月前から、アメリカの歴史、政府、時事問題、法律、統計などを徹底的に研究し勉強し、アメリカインディアンの部族、独立戦争時のイギリスの将軍の名前、一八六三年の国家破産法、郵政長官の執務室などについて、ガベルスベルガー速記法でノートを埋めていき、プリンストン大学の図書館からニュージャージー州改正法、一九〇一年の保健条例、プリンストンの町の法人設立法などを借り出していた。二、三日ごとにモルゲンシュテルンに電話をかけて、もっと本が欲しいと訴え、それまでに気づいたことについて質問を浴びせた。「ゲーデルは『ワールド・アルマナック』を読み、何度も私に電話してきて、自分が発見した事実に目を見張り、自分が発見すると思っていたのに見つからなかったものについては、誰かが悪意をもってそれを隠したのだと思っていた。害がなくておもしろい」とモルゲンシュテルンは書いている(53)。

その日が近づくにつれ、彼は地方行政の組織についてモルゲンシュテルンにしつこく質問し始めた。モルゲンシュテルンはこう回想している。

彼は特に自治区と町村の境界はどこにあるのか、私に教えてほしいと迫った。もちろんそんなことはまったく必要ないと説明したが、彼は耳を貸さなかった。……次は自治区議会がどうやって選ばれるのか、町村議会はどうか、市長は誰か、町村議会がどのように機能しているのかを知りたがった。そういうことを聞かれるかもしれないと思ったらしい。自分が住んでいる町のことを知らないとわかれば印象が悪くなる。

そんな質問は絶対にされない、質問はほとんど本当に形式的なもので、簡単に答えられる。せいぜいこの国の政府はどのようなものか、上級の裁判所は何と呼ばれているかといったことしか聞かれないと説得しようとした。

何にせよ、彼は憲法の勉強を続けた。調べているうちに、困ったことにいくつかの内部矛盾を発見し、独裁者が完全に合法的にファシスト政権を樹立することは可能だと、かなり興奮気味に私に話した。私はそのようなことが起こる可能性はほとんどないと言った。たとえ彼の考えが正しかったとしてもあるわけがないし、彼が正しいとは思えなかった。しかし彼は頑として譲らなかったので、この点について何度も話し合った。私はトレントンの法廷での審査では、そのようなことを持ち出さないように説得し念を押し、アインシュタインにもそのことは話しておいた。彼はゲーデルがそんな考えを思いついたことにあきれ、やはりそのようなことを気にしたり、議論したりしないように告げた。

審査の当日、モルゲンシュテルンはゲーデルを車に乗せて、アインシュタインの家まで行き、三人でトレントンへと向かった。アインシュタインは、いつものようにいたずら心を起こして、後部座席のゲーデルに「さあ、ゲーデル君、この試験の準備は本当に万端かね？」と厳めしく問いかけた。これがまさにアインシュタインの狙いどおりの効果を発揮し、ゲーデルは一瞬パニックに陥った。

法廷に入ってきたフォーマン判事はアインシュタインの来訪を喜び、著名な訪問者と少し話をしたのち、ゲーデルのほうを向き、尋ねた。

「さてゲーデルさん、あなたの出身はどちらですか？」

「私の出身ですか？　オーストリアです」

「オーストリアの政府はどのようなものでしたか？」

「共和制でしたが、憲法の不備により独裁制に変わってしまいました」とゲーデルは答えた。

「それはとてもまずいですね」と判事は言った。「この国では当然そんなことはありえません」

「いいえ、ありえます」とゲーデルは叫んだ。「私はそれを証明できます！」[54]

フォーマン、アインシュタイン、モルゲンシュテルン三人がかりで、ゲーデルが自分の自慢のアイデアについて、それ以上は話をしないよう黙らせた。その後の式は何事もなく終了した。

（ゲーデルが持っていた書類の中に、彼が発見したという欠陥が何だったのかの説明は見当たらない。しかし、ある想像力に富んだ法律学者が、ゲーデルは次のように考えたのではないかと、もっともらしく言っている。「憲法は改正を意図的に難しくしているが、改正手続きそのものを改正してしまえば、その安全装置機能の弱体化を防ぐものは何もない」[55]）

一方、研究所はついに彼を終身雇用することを決定した。新しい地位に就いて給料が五〇パーセント上がり、年額六〇〇〇ドルになったのだ。このときもそれを実現するために力を尽くしたのはフォン・ノイマンだった。彼は憤然としてヴェブレンに抗議をしていた。「ゲーデルは最高の研究の一部（連続性仮説）をこの研究所で行なっている――それはいまよりも健康状態が悪い時期だった。研究所は彼への支援を明確に約束しており、ゲーデルのような優れた研究者に対し、現在のような条件を今後も続けることは礼儀知らずで品位に欠ける[56]」

ゲーデルは市民権を得たことで、前に母に伝えていた、新天地での幸せと安心感が、より強固なものとなった。「私はこの国でとてもくつろいでいます」と、ゲーデルは母に語った。「たとえ何かの仕事を提示されたとしても、ウィーンには戻らないでしょう。個人的な状況は別にして、この国とこの国の人々に、故郷の一〇倍も魅力を感じます[57]」

第9章　プラトンの影

形而上学的公理

一九五一年初頭、アメリカ数学会はその年の一二月にロードアイランド州プロビデンスで開かれる年次総会での、ジョサイア・ウィラード・ギブズ・レクチャーにゲーデルを講演者として招待した。ギブズ・レクチャーは数学の偉大な業績を一般に紹介することを目的としていて、これまでにもアインシュタイン、フォン・ノイマン、ヘルマン・ヴァイル、イギリスの数論研究者G・H・ハーディ、理論空気力学者のセオドア・フォン・カルマンといった大物が招かれてきた。論理学者がその講演に選ばれたのは、ゲーデルが初めてだった。

彼はあやうくその講演に行けなくなるところだった。二月一日、彼はプリンストン大学に入学した当初から診察を受けていた地元の医師、ジョセフ・M・ランポナを自宅に呼んだ。ランポナ医師が到着すると、彼は血を吐いていた。出血性潰瘍と診断された。しかしランポナは、このときだけでなく何度も同じような事態を経験したことを回顧し、「彼はなかなか対応が難しい患者だった」と述べている。

「何の病気だと思いますか？」とゲーデルが尋ねた。

「胃潰瘍ですね」と、ランポナは答えた。

「そうは思えない」とゲーデルが言う。

最終的にランポナはアインシュタインを家まで呼んで、本当にすぐさま病院に行かなければならない状態だと、気難しい患者を説得してもらわなければならなくなった。[1]

「彼は自分が死ぬと思っている。そんなこと考えるなと説得するのは難しい」。モルゲンシュテルンはゲーデルを病院に見舞ったあとそう書いている。病院で彼は自分の遺言を書き留めてほしいと友人に懇願した。彼は輸血を受けていて、それで命拾いをしたのは間違いないのに、その間もプリンストン病院の医師は何もわかっていないと言い続け、指示に従わず、処方された薬も飲まなかった。二週間後、彼は新たに研究所の所長となったオッペンハイマーに、ドイツ語で錯乱したようなメモを走り書きして、違う病院に移ることについて緊急に会って話がしたいと訴えた。「私はここでどんどん悪くなっていて、すでに二つの重大な治療ミスが起きています。健康を取り戻せるとしても、ここでそれはありえないでしょう[2]」

オッペンハイマーはおそらく、どうして原爆開発の責任者だった自分が、半ばヒステリックな論理学者の世話役のようなことをしているのか首をかしげつつ、彼の気持ちが落ち着くよう返事を書いた。「あなたの主治医と話をして、手紙に書かれていた心配事について伝えました。彼によれば、まもなく退院できるということです。主治医はあなたの悩みをよく理解してくれているので、手厚い世話をしてくれると思います。早い回復を願っています[3]」

ゲーデルはそれまでも、原因のわからない病気、想像上の病気、その他のことで何度も体調を崩していた。いきなり死の淵をさまようほど体調が悪化するのだが、回復するときも急激に健康と平静を取り戻した。三月初めにはルディに、自分の病気について、ちょっとしたジョークを交えて事実を伝える手紙を書いている。「前にも書いたとおり、この国ではすべてが正確に決められているので、冬の寒さも夏の暑さも、すべてその月の一日目から始まる。それは病気についても同じらしい[4]」

ゲーデルの入院中、オッペンハイマーはモルゲンシュテルンに、ゲーデルが特に喜ぶようなことは何かないかと尋ねた。「もうそろそろ彼を教授に任命するべきだと言った」とモルゲンシュテルンは語る。しかしまたしても研究所の政治が障害となった。数学科の教員の何人かが、個人的な理由と手続き上の理由で強く反対したのだ[5]。

その二週間後、オッペンハイマーは別のアイデアを思いついた。アインシュタインの誕生日である三月一四日に、第一回アルベルト・アインシュタイン賞が授与されることになったのだ。賞金は一万五〇〇〇ドル、それと金メダルが贈られる。その資金を出したのはルイス・ストローズ提督という、大金持ちのビジネスマンで、研究所の理事でもあり、のちにアメリカ原子力委員会の委員として核兵器と原子力の開発の中心勢力となった人物である。表彰委員会はすでに、若き理論物理学者ジュリアン・シュウィンガーを受賞者として決定していた。オッペンハイマーは、まだ正式発表されていないとはいえ、この時点で変更することは恥ずべきことであり、また親友のフォン・ノイマンとアインシュタインが選考委員であることから、ゲーデルに賞を与えると身内びいきのように思われるのではないかと懸念していた。しかし賞を二人で分け合うという案はすぐに同意に至っ

アインシュタイン賞の授賞式。
ストローズ提督とジュリアン・シュウィンガーと。1950年。

た[6]。

授賞式の数日前にアデーレが急に「自分が夫の隣に座るべきだ」と言い出すというトラブルがあったものの、すべて滞りなく行なわれた（「彼女はとても行儀よくふるまった」と、モルゲンシュテルンは述べている）。フォン・ノイマンは熱烈な賛辞を読み上げ、ゲーデルは母に「私はこういうのは嫌いだ」と控えめに主張していたが――「フォン・ノイマンがあまりにも褒めるので、先入観のない聴衆は、この賞が私の偉業にふさわしくないという印象を持ってしまった」と冗談を言っていた――ストローズが主催し、七五人の客が集まった昼食会で、アインシュタインから直々に賞を授与されたとき、彼は目に見えて高揚していた。そこに集まっていた人たちが一様に驚いていたのは、「アインシュタインがネクタイまでしていた！　ゲーデルにメダルを渡すときとても上機嫌で『親愛なる友よ、これを君にあげよう。必要はないだろうがね！』と言っていたことだった」と、モルゲンシュテルンは言っている。(7)

この受賞についての記事が『ニューヨーク・タイムズ』紙の一面や、オーストリアの主要新聞に掲載され、ゲーデルは学生時代の友人であるフリッツ・レーヴ・ビアーやハリー・クレペタルから祝辞を受け取った。六月にはイェール大学から創立二五〇周年記念の名誉学位が授与された。このときも彼は少年のような無邪気な調子で母親に報告した。「二五人くらいの科学者に名誉博士号が授与されました。私は飛び抜けて若く、他の人たちはすべて六〇歳以上でした。式典ではガウンと帽子を身につけなければならなかったのですが、アデーレはそれをとても喜んでくれました」(8)

ゲーデルはすっかり回復して、クリスマスの翌日にプロビデンスで開かれるギブズ・レクチャーには、アデーレと一緒に向かった。公の場での最後の姿となるこの講演で、彼はプラトン主義、数学の本質、数学的真理についての自らの見解を、きわめて明確かつ力強く説明した。ゲーデルはのちにバートランド・ラッセルから、冗談めかして〝生粋のプラトン主義者〟と片づけられて悩むことになるが、ラッセルのこの指摘は的を射ていた。一九四四年にプリンストンに長期滞在したとき、毎週アインシュタインの家でゲーデルやパウリと交わした会話について、ラッセルは自伝の中でこう書いている。

このような議論は、ある意味で期待外れだった。三人ともユダヤ人の亡命者で、国際人(コスモポリタン)であろうとしていたのだが、ドイツ的なメタ物理学への偏りがあり、どれほど努力しても、議論の出発点となる共通の前提に到達できなかった。ゲーデルは生粋のプラトン主義者であることがわかった。どうやら彼は、永遠の「否認（not）」が天にあり、まじめな論理学者たちはいつかそれに出会いたがっていると信じていたようだ。[9]

何年もあとになって、ゲーデルはマクマスター大学にあるバートランド・ラッセルの論文の保管責任者からの問い合わせに対する回答（送られてはいなかった）で、ラッセルの『数理哲学入門』の言葉を引用し、いら立たしげに反論している。「まず（真実を明らかにするため）私はユダヤ人ではないと言っておかなければならない（それが重要であるとは思わないが）」とゲーデルは書いている。「私の〝生粋のプラトン主義〟に関して言えば、それが唯一無二でないのは、一九二一年にラッセル自身が書いているとおりだ」。これはラッセルが『数理哲学入門』で書いた「論理学は動物学と同じように現実の世界に関わるものだ」をほのめかしている。ゲーデルは一九四四年に刊行された『生きている哲学者たちの書庫』シリーズのラッセル特集に寄稿した文章で、この箇所を当てつけるように引用している。[10]

ゲーデルはギブズ・レクチャーの中で、数学は人間の発明した創造物にすぎないという考え方に対して、いくつかの強力な反論を展開した。まず数学の創造という行為そのものが「創造者が享受すべき自由をほとんど示していない」。創造物はほとんどすぐに独自の生命を持ち始め、他の方法で創造主に反抗したり要求したりするようになるからだ。

たとえば整数に関する公理が自由な発明であったとしても、数学者は、自分の対象の最初のいくつかの性質を思いついたあとは、その創造的能力の限界に達していて、自分の意思で定理の妥当性を生み出せる立場にないことは認めざるをえない。……

もし数学的対象が我々の創造物であるならば、整数と整数の集合は明らかに二つの異なる創造物でなければならない。しかし整数に関するある命題を証明するためには整数の集合の概念が必要である。そうなるとここで想像の対象に、我々が与えた性質を知るために、（我々は）まず他のある対象を創造しなければならない、という実に奇妙な状況なのだ！(11)

彼はまた不完全性の結果と、数学の本質に関するこれらの哲学的な意味合いとの間に、強い関連性があるという結論を導き出した。彼の不完全性定理はどちらも、明確に定義された体系における公理からの推論という有限の手続きでは、数学のすべてをとらえることはできないことを証明した。しかし、そこから興味深い二者択一の結果が得られると指摘した。一つは、人間の心は有限のルールに還元できない明白な数学の公理を認識できる——それはつまり「人間の心はどのような有限の機械の力をも凌駕する無限の力がある」ということだ。そしてもう一つは、特定の形式的体系の中で決定不可能な問題があるだけでなく、〝絶対的に〟決定不可能な問題が存在するということだ(12)。

これら二つの選択肢はどちらも「唯物論的な哲学と対立することは明らかである」という結論に至ると、ゲーデルは考えた。心が機械でないなら、人間の精神は、神経細胞とその相互接続からなる有限の機構部分の集まりである、脳の機械的動作に還元することはできない。しかし心が計算機にすぎないのであれば、不完全性定理の制限を受けることになる。そうなると、数は少なくとも、人間の心が証明する力を超えた性質を持っているという、厄介な事実に至る。「つまりこの選択肢は、数学的対象や事実（あるいは少なくともその中の何か）が、人間の精神的行為や決定とは客観的かつ無関係に存在することを示唆しているように思える。つまり数学的対象に関する何らかの形式のプラトン主義、あるいは〝現実主義〟である[13]」

彼は「我々の時代の哲学が未発達なために」このような議論は数学的に厳密には主張できないことを認めていた。それらは数学的プラトン主義に対する〝真の証明〟ではない。しかしゲーデルは、数学の基礎の発展、特に彼の不完全性定理が、少なくともこの結論を強く支持していることを示唆し、「数学を構文上の規則と、その結果のみからなるものと考える」見方を否定した[14]。

レクチャーの最後に、彼は一九世紀の数学者シャルル・エルミートの言葉を引用して、こう締めくくった。

> 私が間違っていなければ、私たちが知性によってのみ近づくことができる、数学的真理の集合の世界があるのです。物理的な現実の世界があるように。これもそれも、私たちとは無関係であり、どちらも神の創造物なのです[15]。

ゲーデルは数年後、モルゲンシュテルンにこう言っている。「いまの哲学は――最高でも！――

バビロニアの数学レベルだ」。しかし彼は、哲学を数学と同じように公理化できる、だから論理学の実在のメカニズムを適用して、人間存在の基本的な問題を説明できると固く信じていた。「ふつうは形而上学的と考えられている概念――〝神〟〝魂〟〝理念〟など――を用いて、正確な基本原理の体系を確立することができる」と、彼はルドルフ・カルナップに、一九四〇年にプリンストンで会って哲学的議論を長時間したとき、そう説明している。「これが正確に行なわれるなら、何の異議も出ないだろう」。そしてハオ・ワンにはこう話している。「物理学の始まりは一六七八年のニュートンの業績だが、それは力、質量、法則という、ごく単純で原始的なものしか必要としていない。私は哲学や形而上学にも同じような理論を求めている。形而上学者は、客観的な実在が何であるかを見出すことができると考えている。そこには、他の実体の存在を生むいくつかの原始的な実体があるだけだ[16]」

哲学的な考察を記した多くのノートの中の一冊に、彼はいくつもの基本的な原理を書き記している。それは二〇世紀の科学的経験主義、さらに言えば啓蒙主義の時代全体に、彼の信条がいかにそぐわないかを強調するものだった。彼は自身にとっての哲学の英雄ライプニッツのように「私の理論は合理主義、観念論的、楽観的、神学的である」と説明し、抽象的な論理の力によって、哲学的真理の高みである精神の世界に接近することに力を注いだ[17]。

1. 世界は合理的である。
2. 人間の理性は、原則的に（ある技術によって）より高度に発展させることができる。

3. すべての問題を解決するための体系的な方法がある（芸術なども）。
4. 他の世界と理性的な存在があり、その存在は別種の高次なものである。
5. いま生きている世界だけが、人が生きている、あるいは生きていた世界ではない。
6. 先験的(アプリオリ)に知りうることは、いま知られていることとは比較にならないほど多い。
7. ルネサンス以降の人類の思想の発展は、徹底して一面的である。
8. 人類の理性は、あらゆる方面に発展するだろう。
9. 形式的に正しいのは、現実の科学である。
10. 唯物論（物質主義）は偽である。
11. 高次の存在は他の存在と、構成によってではなく、類似によってつながっている。
12. 概念には客観的存在がある（数学の定理と同じように）。
13. 最高の抽象度の概念を扱う科学的（に正確な）哲学（と神学）がある（これも科学にとってたいへん有益なものである）。
14. 世の中にあるほとんどの宗教は悪いものである。しかし宗教自体は悪いものではない[18]。

ゲーデルは、何かが起こるときは必ず理由があると信じていた。それは超合理主義の肯定でもあり、完全な偏執症の要因でもあった。

隠れた意味

ゲーデルがライプニッツや哲学にのめり込んでいく様子に、少なからぬ数の同業者たちが動揺し、彼が才能をつまらないことに浪費していると、失望を隠さなかった。「私はいつも彼と議論していた」と、数学者のポール・エルデシュは言った。「私は『君が数学者になったのは、人々が君を研究するためであって、君がライプニッツを研究するためではない』と告げた[19]」

さらに悪いことに、ライプニッツとその哲学についての著作の結末に関する、いくつかの陰謀論に取りつかれていて、メンガーやモルゲンシュテルンをはじめ、それらを聞いた人々を愕然とさせた。ゲーデルは、「何かが起こるときは必ず理由がある」という彼の主張と、本当の理由は目に見えるものではないという、きわめてオーストリア的な推論とを混合することが多かった。「私は特に捏造に興味があるのです」と、彼は母に語り、彼女や友人たちに、大小さまざまなものについて、あいまいな政治的な動機、隠された意味、神秘的な意味を見つけたと主張して、奇想天外な理論を滔々（とうとう）と語った。一九五三年にロバート・タフト上院議員、ヨシフ・スターリン、米国最高裁長官が半年以内に次々と死亡した（「そのようなことが起こる確率は二〇〇〇分の一」）。第一次世界大戦と第二次世界大戦の間の年数。テレビで放映される映画の不正確なリスト（「妨害工作のような印象を受ける」）、ウィーンの路面電車の事故の〝あやしげな〟説明（「しかしもちろん国民は実際に何が起こったかを知ってはならない」）。サンフランシスコでの国連の初会合の直前に亡くなったフランクリン・ルーズベルト元アメリカ大統領（「まるで秘密の機関が彼の今後の計画を問題視して宣戦布告したようだ」[20]）。ルドルフ皇太子やバイエルン国王ルートヴィヒ二世の自殺に関する本を夢中になって読み、彼らの死に関する〝公式〟見解を常に批判し、作曲家フランツ・レハールのバートイシュルの別荘で、母親が見たブリュンの古い劇場チラシに、何年も前に彼女が見た公演とまったく同じ出演者が載っていたのは、偶然の一致ではないと母に話した。「知らないかもしれませんが、最近、まじめな科学の世界でもこのようなことに目が向けられ始め、〝同期現象（シンクロニシティ）〟という美しい言葉がつくられました」[21]

何かが起こるときは必ず理由があるという考え以外でも、ライプニッツはゲーデルの陰謀論の妄想の一翼を担わせられた。ライプニッツは、論理学と形而上学に関する最も重要な研究を表に出さず、浅くて安定した、正統的な哲学研究――最善世界――だけを発表して、それをヴォルテールが『カンディード』の登場人物パングロス博士としてパロディ化した[22]。しかしゲーデルは、ライプニッツの著作を弾圧する陰謀がいまだ進行中であるという考えに固執し、彼の著作のある部分に、集合論のパラドックス、ヘルムホルツの共鳴理論、エネルギー保存則、重心の原理、さらにはモルゲンシュテルンとフォン・ノイマンのゲーム理論の基礎を、他の人に数世紀先んじて発見していたことが示されていると主張した[23]。

いつものことだが、彼の考えを変えさせることはできなかった。メンガーは一度それをやろうとしたことがあった。「君はライプニッツの側につくのと引き換えに迫害コンプレックスを負わされているんだ」とからかうように言い、ライプニッツの業績を台無しにしようとしているのは誰なのかと皮肉混じりに尋ねた。

「もちろん、人間がもっと賢くなることを望まない人たちだ」とゲーデルは答えた。それよりもむしろ、権力者がヴォルテールのような急進的な自由思想家の著作を破壊する可能性のほうが高いのではないかとメンガーは反論した。

するとゲーデルは、その反論を寄せつけない見事な論理で返した。「ヴォルテールの著作を読んで、もっと賢くなった人がいるか？[24]」

ゲーデルはライプニッツの文書館があるドイツのハノーファーを訪れ、彼の論文を直接調べようかとまで考えていた。モルゲンシュテルンは旅費の工面に手を貸そうとしたが「彼がそんな妄想にふけるのはもったいない」とも思った。ある日、ゲーデルが数学と論理学に関する未発表の著作の山を読みふけっているのを見て、さらにその気持ちが強まった[25]。

重要かつ奇妙な展開になった。昨日、ゲーデルが研究所の部屋にいるのを見かけた。部屋はがらんとしてたくさんのノートがあった（内容はガベスベルガー式速記法で書かれていた！）何かと見てみると、ライプニッツに取りつかれる前の仕事だった。数学の著作か？　論理学の著作か？　あるいはその両方か？　「両方だ。決定不可能性の新しい証明で、これは（新しい）多項式に関するものだ」と彼は言う。今回は（集合論などの）公理を拡張しても決定可能にもっていく方法が見つからない。まあまあの結果だが、少し弱い。「どうして出版しないのか？」と尋ねると、「連続体問題についての私が書いた小冊子の売れ行きを見ると、この種の問題への関心は高まっていない！」という！　それに、めったにいないが、こんなことに興味を持つ人は、自分で考えられるはずだと！　彼はまったく別の成果もあげている。それはいつか出版されるだろう。それについて私は何も言うべきではない。……

今日もゲーデルと話をした。……研究は続いている。彼は決定不可能な命題を見つけるための方法を持っている！　ただそれを〝否定的〟だと考えている。しかし彼はそれを公表するだろう。[26]

たしかに、彼はそれらを発表したことはなかった。モルゲンシュテルンは数年後に「彼が学び、考えたことのすべてが、彼の中だけにとどめられているのはもったいないことだ」と書いている。「しかし彼がまた私たちを驚かせてくれることはあるかもしれない」とも。ゲーデルの友人たちは、研究所が所員に与えてくれる、研究への無限の自由が、彼にとっては祝福であると同時に呪いであることがよくわかっていたのだが、それについて何もすることはできなかった。モルゲンシュテルンは「ゲーデルはあまりにも孤独である」と考えていた。[27]メンガーはのちに「研究所とプリンストンは、ある意味で彼に向いた場所ではなかった」という見解を示している。

ゲーデルにとって、独創的で思いがけないアイデアを思いつき、発展させるための知的な刺激は必要ではなかった。彼に必要だったのは、自分の発見を発表することを勧め、それに気づかせ、必要なら文書にするよう、そっと背中を押してくれるような、居心地のいい集団だった。

プリンストンに来た当初、彼はまさにそれらすべてを持っていた。……そしてあとになっても、そのような支援を見つけることはおそらくできたはずだ。しかし彼はそれを自分から求めることもなく、また誰もその役を買って出ようとしなかったようだった。実を言えば、私自身、一九五〇年代には、そのようなことにまったく気づいていなかった。まもなく、彼は多くのすばらしいアイデアを書いていながら、それを机の引き出しにしまいっぱなしにしていることがわかった。外からは、彼の比類なき能力は眠ったままであるという嘆かわしい状況にしか見えなかった。[28]

ゲーデルは政治について、自分の唯一の〝趣味〟であると説明していた。一九五〇年代にはニュースを読み、そこでも自らの才能を発揮して陰謀論を読み解くことに、多大な時間とエネルギーを注いだ。オーストリアでは社会民主党支持で、政治的意見も「徹底した反国家主義」だった。[29] フランクリン・ルーズベルトを賞賛し、トルーマンの対ソ強硬政策に不信感を抱き、一九四八年には、初めてアメリカ国民として、大統領選で第三党だった進歩党のヘンリー・ウォレスに投票したようだ。「アメリカ人が権力を持つことがよいことだという意見について、私はルーズベルトのアメリカにだけ、無条件に賛成します」と母に書いている。[30]

朝鮮戦争はトルーマンへの憎悪と、その先にあるものへの彼の恐怖をさらに強めた。「前回の手紙で、母さんはアメリカを手放しで褒めていました。いままで、それをやっていたのは私のほうでしたが、どうやら私たちはいつも意見が対立することになっているようです。ここにきて、あらゆることが戦争の経済に移行しました」と、彼は朝鮮戦争が勃発した一九五〇年六月の一か月後にそう書いている[31]。その後、数か月の間に母に宛てた二通の手紙ではアメリカの外交政策を厳しく批判したため、ウィーンの米軍による検閲が厳しくなった。当時はまだ郵便を開いて読むことが行なわれていた。ゲーデルが書いた怪しげな〝親露的〟な手紙の中に「ここでは政治情勢はすばらしい進展を続けており、国家防衛、徴兵、増税、インフレなどの話ばかりが聞こえてきます」とある。「私は、漆黒の、あるいは漆茶の〔ナチス党の制服は茶色〕ヒトラーのドイツでさえ、ここまで悪くはなかったと思っていますが。……ドイツ人がロシアの大砲の餌として使われるような、愚か者でないことを望みます」。こうしたけしからぬ文章を引用した報告書がＦＢＩ長官のＪ・エドガー・フーヴァーに送られた。しかしゲーデルは、特別な調査をするほどの安全保障上の脅威とはみなされなかったらしい[32]。

ゲーデルは、共和党の反共産主義扇動者であるジョゼフ・マッカーシー上院議員を「アメリカのヒトラーのような人物」、共和党を〝反動的〟と考えた。またその一方、彼が〝主戦論的〟と呼ぶトルーマンの姿勢に幻滅したことで、一九五二年の大統領選で、民主党とその候補者だったアドレー・スティーブンソンにも背を向けた[33]。その年、彼はもう一つの名誉学位をハーバード大学から――〝今世紀の最も重要な数学的真理の発見者〟として――授与されたが、あとでトルーマン時代の国防長官のロバート・Ａ・ラヴェットと同じステージに立たなくてはならなかったことに不満を述べていた。「私自身の過失によってそうなったわけではなかったので、なんとか好戦的な人々と一緒にいることができた[34]」

一九五二年の大統領選挙から数か月経ったある日、エルンスト・シュトラウスが偶然アインシュタインに出会った。

「ゲーデルは完全に頭がおかしくなってしまったよ」と、アインシュタインは言った。

「あれ以上、どう悪くなったんだ?」とシュトラウスが尋ねる。

「アイゼンハワーに投票したんだ」[35]

ゲーデルは大統領選ではずっと共和党を支持していて、一九六〇年にも、ジョン・F・ケネディではなく、不本意ながらリチャード・ニクソンに投票した。しかしストローズ提督がオッペンハイマーを共産主義者として攻撃し、アメリカ原子力委員会に機密情報へアクセスする権利を剥奪させ、研究所長を解雇しようとしたとき、彼は研究所の他のメンバーとともに、オッペンハイマーを支持する公式声明を出している。その後、ゲーデルはベトナム戦争への憤りから、再び民主党に投票するようになった。しかしアイゼンハワーには英雄に対するような崇拝の念を抱き続け、朝鮮戦争を終結させ、共産主義政権との緊張を緩和させたと評価し、「アイゼンハワーのような男がトップにいることは、本当に数百年に一度しか起こらない」と母親に熱っぽく語った。ポール・エルデシュと政治の話をしているときに、彼が「アイゼンハワー」を「アインシュタイン」と言い間違えたことがある。二人は笑いながら「アインシュタインは絶対に許さない間違いだろう」ということで意見が一致した。[36]

白雪姫、女子レスラー、フラミンゴ

一九五三年、ゲーデルはついに研究所の教授となった。これも彼の庇護者であるフォン・ノイマンとモルゲンシュテルンの強力な働きかけのおかげだった。「ゲーデルが教授でないのに、どうして我々の他の誰かを教授と呼べるのか」。フォン・ノイマンは友人の数学者スタニスワフ・ウラムに言いつのった。学内で反対していたのは主にカール・ジーゲルだったらしく、彼は「大学に狂人は一人いれば十分だ！」――つまり自分のこと――と、ひねくれた理屈で反対していた[37]。しかしジーゲルは一九五一年、やはりゲーデルの精神状態に疑問を呈していたヘルマン・ヴァイルと同じく、研究所を去った。もっと現実的な反対意見としては、教授になれば事務的な仕事、特に入学希望者の応募書類に目を通したり、毎年の臨時会員の投票をしたりといった仕事をしなければならず、ゲーデルがそのような責任を引き受けるかどうか懸念がある、というものがあった。

ところがふたを開けてみると、彼の問題はまったく逆のことだった。ゲーデルは新しい仕事に対してとてもまじめに取り組み、決定に何か月もかけ、候補者の論文や申請書を丹念に調べた。「こういうことは、すべてにただイエスと言っておけば楽ができるし、熟考を重ねても、だいたいいつも結論は変わらないものです」と彼は母に語った。「しかし私は議論されていることは、すべて自分の中で整理しておきたい」。研究所の同僚であるアトル・セルバーグは、応募者のファイルを「彼の手から引き離す」ことも困難なことが多く、ましてや彼から意見を引き出すことはできなかったと回想している[38]。

有害なことも多い研究所の政治に必然的に巻き込まれ、ゲーデルはさらに意思決定の重荷を背負わされることになった。数学者は研究所のトラブルメーカーとして有名で、所長と政策や権力をめぐって常に反目し合っていた。その理由としてある研究員は「数学者の仕事は特に集中力が必要で、毎日二、三時間しかできないため、残りの時間は他の人たちをいらつかせることに使うようになる」からだと言った。ゲーデルが教授になって数年後、プリンストン大学のジョン・ミルナー教授に研究所での地位を与えることに関する、数学者による投票をめぐって、大きな争いが勃発した。オッペンハイマーは、それは二つの施設の間で研究者を引き抜かないという〝紳士協定〟に反するとして、任命に反対する意見を評議員会に提出すると宣言した。すると数学科の学科長だったセルバーグが激怒して、それまでオッペンハイマーの部屋で行なっていた数学者たちの会合を、今後はオッペンハイマー所長抜きで行なうと反発した。ゲーデルはといえば、そうした正式な権威を公然と無視することに憤り、教授会への出席は完全にやめてしまい、同僚らと電話で延々と議論した末に、委任状による投票をすることにした[39]。

セルバーグを引き継いで学科長になったアンドレ・ヴェイユが、この慣習を継続することを表明すると、オッペンハイマーは断固反対した――それでヴェイユは「これは戦争を意味する！」と宣言した。それに対してオッペンハイマーは論理学と数学の基礎のための別の委員会を設立した。その会員はゲーデルとハスラー・ホイットニーだけで、彼らは「必要に応じてオッペンハイマーと会う」ということになり、他の数学の研究員と直接対立する分野が、少なくとも一つ減った[40]。

数学者はその十年後、さらに大きな反乱を起こした。それは『ニューヨーク・タイムズ』紙に掲載され、『アトランティック』誌のカバーストーリーにもなった（「オリンポス山の悪しき日々：高等研究所での激戦」）。オッペンハイマーの後任となった経済学者のカール・ケイセンが、宗教社会学者のロバート・ベラーを教授に任命する意向を表明すると、数学者たちはインタビューに答えて、ベラーの学者としての資格だけでなく、ケイセンの道徳的、知的能力を厳しく非難し、彼の辞任を求めた。研究所の物理学者たちは、トラブルメーカーの数学者たちに仕返しをするチャンスだと思ったのか、ほとんどケイセンを支持した。フリーマン・ダイソンは『タイムズ』紙に、数学者は宗教を〝子供の病気〟と考えていると、ふざけた調子で語っている。ゲーデルはまたも板挟みになった。彼自身は、ベラーは研究所で職を得るのにふさわしくないと思っていたが、最終的に数学者の中でただ一人、指名に反対票を投じなかった（棄権を選んだ）。ゲーデルはこの研究所内の政治にひどく動揺し、「そのとげとげしい雰囲気にとても心を痛めていた」と、ある同僚は回想している。自分が教授に任命されてから数年後にゲーデルは「まだ研究所の教授になる栄誉に浴していなかった、あの美しい時代を惜しむことがよくあります」と母親に語っている[41]。

しかしこうした厄介ごとはあったものの、新たな地位に就くことで年棒は九〇〇〇ドルと大幅に増え、彼の安心感は高まり、またアデーレが新しい生活に折り合いをつけやすくなった。それまでアデーレは、アメリカでの生活全般、特にプリンストンでの生活への満足度は夫よりはるかに低く、文句ばかり口にしていた。「残念ながらアデーレは、この国に対する私の熱意を共有してくれません」と、ゲーデルはアメリカに来て六年後、母親への手紙にそう書いている。

彼女は何にでも文句を言い、特に衛生状態にはうるさい。……それとは別に、彼女は小さな町での生活が嫌いで、ここからトレントンはまではわずか半時間、ニューヨークへもたった一時間の距離であることも埋め合わせにはなりません。こうした不満の最大の原因は、ウィーンで一緒に過ごした仲間たちと離れ離れになってしまったことにあると思います。この町で知り合いをつくるのは、彼女にとってとても難しいことです。(42)

アデーレは英語があまり覚えられず、素朴で奔放な性格のため、モルゲンシュテルンは当初から悲惨な結果を招くことを恐れていた。「プリンストンの社交生活、特に他のふつうの奥さんたちとうまくやっていけるだろうか」と、彼は思っていた。こうしたさまざまな厄介ごとに加え、彼女には健康上の問題もあった。一九四六年の虫垂炎、下の歯をほとんど失ったこと、常に体重のコントロールに苦労していたこと、そして心理的な問題をずっと抱えていた。(43) その埋め合わせとしても、彼女のおしゃべりは度を越していて、ときおり野放図なふるまいに及んだ。あるときオッペンハイマー家でときどき行なわれていた狂乱の集まり、一〇〇人ほどを招待した立食パーティーでは、酔ったアデーレが最後に若いフリーマン・ダイソンをダンスフロアに引きずり出し、無理やり二〇分も踊らせた。そのときゲーデルは部屋の隅に一人で身の置き所がないような様子で立ったままだった。「この二人がどんなひどい生活をしているか考えるだけで、気分が悪くなる」とダイソンはその晩の日記に書いている。(44)

しかし一九五〇年代に入ると、どちらにとっても比較的幸福で安定した時期が訪れる。ゲーデルはのちに、主治医である精神科医のエーリック博士に「私は幸せな結婚もしていないし、不幸な結婚もしていない」と語っているが、人生はありのままに受け入れていた[45]。一九五三年、アデーレの二度目のウィーン訪問の際、彼の母親が「アデーレは金を浪費している」とまた批判すると、彼は客観的かつ誠実に、断固として妻を擁護した。

私は自分のことで金を出し惜しみするほうではないし、世界で最も質素な妻がいても、自分で使う金はいまと変わらないでしょう。……母さんは「アデーレについての自分の判断はいつも正しかった」ことがいまにわかる、そして彼女はいつもつまらないことで大騒ぎして、芝居をしていると書いていますが、それは絶対に間違いです。アデーレは本来、まったく無害で善良な人物ですが、神経衰弱に陥っているのは明らかで、それが経験（特に家庭での厳しすぎる教育と最初の結婚）によって悪化したのです。そのため依存心が病的に近いレベルにまで肥大化し、家族、特に母親を過大評価するようになったのです（それをまわりの人に利用されたのかも？）……

前回の私の手紙に嘘は一つも書いていません。アデーレに大きな欠点があることを隠していたわけではなく、その結果として生じる不都合も、ここでの生活のよい面で埋め合わせられると言ったにすぎません。それに楽園に住んでいて、何も不平も言わないという人が、母さんの知り合いにはいますか？[46]

アデーレとリンデン・レーンの家で。

アデーレはその後も、ニューハンプシャーのホワイトマウンテンやジャージーショアやイタリアなどで休暇を過ごし、数か月もゲーデルと離れることになるのだが、ゲーデルはそれを快く受け入れていた。それはきっと、長い時間離れていたほうが、二人の関係の緊張が和らぐことを知っていたからだ。

一九四九年には、アデーレが惚れ込んだ家を買った。モルゲンシュテルンはこれもまたアデーレの愚かさの表われだと思っていた。「ゲーデルはひどい目にあった。彼の妻はとてもヒステリックで、それは彼が私に話し、説明してくれたとおりだ。彼が買った家は価格ほどの（二万二五〇〇ドル＋手数料）値打ちはなく、しかも場所もよくなかった」。その家はリンデン・レーン一二九番地にあり（その後一四五番地に変更）、戦争直後に建てられた軽量コンクリート造りの平屋で、屋根裏の換気や断熱もされてい

屋外で読書。

なかった。頭金の三五〇〇ドルは、研究所から給料の前払いとして支給され、新たな財産を手に入れたゲーデル夫妻は、二人そろって大喜びした。[47]

新たに家の主となったゲーデルは、誇らしげに母に説明した。「この場所のなんとすてきなことか」。自動石油暖房、壁にウッドパネルを張ったリビングルーム、暖炉の上には小物を飾る棚があった。「とても居心地がよくて、ときどき実家の別荘にいるような気分になります。庭も敷地内にあります」。アデーレはガーデニングに夢中になり、球根を植え、花壇をつくり、低木や果物の木を植え、すべて自分の手でシェード付きのデッキをつくり、野菜畑でトマトとレタスを育てた。せっせと働くその姿は、落ち着きを取り戻した自分たちの生活に彼女が満足していることの表われであると同時に、夫であるゲーデルの誇りの源にもなった。「彼女は八日ごとに草を刈ろうと決めたんだ」と、ゲーデルはルディに報告した。「信じられるかい？」[48]

　プリンストンの洗練された友人たちは、アデーレの低俗な趣味に眉をひそめていたかもしれないが、実はゲーデルも低俗（キッチュ）なアートや、感傷的な音楽、新居にたくさんあるような思い出の小物などが大好きという、オーストリア人特有の感覚は共有していた。クライゼルの記憶によれば、ゲーデルは好みを変えたことがないのを誇りに思っていて、変えることは、無矛盾性の欠如（Mangel an beständigen Gefühlen）であるとして軽蔑していた。彼は母親への手紙の中で、かわいいオルゴールや、感動的な絵本、イースターやクリスマスに母が送ってくれる動物のおもちゃ（「スキーするウサギと二羽のペンギンが楽しい」）、アデーレが飼っているペットのインコの動き、必ず見るディズニーのアニメ映画（お気に入りの『白雪姫』は三回観た）、ラジオから流れてくるラテン音楽、ソープオペラをはじめとする昼間のテレビ番組などについて熱く語っている。「レスリングの試合がたくさん放送されていて、当然、私はおもしろいとは思いません」と主張しつつ、「ところで（ありえないと思うかもしれませんが）女性同士のレスリングの試合もあり、その中にかなりきれいな女の子もいるのです」と書かれている。[49]

　彼はアデーレが庭に置くために買ったコンクリート製のフラミンゴを特に自慢していた。アデーレはそれをピンクと黒に塗り、書斎の窓のすぐ外にある花壇の真ん中に置いていた（「本当にかわいらしく見えます」と彼は母親に語った。「特に日の光が当たるときれいです」）。ジャージーショアで夏を二回過ごしたとき、泳ぐこと以外で彼が特に楽しんだのは、遊歩道のアーケードにあるスキーボール・ゲーム〔ボールを転がして得点の書かれた穴に入れるゲーム〕をすることだった。彼はその新たに身につけた得意技で、アデーレのためにステンレス製の台所用品と電気時計を勝ち取ったと、誇らしげに母親に報告している[50]。

彼とアデーレはある年の年明けにメトロポリタン・オペラで『アイーダ』を観た。彼の現代芸術についての知識と鑑賞眼はのちに兄のルディを驚かせるほどで、また純文学への興味も失っていなかった――五〇代後半に、彼は『ハムレット』(「おもしろいのは、ハムレットの人物像について、批評家や文学史家の間で意見がばらばらなことだ」)やゴーゴリの短編小説(「こんなにいい作品だったことに驚いている」)、そのほかにドイツの詩や小説を読み、それらについて豊富な知識と、深い心理的洞察力をもって議論することができた――しかしときどき、文化的な知識の欠如があらわになることがあった[51]。

フラミンゴの置き物と。

「最近、これまで知らなかった近代作家を見つけました。フランツ・カフカというんです」と、彼は無邪気に母に伝えた。「狂気じみた文章を書いていますが、ものごとを鮮やかに説明する腕があります」。ワーグナーのオペラ『ローエングリン』、『さまよえるオランダ人』、『トリスタン』は見たことがあっても、作曲家マーラーの未亡人アルマの誕生日についての記述を見たとき「マーラーとは誰ですか」と母に尋ねている。バッハとワーグナーについては「聴いていると緊張する」と明かしている。[52]

生存への危惧

ゲーデルは世界情勢を憂い、常に健康への不安を抱きながらも、基本的には〝合理的な楽観主義者〟だとハオ・ワンは考えていた。胃潰瘍を患ってからの一〇年間は、ゲーデルの健康状態が生涯で最も良好で、家庭も職場も平穏で秩序があり、幸福な時期が長く続いていた。彼は以前と同じく、毎日アインシュタインと一緒に「三〇分ほど歩いて研究所に行き、その間ずっと会話していた」。午前一一時ごろに職場に到着し、午後二時ごろに帰宅して、読書や他の仕事を続け、天気のよい日には庭に座って過ごしていた。ときどき数学者の仲間たちと町へ出てナッソー・タバーンの〝男性専用部屋(スタッグ・ルーム)〟で昼食をとり、「こうした親密な付き合いの場を楽しんでいるようだった」と、同僚のアトル・セルバーグは述べている。[53]

同時に、彼の心気症が深刻になり始めたことも否定できない。心気症の病因はまだよくわかっていないが、強迫性障害などの他の不安障害と同じように、それ自体が自己強化の論理に従っており、必ずしも外部に明確な原因があるわけではない。ただ少なくとも、日常的な出来事の隠された原因を見つけようとする、数学的研究において絶対的な真理の存在を信じる、そして自分の病気に関する経験的な医学的証拠を断固として拒否するといった彼の強いこだわりと、関連があると思わざるをえない。不確かなものに対する不寛容さは、ほとんどの心気症患者の特徴であり、無害な身体的症状を深刻な病気の証拠として認識する傾向もある。不安が引き起こす安心感を求める行動は、不安をかき立てる根本的な恐怖をさらに強化するだけという矛盾した効果を持つ[54]。

ゲーデルは一日三回体温を測るようになり、何人ものニューヨークの専門医の診断を受けた。それでも自分は何か診断のつかない病気を抱えていて、特に心臓の問題を医師が見落としているに違いないと信じ込んでいた（しかしそれらはほぼすべてありふれた症状——ゲーデルが〝心悸亢進(しんきこうしん)〟と呼んだ不規則な心拍——であり、彼の不安から生じるものだった）。心電図は正常だと言われても、医師よりも自分のほうがわかっているという思いが強まるばかりだった。医師たちは、あいまいな言葉で自分を安心させ、ビタミン剤や睡眠薬を処方して追い返そうとしているのだと[55]。彼とアデーレはまだ、ときどき精神科医の診療も受けており、その医師の中には、華々しく活躍していた精神分析医のチャールズ・R・ハルベックもいた。彼はセントラルパーク西八八番地のオフィスで高級な診療所を経営しており、本名のリヒャルト・ヒュルゼンベックの名で、スイスのダダイスト芸術運動を創始した。しかしゲーデルもアデーレも、人生や結婚生活における心理的な問題を解決しようとしなかったのは一貫していた。

ゲーデルのもっと深刻な問題は、自己診断が自己実現的予言になりつつあることだった。彼は自分で下剤、抗生物質、その他の薬物を大量に服用するようになったが、これらはすべて効果よりも害が多く、炎症を起こし、自分が治療していると信じている問題を悪化、あるいは新たに生み出しさえしていた。彼は処方薬や市販の薬を集め、自分の判断で使っていた。消化不良にはゲルシルや重炭酸塩（腕時計には服用時間を知らせるアラームが設定されていた）、過敏性腸にはベラドンナ、体温が少し上がればペニシリン、オーレオマイシン、テラマイシン。そして薬箱一杯の緩下剤――マグネシアミルク、乳糖、メタムシル、ペリ・コラーゼ、エックスラックス、クレラという、特許を取得したエリキシル剤――を飲み続けた。[56]

彼はいつも過剰なほど食生活に気を使っていたが、一九五〇年代に医師が潰瘍患者に命じていた、禁忌食品の徹底したリストを見れば、彼がなぜひどく奇抜に思える幼児食のような食べ物を摂取していたか理解できるだろう。たとえば一日に一〇〇グラムほどのバターと卵五個、それに裏ごししたやわらかい乳児食とエッグノッグ（牛乳、クリーム、砂糖、溶き卵を混ぜ、シナモンやナツメグを加えた飲み物）をとるといったことはすべて、医師から渡された〝刺激の少ない食事指導〟に沿ったものだった。しかし時にはアデーレの焼くお菓子や料理を楽しめる機会もあった。一九五八年のクリスマスイブに、アデーレはウィーンの伝統的な三日月形のシュガークッキーであるバニラ・キッフェルンや鯉の丸焼きを用意した。[57]

その後二〇年間、彼の体重と気分はともに上がったり下がったりしていた。モルゲンシュテルンは一九五四年二月には「彼はとても体調がいい」と書き、その数か月後には「彼は心臓に深刻な問題があり、もうすぐ死ぬと思っている」と書いている。その後も「ゲーデルはまた調子が悪くなった」「彼はうつ病から完全に脱した」「彼は元気そうだ」「みじめであわれな男に見える」「気分も体調も最高の状態」「彼はかつてないほど痩せて……まだ生きているのが奇跡だ」「彼は回復していて、まもなくすべてがうまくいくだろう」「彼はまるで生きた屍だ」「本当に奇跡だ。彼の体重が一八ポンド増えて、体調は申し分ない」[58]と安定しないようだった。

一九五五年四月のアインシュタインの死は、人間の死すべき運命を身近に感じさせる出来事だったが、死に対するゲーデルの反応は回避と否定という独特なものであった。この点でも、友人同士である二人はまったく違っていた。アインシュタインは何年も前から「私はそのときが来たら、医療の助けはできるだけ受けずに死のうと固く心に決めていて、それまでは欲望のおもむくままに生きるつもりだ」と妻に語っていた。好きなものを食べ、好きなときに眠り、「煙突のように」パイプを吸い、「散歩も本当に楽しい仲間とだけするつもりだ。だからめったに行かなくなるだろう」と言っていた。ゲーデルはその特権を与えられた数少ない一人だった。アインシュタインは七六歳のときに、大動脈瘤の破裂で倒れたが、手術を拒否し、その理由として「私は私が望んだときに逝きたい。人為的に命を長らえるのはつまらない」と述べた[59]。ゲーデルは母親にこう書いている。「もちろん彼の死によって、私は多くのものを失いました。純粋に個人的なことを言えば、特に最近、彼は以前にもまして私に親切に接してくれて、前よりもっと打ち解けたがっていると感じていたので、なおさらです。……彼の死後、二度、彼についての言葉を求められましたが、当然断りました」[60]

アインシュタインの死は、彼自身が望んでいた突然の死だったが、その二年後のフォン・ノイマンの死は、癌で長く苦しんだ末のことで、ゲーデルにとっては直視するのがより困難だった。論理学者ジェラルド・サックスは「ゲーデルが死にゆく人を励ますために、論理学や数学のパズルを送っていたことに、私は何年も前から気づいていた」と、やや誇張を含めて語っている。しかしそれは、彼自身の重病に対する否定と恐怖の表われでもあった。フォン・ノイマンへの最後の手紙では、きっとすぐに完全に回復すると、明るい調子で書いたあと、のちにコンピュータ科学の最も根源的な問題になる内容を提起している。ゲーデルが死にゆく同僚に宛てた手紙は、いわゆるP対NP問題を初めて定式化したものだったと思われる。"P" とは、たとえば掛け算や足し算のような、簡単に解ける問題の集合である。"NP" とは、出た解を確認するための効率的なアルゴリズムが存在するが、簡単に解けるかどうかはわからない問題の集合で、大きな数の素因数分解、数独の解法、公式の証明の発見などがこれにあたる。[61]

ゲーデルは、ある数式に対して、n個のステップがある証明が存在するかどうか調べるために、ありとあらゆる証明の手順を実行する機械は容易につくれることを指摘した。重要なのは、nが大きくなるにつれて、計算に要する時間が、どのくらい急激に増加するかということである。もし計算時間の増加が緩やか──直線的、あるいはnの二乗──ならば、原則的に、簡単に確認できる問題 ("NP") はすべて簡単に解ける問題 ("P") でもある。しかし計算時間が指数関数的に増加する場合は、証明は可能だが、現実問題としては永遠に計算不可能な問題の集合が存在することになる。これはまさしく、彼が不完全性定理で示したこと (形式的数学体系の中に、正しいが決定不可能な命題が存在する) そのものである。

この問題の答えはいまだ出ていない。哲学者のヴィルフリート・シーグは「死にゆく人間の運命を前にして、ゲーデルは……永遠の数学の問題を提示し、議論することを選んだ」と述べている。[62]

また彼は五〇歳になっても、論理学の根源的な問題に対して、鋭い洞察力を発揮する才能を失っていないことを示し、それを実際に用いることを選択した。

ウィーンの夢と悪夢

終戦直後に母親宛に書いた手紙の中で、ゲーデルはできるだけ早くウィーンを訪れたいという希望を述べている。しかし来る年も来る年も、彼はそれを先延ばしし続けた。綿密な計画を立てては取りやめ、次から次へ言いわけを繰り出すのだが、妥当と思われるものもあれば、そうでないものもあった。旅行許可を得るのが難しい、健康状態がよくない、仕事が忙しい、特別な食事制限がある、自分とアデーレが突然家の隣の土地を購入することになってお金がない、医師から夏の旅行は望ましくない、えするなら標高一〇〇〇メートル以下の場所にするよう助言を受けている、などである。

しかし彼はついに、自分がウィーンに戻らなかった本当の理由を認めた。彼は一九三六年以降の出来事の記憶につきまとわれていた。精神が崩壊して療養所に閉じ込められたこと、シュリックが殺されたこと、アデーレの堕胎の責任に対する不安、そして何よりも最後の悲惨な逃亡劇が彼を苦しめていたのだ。「あの美しきヨーロッパから脱出できて心から安堵したので、どんな状況であれ、ここに戻ってこられなくなるリスクを負いたくない」と、彼は書いている。その後、それがまったく合理的な感情でなくても、決してぬぐいきれなかったとも認めている。「ウィーンに行って帰れなくなる悪夢にしばらく悩まされた」と、彼は母親に話していた。「悪夢を見るというのは正当な理由ではないと思ったのでウィーンに行くつもりでしたが、不快な感覚は残っています[63]」

一九五七年、約束していた訪問を断念するのは五回目で、それが結局は最後になった。これで彼は悪夢に負けたことを受け入れた。彼は母親にこう書いている。「一九三六年以降のことについて最近、自分のことをわかってくれる人物と話したが、彼らも（特にいまは）私があそこを訪れることが望ましいかどうか、確信は持てていない（オーストリアで何か起こる可能性があるからではなく[64]）」

彼の気持ちを複雑にしていたのは、戦後のオーストリアでは、ゲーデルや多くの友人の人生を狂わせた独墺合邦以降の出来事に、オーストリア人が責任を持とうとしないことを示す恥ずべきエピソードが次々と明らかになっていたことだ。オーストリア人の〝都合の悪いことから目をそらす〟才能は、戦争後も見事に生き残っていた。大学では性急なナチス排除の時期を経て、ユダヤ人と自由主義者を粛清した責任者のほとんどが、多くの犠牲の上に確保された地位に復帰した。〝ユダヤ人問題〟についての親衛隊の責任者で、ユダヤ人の図書館や墓を略奪したヴィクトール・クリスチャンは、一九五〇年の政府による大赦で大学の年金を取り戻し、人類学会の名誉会員に選ばれ、一九六〇年にはウィーン大学から学位取得五〇周年で、最高博士号（ゴールデン・ドクトレイト）を授与された。ナチスが代理学長に任命したフリッツ・クノルも、同じく奇跡的な復活を遂げ、一九五五年にオーストリア科学アカデミーの事務局長に選ばれ、一九六一年には同大学の学術会議から「困難な時代に名誉と勇気をもって指導力を発揮した」として特別賞が授与されている。一九三三年から突撃隊に所属し、ナチスの講師団体のリーダーで、一九四三年に哲学部長に任命されたアルトゥール・マルケトは、戦後すぐに学位停止処分を受けたが、一九五〇年には早々に復帰した。哲学部では教授の七七パーセントがナチス党員であったことがわかっているが、その三分の二が終戦後わずか数年のうちに、オーストリアで再び学術的な地位を回復でき、その半分はナチス政権時代にウィーン大学で務めたのとまったく同じポストに就けたのだ。(65)

シュリックを殺したハンス・ネルベックは戦後も生き残り、石油技術者として政府に雇われていた。一九五一年、彼はウィーン学団の歴史についての本を出版したヴィクトール・クラフトを、自分のことを「偏執狂的な精神病質者」と呼んだという理由で、名誉毀損で訴えた。クラフトはネルベックが何をしでかすかわからないと恐れて示談に応じた。(66)

何よりも恥ずべきことは、多感な年齢だったネルベックに殺人を唆していたレオ・ガブリエルが、無罪放免となったばかりか、一九五一年には大学の哲学部に入り、その後二〇年間もそこにとどまったことである。ガブリエルはネルベックと同じ、貧しい極右の哲学者で、大学のまわりをうろついて、わずかな仕事を得ていた。ガブリエルはシュリックについて、〝フリーメイソン〟〝ユダヤ人〟〝共産主義者〟〝ボルシェビキ〔ソビエト共産党の前身。レーニンが率いた。「多数派」の意味〕〟と、耳を傾けてくれる人なら相手かまわず訴えた。シュリックのせいでウィーンの人民大学での非常勤講師を解任され、それ以来仕事に就けていないという虚言を、何か月もの間ネルベックに吹き込んでいたことが明らかになるのは、ネルベックの裁判が終わってからだった。ガブリエルは裁判の間、証言を避けるために、〝宗教的な修養〟という名目で、インスブルックの修道院へ退避していた。ガブリエルは〝統合論理学〟や〝全体の統合〟などについて、独善的でもったいぶって長々と話す、まったく無能な哲学者で、堕落した破壊的なものとして、科学的手法を完全に否定していた。究極の皮肉は、彼が任命された地位はかつてシュリックが就いていたもので、そのときはカトリック哲学の研究を専門に行なっていたことだった。[67]

解雇されたり、逃亡したりした人々を、呼び戻そうとする動きはほとんどなかった。ウィーン大学は一九四六年に、メンガーが職を辞したのは一九三八年なので「厳密な意味で」ナチス政権によって解任されたとは言えないと、慎重に判断した。[68] ゲーデルは母にこう書いている。

今日(こんにち)のオーストリアが外国にいる同胞に、相応のものを与えようとしないのはおそらく事実であり、その一部には物質的な理由があると思います。本当のところ(オーストリアの現政権がヒトラー政権を違法な独裁政権とみなしているように)、大学からの解雇はすべて無効にする義務があるはずなのです。ほとんどの場合、被害者は帰国しないでしょうが、その提案さえされていないのは明らかです。[69]

ゲーデルはその後、オーストリア科学アカデミーの名誉会員を辞退したが、これは政治的な主張というよりも、アカデミーは皇帝によって設立されたものなので、アメリカ国民である自分はそこに評価される資格はないという、風変わりな考えからであったと思われる。しかし戦後のオーストリアに関する彼の視線には、常に母国に対する葛藤が表われていた。

ルディとマリアンネと。
プリンストンにて。

もうゲーデルがウィーンを訪れることはないと思い、マリアンネとルディは一九五八年の春にプリンストンを訪れ、そこで数週間を過ごした。誰もが不吉な予感を持っていたかもしれないが、家族の再会は喜びに満ちてなごやかなものになった。アデーレは、九〇歳になる母を、ウィーンの家族が十分な世話をしてくれないという理由でアメリカに呼び寄せていて、二年前からプリンストンで一緒に暮らしていた。それがゲーデルの家族の訪問の緊張を高める要素になる可能性はあった。しかしアデーレの母ヒルデガルド・ポルケルトは愛想がよく辛抱強い女性で「私たちを困らせることはまったくない」とゲーデルは言っていた[70]。ゲーデルは一行（いっこう）をニューヨークのエンパイア・ステート・ビルや美術館に案内し、マリアンネとルディはその後、二年ごとにアメリカを訪れた。「アデーレと私は、あなた方の訪問をたいへん喜んでおり、これはあらゆる面でうまくいったと思っています」と、ゲーデルは彼らが帰国したあとに書いている。「しかしこのような再会のあとでは、自然に気分が沈みます。アデーレはあなたたちを思って、ひどく泣いていました」。アデーレは便箋のいちばん下に、涙を流しているハートの絵を描いていた[71]。

第10章　世界が合理的につくられていたら

「本当によい芝居」のようだ

一九四〇年代から数学界では、ゲーデルが長年追究していた連続体仮説と選択公理の独立性の証明を手に入れたという噂が絶えなかった——もし本当なら、これも驚くべき成果である。事実、ゲーデルは一九四二年に前者はもう少しで解ける、数年後に後者を本当に解けたと、モルゲンシュテルンに告げていたのだ。この話は一九五〇年の国際数学者会議でも話題になった。しかしゲーデルからの発表は何もなかった。一九五五年から五七年までプリンストン高等研究所に招聘されていた若い論理学者マーティン・デイヴィスもこの噂を聞き、もう一人の若い訪問者ジョン・シェパードソンとともに、勇気を振り絞ってゲーデルと会う約束を取りつけ、本当かどうか尋ねた。デイヴィスは「細かいことはあまり覚えていませんが、気まずくて、何の情報も得られないまま帰ってきました」と語っている(1)。

一九六三年四月、ゲーデルはスタンフォード大学の二九歳のアメリカ人数学者ポール・J・コーエンから手紙を受け取った。それはゲーデルが四半世紀かけても突き止められなかった証明を発見

自分の成果を説明したいということだった。翌週にプリンストンで講演をするので、ゲーデルと個人的に会ってしたことを伝える内容だった。[2]

自分の発見が大きな関心を呼ぶと同時に、その正当性について著名な数学者たちから疑問の声があがったことで不安になり、パニックに陥ったコーエンは、発見から一週間後にゲーデルに手紙を書き、自分の原稿を徹底的に読み込んで、合格レベルに達していたら『米国科学アカデミー紀要』に掲載する後押しをしてほしいと、ゲーデルに懇願していた。「要するに、私が言いたいのは、この研究について〝承認の印〟を押せるのは、この分野で突出した地位にあるあなただけであり、私はそれを強く望んできたということです。……私が限度を超えていると思われたら許していただきたい。ただ私が言えるのは、自分がとても緊張した状態にあるということです[3]」

ゲーデルはすべてを放り出して、その証明を検証した。「彼の証明の正しさを調べるにはとても時間がかかりました」と、彼は母親に書いている。しかしコーエンがこの問題を、しかも驚くほど独創的な方法で解決したことを知ったときの高揚感は、ゲーデル自身がその結果を出したとしても、そこまでは感じなかったかもしれない。ここに彼の心の広さと、他人を応援する気持ちの強さが、特によく表われている。競争の激しいこの分野では、何年も苦労しても手の届かなかった成果をぽっと出の新人に奪われて、ひどく悔しがる人が多いという状況なのである。ゲーデルはウィーンで過ごしためくるめく青春時代に浸った、数学の深い感覚的な喜びを忘れることはなかった。「連続体仮説の独立性に関するあなたの証明を読むのは、本当に楽しいことです」と、彼はコーエンへの返事を書き始めた。「すべての本質的な点で、あなたは可能な限り最高の証明をしたと思いますし、このようなことはめったに起こるものではありません。あなたの証明を読んで、私は本当によい芝居を見たときと同じような快感を覚えました」。ゲーデルはさらにコーエンに対して、結果を改善しようなどと考えず、すぐに発表するよう促し、迷いや不安はとりあえず忘れるよう言った。「あなたは集合論の公理化以来、最も重要な進歩を成し遂げたのです」とゲーデルは彼を安心させた。「だから自信を持って堂々としてればいいのです[4]」

数年後、プリンストン大学の数学者であり哲学者でもあるアロンゾ・チャーチが、コーエンに数学界最高の賞であるフィールズ賞を授与する準備として、証明に向けてゲーデルは何を成し遂げたのか明確にしてほしいと尋ねたところ、ゲーデルはきっぱりと、その手の噂はいつも大げさだと答えた。「私が長年にわたり、集合論における連続体仮説と選択公理の独立性を証明したとされている、というのは本当ではありません」。彼は一九四二年に「部分的な証明」をしただけで、その後すぐに興味が哲学に移ったため、「細かい証明もできていないし、この問題に立ち戻ることもなかった」と説明している[5]。

コーエンは現代の多くの数学者と同じように、自分の証明は「連続体仮説や選択公理については、真偽を語ることさえ意味がない」ということを示すものであると考えていた（彼は選択公理の独立性についても、連続体仮説のときと同様の方法で証明した）。集合論の他の公理と矛盾せず、何かの結論を導き出すこともないので、受け入れても受け入れなくてもかまわない。これらの独立性が証明されたあとも、集合論者は連続体仮説を使うか使わないかに関わらず、集合論から興味深い結果を得ている。しかしこの不可知論的な考えに、ゲーデルは決して納得していなかった。彼は連続体仮説が誤りであることがいずれ示されるだろうし、選択公理は明らかに真であると考えていた（ゲーデルが「鼻で笑った」のを見たのは――構成主義の数学者が行なったように――選択公理を否定する考えが出たときだけだったと、ジェラルド・サックスは言っていた。ゲーデルは「片手を背中で縛られた人間に何ができるか見るのはおもしろいだろう」とそっけなく答えた[6]）。

一九六三年にアメリカ哲学協会に招かれて行なう予定だった（結局は実現しなかった）講演の原稿の中で、彼は「世界を無秩序な、したがって無意味な原子の塊とみなす」世界観全体に対し、この上なく鋭い反対意見を述べている。〝左〟には懐疑論、唯物論、経験主義、実証主義――マッハ、ウィーン学団、そしてほとんどの近代科学や哲学の価値観がある。〝右〟には精神主義、イデオロギー、先験主義、神学がある。ゲーデルは「たとえ時代の精神と矛盾するとしても」自分は〝右〟に、つまりルネサンス以降の哲学の運動全体と人間の知識に属すると、正直に認めている[7]。人間の脳は「精神とつながった計算機」であり、どんな機械的なプロセスからも生まれることはなかったと、彼はハオ・ワンに語った。彼はときおり、自分は進化論や自然科学を信じていないと何気なく口にして、研究所を訪れる人々を驚かせた。それは研究方法だけでなく、考え方の相違だった。懐疑論と唯物論は、人間の知識に対する陰鬱な悲観主義を意味し、人生そのものに対する厳しいニヒリズムさえ感じさせるとゲーデルは主張した。「一方で観念論と神学は、すべてに意味、目的、根拠がある[8]」。

どちらの側にもいくばくかの真理を認めたうえで、「観念論者は、私の不完全性定理まで悲観すべき数学的知識の限界とみなしているわけではなく、『理性によって提起された明確な疑問に対しては、理性が明確な答えを出せる』と考えている」と、ゲーデルは熱弁を振るったのである。数学の出発点となる公理を、恣意的な選択であり、いかに不変で先験的（アプリオリ）な原理によっても正当化できないと考えるならば、たしかに数学は一定の規則に従って記号で行なうゲームになってしまうと、彼は言った。しかしその一方で、公理が、人間に認識できる真理を表わしており、機械が模倣できる規則や手続きから形式的に導き出せないとしたら、状況はそう悲観的ではないとも言っている[9]。この文脈で彼が〝直観〟と呼んだものは、ブラウワーの〝直観主義〟とは何の関係もない。彼はこの用語を使って、人間の心は文字どおり数学的現実を、ある種の感覚を通じて理解できること、そしてそれは経験主義者が物理法則の唯一の有効な根拠と定めた、直接的な感覚による知覚と変わらないことを示唆したのだ。未発表であるが「カントールの連続体問題とは何か（What Is Cantor's Continuum Problem?）」の一九六四年の改訂版で、彼は次のように書いている。

> 感覚的な経験からは離れているにもかかわらず、私たちはたしかに、集合論の対象についても感覚のようなものを持っている。これは公理が真であることを私たちに押しつけている事実からもわかる。感覚知覚は物理的理論の構築を誘発し、将来の感覚知覚がそれと一致することを予期させ、いま決定可能でない問題にも意味があり、いずれ決定可能になるかもしれないと思わせるが、このような感覚、つまり数学的直観は感覚知覚よりも信頼度が低いとすべき理由は見つからない。数学にとって集合論的パラドックスは、物理学にとって感覚の欺瞞と同じくらい厄介なものなのだ[10]。

数学の公理の形式化においては、論理学の形式的な規則に従わない新しい公理が明白になることがしばしばある。そしてゲーデルの不完全性定理が示唆する決定不可能命題の中に、集合論のパラドックスや連続体仮説のような公理だけでなく、ゴールドバッハ予想のように、直観的にイエスかノーで答えられると思われる現実的で本質的な問題が含まれているという事実に、ゲーデルは「新しい公理を直観的にとらえる」ことが解決につながると信じる強い根拠を見出した。人間の直観がいかに多くのものを生むかは、集合論の公理を想像することによって計算で検証できる整数の性質を導き出すことが可能である――そしてそれは物理学でも検証可能な結果をもたらすかもしれない――という事実ですでに実証されているが、そのように知覚された公理の前から存在していた真理を証明したと、ゲーデルは主張したのだ[11]。

「ヒルベルトは数学の真理について、公理から導かれる形式的体系の無矛盾性に限定したという一点だけが間違いだった」と、ゲーデルは断じた。公理もまた数学的真理の一部であるが、形式主義を完全に無視した、人間の直観によってのみ接触が可能な種類のものである。「いずれにせよ、時代の精神を盲信する理由はない」と、ゲーデルは結論づけている[12]。

彼は神についてのきわめて個人的な見解については、ほぼ自分の胸にしまっていた。その種の話をするのは母親だけ、モルゲンシュテルンには遠回しに少し語っていたが、それがいかに時代の精神にそぐわないかを十分承知していた。マリアンネが八六歳で亡くなる五年前の一九六一年、彼は死後の世界を含む〝別の世界〟の存在を信じていることを、長々と書き送った。

母さんは先日の手紙で、私たちが来世で会うことを信じるかどうかという、重大な問題を提起していました。それについて、私はこう言うしかありません。もし世界が合理的に構築され、意味があるとすれば、そうあらねばなりません。ある創造物（人）を生み出すとき、どんな種類の感覚がいるでしょう。人間という生き物は自己の発展と人間関係について、これほど幅広い可能性を持っていながら、その一〇〇〇分の一も達成することを許されていません。それは誰かが多くの労力とお金をかけて、家の土台をつくったのに、すべてを台無しにしてしまったのと同じようなものでしょう。世界が合理的にできていると考える根拠はあるでしょうか。私はそう信じています。それは混沌とした恣意的なものではなく、科学が示すように、あらゆるものに最大の規則性と秩序が備わっているからです。……したがって私たちのこの世での存在それ自体は、よくても心もとない意味しか持たないので、別の世界での存在のための手段でしかありえないということになるのです。[13]

彼はほとんどの宗教の教えの〝意味のなさ〟を軽蔑する一方で――「たとえばカトリックの教義では、普遍的に善意である神が、永遠に地獄に送り込むためだけにほとんどの人間を創造したことになる」――「現在の哲学研究でさえそのような問題を理解する助けにならないのは、結局のところ現在の哲学者の九〇パーセントは、人々の頭から宗教の思想を追い出すことこそ、自分たちの主な仕事と考えているからで、この意味で、それは悪い教会と同じ影響を持っている」と述べている。[14]

一九三六年の暗黒の年以来の、最も深刻な精神的危機に陥った一九七〇年のある日、彼は生き生きとして、話したくてたまらない様子で職場に現われ、連続体の濃度が$\aleph_2$であるという証明と、〈ライプニッツが存在論的証明で試みたような〉神の存在の論理的証明の両方を完成したと、モルゲンシュテルンに告げた。しかしその同じ年、『米国科学アカデミー紀要』に提出するためタルスキに送った連続体の論文は、同僚のロバート・ソロベイにより、議論の筋が通らないと指摘されて撤回せざるをえなくなった。「この原稿がゲーデル以外の人間のものだったら、間違いなく拒否するよう勧める」と、ソロベイはタルスキに意見を述べた。ゲーデル自身もタルスキ宛に書いて送っていなかった手紙の中で「これはよくない」と納得していて、「病み上がりに急いで書いたものだ。睡眠不足が続き、精神機能を損なう薬を飲んでいた」と説明している(15)。

その存在論的証明――その年の初め、まさに偏執性妄想に陥っていたのと同じ時期に取り組んでいた――について、他の人たちから「やつは本当に神を信じている」と思われるので公表をためらったとモルゲンシュテルンに語っているが、実はそのとき彼は、適切に公理化された古典的な仮定（〝絶対〟のような）で、何が可能かの「論理的な検討」として、証明を実践したにすぎなかった。モルゲンシュテルンは、冗談で仮名で発表するように言ったが、そんなことをしてもおそらく見破られていただろう。ニュートンが、ベルヌーイの出した「重力の作用する物体が最も速く下降する線」という有名な問題への解答を仮名で提出したとき、ベルヌーイは「ライオンはその爪でわかる」と思っていたように(16)。

ゲーデルはそのときにはすでに、数理論理学の狭い世界以外でも、自分では気づかないうちに有名になっていたのだ。

平穏なプリンストン

ゲーデルが世間に知られるようになったきっかけは、一九五六年の『サイエンティフィック・アメリカン』誌に不完全性定理の一般向けの解説が掲載され、『ゲーデルは何を証明したか』という短い本が出版されたことだった。この本は数学マニアの聖典のような存在となった。しかしこれは出版自体が危ぶまれる事態にあった。ゲーデルにとってはいつものことだが、著者のアーネスト・ナーゲル、ジェームズ・R・ニューマン、そしてニューヨーク大学出版局と、印税や原著論文の転載許可について長々と交渉を続け、しまいにはナーゲルの原稿全体に目を通して、自分が同意できない箇所を〝削除〟する権利を要求してナーゲルを激怒させた。結局、この本はゲーデルの文章も許可もないまま出版された。[17] さらに注目を集めたのは、タイム・ライフ・ブックスが一九六三年に出版した数学に関する本で、有名な写真家アルフレッド・アイゼンシュタットが撮影した肖像写真を含め、数ページを割いてゲーデルが紹介されたことだった。

高等研究所には、高校生や大学生、スコットランドから南アフリカまでの数学者、建設会社や航空会社のエンジニア、メリーランド州ボルチモアの公共事業局、インディアナ州テレホートの米国刑務所などから、彼の定理に関する、(長らく入手不可能だった)謄写版刷りの一九三四年の講義録が欲しいという手紙が殺到した。[18] BBC、『ニューヨーク・タイムズ』紙の科学記者、そして生存している数学者についてのドキュメンタリー映画を製作中だった全米数学協会から、インタビューの申し込みが相次いだが、ゲーデルはすべて断っている。また単なるファンレターや嫌がらせの手紙も少なからずあった。カリフォルニア州ベニスの魅力的な若い教師は、教室の壁に貼られたアイゼンシュタット撮影の肖像写真の拡大版を前にポーズをとる自分のスナップ写真を送ってきた。手紙には「これは二つの点で役立っています。一つは生徒が圧倒されること。そして私が元気が出ること」とあった。あるインドの灌漑（かんがい）技術者をはじめ、独学で勉強している素人からは、四色問題の解答らしきものや奇妙な哲学論文、（空調会社の社員からは）熱力学第二法則は選択公理の否定であるという証明が送られてきた。ジェラルド・サックスは、ゲーデルが電話をかけてくる人すべてに対して、親切がすぎると思っていた。「彼はとても礼儀正しい人物だった」とサックスは見ていた。「私からすれば変人にしか思えない連中を相手に、無駄な時間を過ごしすぎた[19]」

同時に、ゲーデルが同業者の間で孤立するのも、お決まりのパターンになりつつあった。彼は教え子を持つこともなく、論理学の客員研究者でも彼を部屋まで訪ねてくる剛の者としか交流がなかった。一九六七年にガラスとコンクリートでできた新しい社会科学図書館の別館にオフィスが移ってから、彼の孤立はさらに進んでいた。新しい職場はモダニズム風の小さな色付きガラスの四角い建物の奥にあり、池と森に面してぽつんと建っていた。

しかし一九六〇年代に入ると、別の意味で外の世界の影響が入り込んでくるようになった。全米のキャンパスを騒然とさせていた学生運動も、保守的で静かなプリンストン大学ではほとんど起こっていなかった。一九六五年のベトナム戦争と徴兵制に抗議するワシントン行進に参加した学生たちの中で何人かが「平穏なプリンストン」という皮肉なスローガンを書いた横断幕を掲げていた

ゲーデルの新しいオフィス。
図書館本館の右側の、モダニスト風の四角い建物の中にあった。

(ゲーデルはそのとき抗議に参加していた学生について「彼らの言うとおりだ!」と言っていた)[20]。しかしゲーデルが苦しんでいた一九七〇年の春(彼の慢性的な不安と心気症に偏執性妄想が加わって悪夢のような様相を呈していた)、学生と教員がカンボジアへの戦争拡大への非難として、四日間のストライキを宣言した。ゲーデルが自分の部屋に幽霊がやってきて薬を注射しているのではないか、兄が裏で陰謀を企てているのではないかという妄想にとらわれていたころ、急進的な〝民主的社会を求める学生会(Students for a Democratic Society)〟のメンバー三〇〇人が入口を封鎖して、キャンパスの建物の窓からレンガを投げつけ、警察に引きずり出された。この建物では大学が運営する国防分析研究所というシンクタンクの数学者とコンピュータ科学者が、アメリカ国家安全保障局の暗号解読に関する秘密プロジェクトに取り組ん

プリンストンでの学生の抗議活動。1969 年。

でいた[21]。

ゲーデルの主治医である精神科医エーリック博士が、一九七〇年末に事務所を同じプリンストンで一ブロック離れた古い住居に移したとき、古風な下見板張りの家の、歩くとがたがたと音を立てる木製の階段を上がった同じ階には、平和教育・徴兵情報基金、新しい議会のための運動、その他の反戦・左翼団体が入っていた。翌年にはそこに、マクガバン大統領候補の事務所も加わることになる。反戦団体のおかげでナッソー通り一六三番地は「プリンストンでも特に元気な住所の一つ」になっていると、地元紙が伝えている[22]。

ゲーデルはこのころも週一回、エーリック博士の診察を受けていたが、不安や強迫観念の対象は、妻の医療問題や、彼女の主治医の誤診や誤った治療のため、神経症や多発神経障害が悪化しているのではないかという疑念に移ってい

ドロシー・モルゲンシュテルンと。1973年、高等研究所のガーデン・パーティー。

た。しかし一九七一年の春になると、彼の状態は安定を取り戻し、エーリック博士との精神病治療の診察もひとまず終了した。モルゲンシュテルンは、彼が再び以前のような状態に戻ったことを知った。「いつもどおりすばらしい」「ゲーデルと我々の友情に大満足」。一九七三年の秋、ゲーデルは新しい教員を歓迎する所長主催の盛大なガーデン・パーティーにも姿を現わした。「ゲーデルは愛想よくふるまい、人に囲まれていた。若い論理学者とその妻たちが、彼のまわりにたくさんいた」と、モルゲンシュテルンはのちに書いている。[23]

突然尿路閉塞になり心身ともに壊滅的なダメージを受けた一九七四年四月以降の時期も、偏執性妄想に悩まされる時期があったと思うと、朗らかで頭脳明晰な時期がまたしばらく続くというパターンを繰り返していた。モルゲンシュテルンがはからずも目にしてしまった、医療をめぐる危機

ことだった。それをめぐってゲーデルとアデーレは、延々と怒鳴り合いのけんかをしていた。最終的に彼は病院へ行くことに同意したが、手術は断固として拒否した。はじめはマグネシアミルクを飲めば治ると言い張っていたが、やがてカテーテルを挿入して排尿できるようにした。モルゲンシュテルンは「これほど偉大な天才が、どうしてこんなに頑固なんだ！」と嘆いた[24]。

ゲーデルの晩年は、カテーテルを常に入れている不快感によってさらに苦痛に満ちたものになった。また絶えずつきまとう尿路感染症のリスクを避けるために、自分でいくつもの抗生物質を摂取していた。モルゲンシュテルンはこのときも、ゲーデルの精神面でのはっきりとした差異に改めて驚いていた。医者や自分の健康についてはほぼ完全な妄想を抱きながら、数学や科学については「力と明晰さと鋭さ」に満ちていた。一九七五年九月、ゲーデルがアメリカ国家科学賞を受賞した日、彼はモルゲンシュテルンに電話をかけてきて、その栄誉と金メダルの重みへの興奮と喜びを「うれしくてたまらない」と語った（フォード大統領が賞を授与するホワイトハウスでの式典のためにワシントンへ行くことは断っていたので、メダルはあとで送られてきた）。モルゲンシュテルンはゲーデルの頑固さや痩せ衰えた姿を嘆きながらも、天才的なひらめきがなくなっていないこと、そして彼との温かい友情について、たびたび日記に記している[25]。

しかしゲーデルが面倒な相手になることもあった。アデーレの健康状態が悪化すると、彼の孤立はさらに深まって依存的になり、一日に二回も三回もモルゲンシュテルンに電話をかけてくることもあった。アデーレは一九七五年に軽い脳卒中を起こし、ベッドで寝たままでいることが多くなっていた[26]。モルゲンシュテルンは、ゲーデルの健康への不満や医師についての陰謀論的な考え（彼はモルゲンシュテルンに、一般に入手できる薬の一覧表は〝偽物〟で、医師は〝機密品〟を持っていると言ったことがある）は、他人の気を引こうとするもので、「一部は演技」だと思っていたが――モルゲンシュテルンの妻ドロシーはゲーデルの行動は常にどこか「芝居がかっている」と見ていた――それで彼との付き合いが楽になるわけではなかった[27]。

一九七四年四月二日、ゲーデルが入院した二日後、モルゲンシュテルンにも衝撃的な診断が下された。骨がんが転移していて、やがて麻痺状態になる恐れがあると知らされたのだ。二〇年前の友人フォン・ノイマンのように。ゲーデルに対する深い愛と忍耐があったために、彼自身の苦痛に満ちた最期の悲劇的な重みが増した。三年にわたり手術を繰り返し、最後は彼が恐れていたとおり、麻痺状態となった[28]。

「悲劇だ。いったいどうしたら彼を助けられるだろう」。一九七七年七月二六日、モルゲンシュテルンは自分が死ぬ二週間前にそう書いている。「医者はもう彼を診たがらない。彼は医者が望むことをまったくしないのだ。それと同時に、彼は私の麻痺は数日で治り、起き上がって生まれ変わったようになると信じている」。彼が自分のために書いた、友人についての覚書は、悲痛な思いに満ちている。「ここに今世紀で最も優れた人物が一人いて、私をたいへん慕っている。……彼にしがみつかれて――他に頼る人がいないのは明らかだ――私が背負う重荷がさらに増えている」。

ゲーデルはモルゲンシュテルンが死んだ日、彼と話したいと思って電話をかけている。ドロシー・モルゲンシュテルンから、最後の、そして最も親しい友人の死の知らせを聞いたゲーデルは、「おお……」としか声を出せず、そのまま電話を切った[29]。

同じ月、アデーレは人工肛門の装着を必要とする緊急手術のため病院に運ばれ、その後数か月間、介護施設で療養することになった。これがとどめとなった。ゲーデルの精神状態はそれまでの一年で急激に悪化していて、アデーレに強く言われて、一九七七年二月から再びエーリック博士の診察を受けていた。そのころ彼はさまざまな妄想に悩まされていた。ナチスが自分に心神喪失状態だと言わせようとしている。雇った助手の社会保障税を払っていないと国税庁から追及されている。研究所が彼の年金を取り上げようとしている。自分がオーストリアに戻るというナチス政権との約束を破ったから、兄が強制収容所に送られた。アメリカでは恥をかかされ、人々から嫌われている。自分はひどい人間だ。医師は詐欺師だ。机に置いてあったカルナップについての未完の論文に関する手紙を、悪霊が持ち去った。友人エイブラハム・ウォールドは、実は三〇年近く前の飛行機墜落事故で死んでおらず、生きてソ連でこっそり住んでいた、などなど。兄とは完全に仲違(なかたが)いしていたが、それは一九七〇年にルディが彼に精神科医の治療を受けさせようとしたことへの恨みが原因だったようだ。モルゲンシュテルンは「悪いのはクルトだろう」と悲しげに言っていた[30]。

エーリック博士は以前、ゲーデルは具合が悪くなるたびに、ストレスに対処するための精神的なメカニズムが壊れ〝感情の代償不全〟を起こすと指摘していた。このころゲーデルはうつ病と偏執症の深みにはまっていた。エーリックは三環系抗うつ薬を大量に処方したが、ゲーデルがその薬を服用したかどうかは定かではない。一九七七年八月二八日、エーリックがゲーデルの家を訪れ、病院に行かなくてはならないと直接告げたが、ゲーデルはエーリックが呼んだ救急車が来ても拒否して治療を打ち切った[31]。

ゲーデル家の隣人アデリーン・フェデリーチが、アデーレの留守中、食料品の買い出しなどの手伝いをしようとしたが、ゲーデルが欲しがったのは、ワンダーブレッド〔水玉模様のパッケージが特徴の、米国発祥のパン製品〕とカリフォルニア産ネーブルオレンジと缶詰のスープだけで、スープの値段が二セント上がると、もう買おうとしなかった。他の訪問者に対しては、彼のために手配された介護ヘルパーであっても、ドアを開けようとさえしなかった[32]。

研究所の事務局が手を尽くして、妻の医療費を保険でカバーし、またアデーレのために二四時間体制の看護をつけるよう手配したことで、ゲーデルは安心することができた。そして一二月一九日、アデーレは独断でプリンストン・ナーシング・ホームを退所し、フェデリーチ夫妻に車で家まで送ってもらった。それまで研究所の誰も、彼女の夫の病状がどれほど悪化していたか知らなかった。秋の間、ニューヨークのロックフェラー大学の仕事から離れていて、ゲーデルに会いにプリンストンに行けなかったハオ・ワンが、最後にゲーデルと会ったのは、アデーレが戻ってくる二日前のことだった。ワンはゲーデルの頭の回転の速さに感心し、それほど具合が悪いように見えないと思った。しかしゲーデルは友に向かって「私は肯定的な決定をする能力を失ってしまった。否定的な決定しかできないんだ」と、悲しげに言った[33]。

一二月二九日、アデーレは彼を説得してプリンストン病院に入院させた。一九七八年一月一四日、彼はそこで胎児のように丸まって死んだ。最後の数週間、彼は食べ物を摂ることを拒否した。

死亡診断書には死因として「人格障害による栄養不良と飢餓性衰弱」と書かれていた[34]。

行かなかった道

夫の死から一か月半が経ち、アデーレは自身の財産とその後の収入について夫の遺産管理人から報告書を受け取った翌日、プリンストン最大の宝石店へ入り、大きなダイヤの指輪一つとブレスレット二本、総額一万五八八八ドルにのぼる商品を選んだ。店のオーナーはびっくりして、夫の遺産管理人と連絡を取り、管理人が研究所所長のハリー・ウルフに知らせた。彼の財産を扱っていた弁護士は、ゲーデル夫人に何か財務相談を受けさせるよう研究所に強く勧めた。「私からの提言は、それをできるだけ早くやらなければいけないということだ[35]」

それはさらなるトラブルが起こる前兆だった。アデーレには一一万五〇〇〇ドルの貯金と、夫の研究所の年金に社会保障と利子の支払いで、年間合計三万ドルの収入があり、看護と家事手伝いの人を雇っても、突然、感情を爆発させるため、長続きする人がいなかった。その年の末、彼女はリンデン・レーンの家と隣接する区画を売りに出し、近くのペンシルベニア州ドイルスタウンにある評判のいい介護施設に移った。しかしそこでも職員と口論の末、必要なケアが受けられなくなるという医師の強い反対を押し切って、ニュージャージー州ジェームズバーグの退職者コミュニティに引っ越した。アデーレは一九八一年二月四日に亡くなった。彼女の最晩年は、夫と同じくらい孤独で悲劇的だった。結局のところ、彼女はアメリカでの新たな生活に、本当の意味でなじむことができなかったのだ。[36]

彼女は夫の論文とその著作権を研究所に遺贈したが、マリアンネとルディからの手紙は、保存するようルディが懇願したにもかかわらず、すべて破棄してしまった。また彼女と夫の間で交わされた手紙もすべて破棄してしまったようで、これまでのところ一通も見つかっていない。彼の論文を入れた箱は、数年間、研究所の図書館の地下に二メートル弱の高さまで積まれたままで、下の箱が上の箱の重みでたわみ始めていた。ペンシルベニア州ヨークのコミュニティカレッジで数学を教えているジョン・ドーソンという人物が、関心を持っていた記号論理学の歴史との関連から、ゲーデルの生涯と彼が発表したものに関する最も基本的な疑問に対する答えをさがそうと何年間かを費やしていたが、ほとんど成果はなかった。彼はゲーデルの論文がいつ研究者に公開されるのか、何度も問い合わせていた。ある日、研究所から電話がかかってきて「本気で彼の論文を調べたいのなら、正式に申請して客員会員になるように」と言われた。その後の研究所からの提案には、その調査に関わるのであれば、ゲーデルの全論文の目録を作成することという条件がつけられた。[37]

ドーソンは二年かかって、山のような手紙のやりとり、送られることのなかった手紙の下書き、配管工の領収書、家族写真、次から次へと出てくる、解読困難なガベルスベルガー式速記で書かれたノートなどを調べ上げた。やがてドーソンの妻シェリルが、より重要なことを解読するために、ガベルスベルガー式速記を自発的に学んだ。しかし速記で書かれたゲーデルの哲学的金言や、数学について記述してある数十冊のノートを、他の研究者が一般的な文字に移し替え始めたのは、ゲーデルの死後四〇年近く経ってからだった。

ゲーデルの死後もその名声は高まり続け、特に勢いをつけたのが、一九七九年にダグラス・ホフスタッターが出版し、期せずしてベストセラーになった『ゲーデル、エッシャー、バッハ』だった。これはゲーデルの証明を芸術、音楽、思想における自己言及的な形式に織り込もうとしながら、彼自身についてはひと言も書かれていないというものだった。証明できない真理があるという概念は、ゲーデルの実際の証明をはるかにしのぐ魅力があり、ゲーデルが「ロマンチストのお気に入りの数学者」（アメリカ人の数学者で作家のジョーダン・エレンバーグによる表現）としての地位を確立することになったのだ。ハイゼンベルクの不確定性原理やアインシュタインの相対性理論と同じく、ゲーデルの不完全性定理は、アラン・ソーカルとジャン・ブリクモンによるポストモダニズムの解体で彼らが「汲めども尽きぬ知的濫用の泉」と呼んだものをもたらしたのだ。それを発動させたのが、神学者、文学理論研究者、建築家、写真家、脱構築主義研究者、大衆哲学者、そして神の存在から自由意志の本質、詩の構造、人間の不幸の現象に至るまで、あらゆることを証明する神秘主義者だった。「基本的にゲーデルの定理は、原罪の教義、贖罪の秘跡の必要性、そして未来永劫の存在を証明している」といった言説がよく見られた[38]。

ゲーデル自身はそのような解釈について、他の論理学者たちのように、常に冷笑的であったわけではない。「結局のところ、私の証明が遅かれ早かれ宗教に利用されることは予想されていました」と、彼は一九六三年に母親に宛てて書いている[39]。しかし彼の証明については、おそらく歴史上の他のどの数学の定理よりも、間違った指摘が多くされてきただろう。それは望ましいことではない――ただ数学のような分野で大衆的な人気を得ると、避けられないことではある。

科学と哲学におけるゲーデルの評価と影響力は、より複雑なものであることが示されている。彼の相対性理論の論文や哲学的洞察は、彼が死んでからのほうが、物理学者や哲学者から注目され、高い評価を受け始めている。高等研究所で行なわれた記念シンポジウムのプログラムを決める際、所長は彼の主要著作リストの「相対性理論」という項目のところに「話す価値なし」と走り書きしており、哲学的探究に至ってはそのリストにさえ含まれていなかった。[40] 彼の死から約四〇年後の現在、どちらのテーマについても、学会が開かれたり、権威ある出版物がつくられたりしている。

不完全性定理については、数学と哲学の両方の分野で議論が続いている。しかしこの定理は当初考えられていたよりもとらえづらくありながら、より興味をそそるものだ。この定理の証明が現れたとき、当時の人に数学の〝大惨事〟と思われたことも、時が経つにつれて、以前ほど恐れられなくなっている。プリンストン高等研究所におけるゲーデルの後継者の一人、アヴィ・ヴィグダーソンは「数学研究は盛んであり続けている」と考えている。ゲーデルはたしかに、連続体仮説をはじめ、ある形式的体系の中では決定不可能な、重要な数学的命題が存在することを示した。しかし〝不可知〟で〝おもしろい〟数学的真理はあるかという問い自体には、依然として答えがないことを、ヴィグダーソンは指摘している。ゲーデルが最初の証明で構築した自己言及的な命題は、きわめて不自然であり――数学者は〝人工的〟という言葉を使う――数論や算術において〝自然な〟結果がゲーデル的な意味で決定不可能であることが明確に示されたのは、ほんの数例である。一九七〇年、ジュリア・ロビンソンらによる数十年にわたる研究をもとに、ユーリ・マチャセビッチが、$3x^2 + 5y^3 + 2z = 0$ のような整数係数の多項式の整数解をすべて見つける一般的な規則を形式化するのは不可能であることを証明した。これはヒルベルトが一九〇〇年に発表した、有名な未解決問題のリストの一〇番目の課題である。一九七七年には、ジェフ・パリスとレオ・ハリントンが、組合せ論の問題であるラムゼーの定理のある変種が、それを形式化できるペアノ算術の体系の中では決定不可能であることを立証した。一九八二年にはパリスとローリー・カービーが、グッドスタインの定理について同じことを行なった。これは数論において、決定不可能かつ自然な定理である。しかしだいたいにおいて、実際的な問題としてのゲーデルの証明は、数学者が率先して開拓するつもりのない領域に対する障害でしかないことが判明した[41]。

また、永遠に人の手が届かない真理が存在するかもしれないという事実が、必ずしも一部の人がそう考えているような、哲学上の不安や絶望の原因となるとは限らない。哲学者のロバート・フォグリンは、人間の知識の範囲に関する懐疑論者に二つのタイプがあり、その懐疑の度合いによって東海岸の懐疑論者と西海岸の懐疑論者にふざけて分類している。「東海岸の懐疑論者は、自分たちの知識が限られていることを認識しており、そのことに深く苦しんでいる。西海岸の懐疑論者も同じように認識しているが、それを解放的と感じている」とフォグリンは言う[42]。

ゲーデル自身は、自分の証明が人間の創造性に大きな希望を与えると固く信じていた。人間はこれからも常に直観によってある種の真理を認識できる。それは最先端の計算機でさえなしえないことだと、彼は一貫して主張していた。ゲーデルが彼の定理のもっと遠大な意味合いについて信じていたことが正しければ、人間の心の推論、学習、計画、問題解決能力を、厳密な意味で複製できる機械は決して現われないだろう。ゲーデルは人間の知識や信頼の限界ではなく、人間の精神のかけがえのない独自性だけを見ていたのだ。

ジェラルド・サックスは「彼は数学をより興味深いものにした」と鋭い指摘をしている。[43]「哲学者としては時代に逆行していた」が、彼のこの考えは決して揺るがなかった――人間の心が提起できる問題は、すべて解決できるのだ、と。

謝辞

最近では著者の謝辞が、自画自賛や有名人の名をあげる場になってしまっている。しかし私は数多くの人々に助けられた。彼らが手を差し伸べてくれた理由は、大いなる親切心や、クルト・ゲーデルの人生とその業績に対する関心、そして偉大であり卑しくもあったオーストリアとウィーンの歴史を直視しようとする深い決意に他ならない。少なくともここで私が彼らにどれほど深く感謝し、恩を感じているかを表明しないのは、著者としての責務を怠ることになる。

まずウィーン大学の数学の名誉教授であり、ウィーンの文化史の歩く百科事典ことカール・シグムントは、私が必要とするより、はるかに多くの支援を与えてくれた。電子メールによる果てしない質問に耐え、ゲーデルに関わるウィーンの名所を案内してくれ、その寛容さとユーモアセンスのおかげで、プロジェクト全体がとても楽しいものになった。ウィーン学団に関する彼の著書『狂気の間の正確な思考（*Exact Thinking in Demented Times*）』は、一九二〇年代から三〇年代のウィーンの知的雰囲気、ゲーデル自身の研究の科学的背景、学団に出入りした多くの魅力的な人物を理解するのに大いに助けになっただけでなく、科学書としても文化史としても優れていて、とてもおもしろい一冊である。二〇〇六年のゲーデル生誕百周年に、彼がウィーンで開催した展示会の目録『クルト・ゲーデル：アルバム（*Kurt Gödel: Das Album*）』には、ゲーデルの生涯と研究に関する重要な資料が多数収録されていて、ゲーデル・ファンにとって貴重な資料となっている。

ノーザン・アリゾナ大学ドイツ語学科のマリリア・ベテト・リース教授は、ゲーデルの家族宛の手紙をすべて翻訳してくれた。また他の多くの文書や手紙についても、私の翻訳をチェックするなど、仕事として頼まれた以上の働きをしてくれた。オーストリアの文化や言葉のニュアンス、翻訳に関する豊富な経験について、彼女と何度も議論を交わしたことで、私自身の理解が深まった。

グラーツ大学社会学部教授のクリスチャン・フレックは、いまでは廃れてしまったガベルスベルガー式速記で書かれた、ゲーデルのきわめて重要な一九三七年から三八年の日記を書き換えるための研究費の申請を手伝ってくれた。オーストリア共和国将来基金からの助成金により、ガベルスベルガー式速記の専門家であるエリック・ラフ博士に書き換えを依頼し、マリリア・ベテト・リースが英訳した。私のウェブサイト（budiansky.com/goedel）で、この全文を見ることができる。またゲーデルが速記で書いたもう一冊のノート（「時間管理（*Zeiteinteilung*）」）の新たな書き換えをいち早く提供してくれたエバ・マリア・エンジェレンに深い感謝の意を表する。これはゲーデルの内面や思想を理解する大きな助けになる。

プリンストン高等研究所歴史研究・社会科学図書館の司書であるマーシャ・タッカーには、当初から多大な激励と支援をいただいた。またクルト・ゲーデル文書からの引用・複製を正式に許可してくれたことに加え、研究所内のファイルから多くの文書をさがし出しデジタル化してくれた、研究所のアーカイブ専門家エリカ・モスナー氏とアーカイブ・インターンのマックス・ラベリー氏に特に感謝を捧げる。またプリンストン大学図書館の特別コレクション部門の職員の方々には、二〇二〇年のパンデミックのさなかに、ゲーデル文書の画像を期限内に提供するために並々ならぬご尽力をいただき、たいへん感謝している。

ウィーン市立図書館のアニタ・アイヒンガー館長は、同館が所蔵するゲーデルの家族の書簡すべてをデジタル化し、同館のウェブサイトで公開することに尽力してくれた。このようなことが可能かどうかという私の問い合わせに、とても精力的かつ熱心に対応してくれたこと、また何よりアーカイブ資料に誰もがアクセスできるよう協力してくれたことに感謝している。

234　ÖNB, OEGZ H 4531B
240　KGP, 6c/81, 030114
245　ÖNB, 99.113B
252　ÖNB, OEGZ S 283/27
253　KGP, 13b/18, 090374
255　KGP, 14a/1, 110206
263　KGP, 13a/8; IAS, Director's Office: Faculty Files, Kurt Gödel, Pre-1953.
264　KGP, 14b/17, 110067
270　IAS, BP 03、Rose and Son撮影、Princeton, N.J.。
277　George Dysonの厚意による、Verena Huber-Dyson撮影。
279　IAS, EB 069、Oskar Morgenstern撮影。
282　IAS, SM Goe 02、Dorothy Morgenstern Thomas撮影。
326　KGP, 14b/17, 110071
327　KGP, 14b/17, 110033
329　KGP, 14b/17, 110133
339　KGP, 14b/17, 110121
350　IAS, Postcard
351　Library of Congressの厚意による、ppmsca 56705、John T. Bledsoe撮影。
352　IASの厚意による、SM Goe 03、A. G. Wightman撮影。

図・写真クレジット

KGP　Kurt Gödel Papers, the Shelby White and Leon Levy Archives Center, Institute for Advanced Study, Princeton, N.J., on deposit at Princeton University Library
ÖNB　Austrian National Library, Photo Archive
IAS　Shelby White and Leon Levy Archives Center, Institute for Advanced Study, Princeton, N.J.

2　KGP, 27/1
5　Leonard McCombe LIFE Picture Collection/Getty Images
10　akg-images
18　Dave Merrill
28　（下）ÖNB, 111.801C
41　ÖNB, LSCH 181C
52　Dave Merrill
69　Museum of the City of Brnoの厚意による。
73　KGP, 13a/0
77　Dave Merrill
83　Archives, California Institute of Technologyの厚意による。
89　ÖNB, Pf 31.341:E(1)
104　ÖNB, 435.956B
107　ÖNB, Pk 4975/9
110　ÖNB, Pf 29.355:E(1)
112　ÖNB, L 36.781C
114　R. G. Lubben Papers, Archives of American Mathematics, e_math_00018, The Dolph Briscoe Center for American History, University of Texas at Austin
135　（上）KGP, 14b/17, 110064
135　（下）IAS, Unsorted People letter box 1, Adele Gödel
160　KGP, 7b/13, 040021
177　KGP, 13b/44, 090722
178　KGP, 14b/17, 110026
179　ÖNB, 207.229B
192　IAS, OV SM3、Wilhelm Blaschke撮影。
200　Alfred Eisenstaedt LIFE Picture Collection/Getty Images
205　ÖNB, OEGZ H 780B
207　Bancroft Library, University of California, Berkeleyの厚意による。
213　KGP, 13b/45, 090755
224　KGP, 14a/0, 110153

Cambridge University Press, 1910–13.

Whitman, Marina von Neumann. *The Martian's Daughter: A Memoir*. Ann Arbor: University of Michgan Press, 2012.

Wigderson, Avi. "The Gödel Phenomenon in Mathematics: A Modern View." In *Kurt Gödel and the Foundations of Mathematics*, edited by Mathias Baaz et al. Cambridge: Cambridge University Press, 2011.

Winkler, Wilhelm. "The Population of the Austrian Republic." *Annals of the American Academy of Political and Social Science* 98, supp.: Present Day Social and Industrial Conditions in Austria (November 1921): 1–6.

Woolf, Harry, ed. *Some Strangeness in the Proportion: A Centennial Symposium to Celebrate the Achievements of Albert Einstein*. Reading, Mass.: Addison-Wesley, 1980.

Zahra, Tara. *Kidnapped Souls: National Indifference and the Battle for Children in the Bohemian Lands, 1900–1948*. Ithaca, N.Y.: Cornell University Press, 2011.

Zimmermann, Volker. *Die Sudetendeutschen im NS-Staat: Politik und Stimmung der Bevölkerung im Reichsgau Sudetenland*. Essen: Klartext, 1999.

Zuckmayer, Carl. *A Part of Myself*. 1966. Translated by Richard and Clara Winston. New York: Harcourt Brace Jovanovich, 1970.

Zweig, Stefan. *The World of Yesterday*. 1942. Rev. ed., translated by Anthea Bell. Lincoln: University of Nebraska Press, 2009.

by Paul Weingartner and Leopold Schmetterer. Naples: Bibliopolis, 1987.

Thomas, Dorothy Morgenstern. Collection. Institute for Advanced Study Archives, Princeton, N.J.

——. Oral History Project. Institute for Advanced Study Archives, Princeton, N.J.

Topp, Leslie. "An Architecture for Modern Nerves: Josef Hoffmann's Purkersdorf Sanatorium." *Journal of the Society of Architectural Historians* 56, no. 4 (December 1997): 414–37.

Tucker, Albert. Department of Mathematics Oral History Project. The Princeton Mathematics Community in the 1930s. Transcript No. 30. Seeley G. Mudd Manuscript Library, Princeton University, Princeton, N.J.

Turing, A. M. "On Computable Numbers." *Proceedings of the London Mathematical Society* 42 ser. 2 (1937): 230–65.

Ulam, S. M. *Adventures of a Mathematician.* 1976. Berkeley: University of California Press, 1991.

University of Vienna. 650 *Plus—History of the University of Vienna.* geschichte.univie.ac.at.

Van Atten, Mark. "Gödel and Brouwer: Two Rivalling Brothers." In *Essays on Gödel's Reception of Leibniz, Husserl, and Brouwer.* New York: Springer, 2014.

Van Heijenort, Jean, ed. *From Frege to Gödel: A Source Book in Mathematical Logic, 1879–1931.* Cambridge: Harvard University Press, 1967.

Veblen, Oswald. Papers. Manuscript Division, Library of Congress, Washington, D.C.

Vinnikov, Victor. "We Shall Know: Hilbert's Apology." *Mathematical Intelligencer* 21, no. 1 (March 1999): 42–46.

Von Kármán, Theodore. *The Wind and Beyond.* Boston: Little, Brown, 1967. Von Neumann, John. The Computer and the Brain. New Haven: Yale University Press, 1958.

Von Plato, Jan. "In Search of the Sources of Incompleteness." *Proceedings of the International Congress of Mathematicians*, Rio de Janeiro, 2018, 3:4043–60.

Walker, Mark. "National Socialism and German Physics." *Journal of Contemporary History* 24, no. 1 (January 1989): 63–89.

Wang, Hao. *A Logical Journey: From Gödel to Philosophy.* Cambridge, Mass.: MIT Press, 1996.

——. *Reflections on Kurt Gödel.* Cambridge, Mass.: MIT Press, 1987.

——. "Some Facts about Kurt Gödel." *Journal of Symbolic Logic* 46, no. 3 (September 1981): 653–59.

Wasserman, Janek. *Black Vienna: The Radical Right in the Red City, 1918–1938.* Ithaca, N.Y.: Cornell University Press, 2014.

Watterson, Kathryn. *I Hear My People Singing: Voices of African American Princeton.* Princeton: Princeton University Press, 2017.

Waugh, Alexander. *The House of Wittgenstein: A Family at War.* New York: Doubleday, 2008.

Weber, Max. "Science as a Vocation." 1917. In *Max Weber: Essays in Sociology*, translated and edited by H. H. Gerth and C. Wright Mills. New York: Oxford University Press, 1946.

Weil, André. Director's Office: Faculty Files. Institute for Advanced Study Archives, Princeton, N.J.

Weingartner, Paul, and Leopold Schmetterer, eds. *Gödel Remembered: Salzburg, 10–12 July 1983.* Naples: Bibliopolis, 1987.

Weyl, Hermann. "David Hilbert and His Mathematical Work." *Bulletin of the American Mathematical Society* 50, no. 9 (September 1944): 612–54.

——. "Mathematics and Logic." *American Mathematical Monthly* 53, no. 1 (January 1946): 2–13.

Whitehead, Alfred North, and Bertrand Russell. *Principia Mathematica.* 3 vols. Cambridge:

Martin's, 2013.
Schlick, Moritz. Einstein-Schlick Correspondence. ECHO, Max Planck Institute for the History of Science. echo.mpiwg-berlin.mpg.de.
——. Nachlass. Papers of the Vienna Circle Movement. Noord-Hollands Archief, Haarlem, Netherlands.
Schober-Bendixen, Susanne. *Die Tuch-Redlichs: Geschichte einer jüdischen Fabrikantenfamilie.* Vienna: Amalthea, 2018.
Schorske, Carl. *Fin-de-siècle Vienna: Politics and Culture.* New York: Vintage, 1981.
Segal, Sanford L. "Mathematics and German Politics: The National Socialist Experience." *Historia Mathematica* 13, no. 2 (May 1986): 118–35.
Segel, Harold B., ed. *The Vienna Coffeehouse Wits, 1890–1938.* West Lafayette, Ind.: Purdue University Press, 1993.
Selberg, Atle. Oral History Project. Institute for Advanced Study Archives, Princeton, N.J.
——. Papers. Institute for Advanced Study Archives, Princeton, N.J.
Siegmund-Schultze, Reinhard. *Mathematicians Fleeing from Nazi Germany: Individual Fates and Global Impact.* Princeton: Princeton University Press, 2009.
——. " 'Mathematics Knows No Races': A Political Speech that David Hilbert Planned for the ICM in Bologna in 1928." *Mathematical Intelligencer* 38, no. 1 (March 2016): 56–66.
Sigmund, Karl. "Dozent Gödel Will Not Lecture." In Mathias Baaz et al., eds., *Kurt Gödel and the Foundations of Mathematics.* Cambridge: Cambridge University Press, 2011.
——. *Exact Thinking in Demented Times: The Vienna Circle and the Epic Quest for the Foundations of Science.* New York: Basic Books, 2017.
——. "A Philosopher's Mathematician: Hans Hahn and the Vienna Circle." *Mathematical Intelligencer* 17, no. 4 (Fall 1995): 16–29.
Sigmund, Karl, John Dawson, and Kurt Mühlberger. *Kurt Gödel: Das Album/The Album.* Wiesbaden: Vieweg, 2006.
Simotta, Daphne-Ariane. "Marriage and Divorce Regulation and Recognition in Austria." *Family Law Quarterly* 29, no. 3 (Fall 1995): 525–40.
Slezak, Leo. *Rückfall.* Stuttgart: Rowohlt, 1940.
Smith, Alice Kimball. "The Elusive Dr. Szilard." *Harper's*, August 1960.
Snapper, Ernst. "The Three Crises in Mathematics: Logicism, Intuitionism and Formalism." *Mathematics Magazine* 52, no. 4 (September 1979): 207–16.
Sokal, Alan, and Jean Bricmont. *Fashionable Nonsense: Postmodern Intellectuals' Abuse of Science.* New York: Picador, 1998.
Spiel, Hilde. *Vienna's Golden Autumn, 1866 to 1938.* New York: Weidenfeld and Nicolson, 1987.
Stadler, Friedrich. *The Vienna Circle: Studies in the Origins, Development, and Influence of Logical Empiricism.* Rev. ed. Heidelberg: Springer, 2015.
Stadler, Friedrich, and Peter Weibel, eds. *Vertreibung der Vernunft: The Cultural Exodus from Austria.* 2nd ed. Vienna: Springer, 1995.
Stern, Beatrice M. "A History of the Institute for Advanced Study, 1930–1950." Unpublished manuscript. Institute for Advanced Study Archives, Princeton, N.J.
Taussky-Todd, Olga. Oral History Project. California Institute of Technology Archives, Pasadena, Calif., 1979–80.
——. "Remembrances of Kurt Gödel." In *Gödel Remembered: Salzburg, 10–12 July 1983*, edited

1978.
Nagel, Ernest. "Impressions and Appraisals of Analytic Philosophy in Europe. II." *Journal of Philosophy* 33, no. 2 (January 16, 1936): 29–53.
Nagel, Ernest, and James R. Newman. *Gödel's Proof*. 1958. Rev. ed. New York: New York University Press, 2001.
National Archives and Records Administration. Membership Applications to the NS-Frauenschaft/ Deutsches Frauenwerk. Microfilm Publication A3344. National Archives, College Park, Md.
——. Nazi Party Applications by Austrians (1938–39). Microfilm Publication A3359.
Pais, Abraham. "*Subtle Is the Lord ...*" *: The Science and the Life of Albert Einstein*. Oxford: Oxford University Press, 1982.
Patterson, K. David, and Gerald F. Pyle. "The Geography and Mortality of the 1918 Influenza Pandemic." *Bulletin of the History of Medicine* 65, no. 1 (Spring 1991): 4–21.
Pauley, Bruce F. *From Prejudice to Persecution: A History of Austrian Anti-Semitism*. Chapel Hill: University of North Carolina Press, 2000.
——. *Hitler and the Forgotten Nazis: A History of Austrian National Socialism*. Chapel Hill: University of North Carolina Press, 1981. Perelman, Chaïm. "Les Paradoxes de la Logique." Mind 45, no. 178 (April 1936): 204–8.
Pfefferle, Roman, and Hans Pfefferle. *Glimpflich entnazifiziert: Die Professorenschaft der Universität Wien von 1944 in den Nachkriegsjahren*. Göttingen: V&R unipress, 2014.
Post, Emil L. "Finite Combinatory Processes—Formulation 1." *Journal of Symbolic Logic* 1, no. 3 (September 1936): 103–5.
Raatikainen, Panu. "On the Philosophical Relevance of Gödel's Incompleteness Theorems." *Revue Internationale de Philosophie* 59, no. 4 (October 2005): 513–34.
Regis, Ed. *Who Got Einstein's Office? Eccentricity and Genius at the Institute for Advanced Study*. Reading, Mass.: Addison-Wesley, 1987.
Reid, Constance. *Hilbert*. 1970. New York: Springer, 1996.
Roth, Joseph. *The Emperor's Tomb*. 1938. Translated by John Hoare. New York: Overlook Press, 2002.
——. *The Radetzky March*. 1932. Translated by Joachim Neugroschel. New York: Overlook Press, 1995.
Rothkirchen, Livia. *The Jews of Bohemia and Moravia: Facing the Holocaust*. Lincoln: University of Nebraska Press, 2012.
Rothschild, Joseph. *East Central Europe Between the Two World Wars*. Seattle: University of Washington Press, 1974.
Rudin, Walter. *The Way I Remember It*. History of Mathematics, vol. 12. Providence, R.I.: American Mathematical Society and London Mathematical Society, 1996.
Russell, Bertrand. *The Autobiography of Bertrand Russell, 1987–1914*. Boston: Little, Brown, 1967.
——. *The Autobiography of Bertrand Russell, 1914–1944*. Boston: Little, Brown, 1968.
——. *A History of Western Philosophy*. 1945. New York: Simon and Schuster, 1967.
——. *Introduction to Mathematical Philosophy*. London: George Allen and Unwin, 1919.
——. *My Philosophical Development*. 1959. London: Routledge, 1993.
Sacks, Gerald. "Reflections on Gödel." 3rd annual Thomas and Yvonne Williams Lecture for the Advancement of Logic and Philosophy, University of Pennsylvania, 2007.
Schewe, Phillip F. *Maverick Genius: The Pioneering Odyssey of Freeman Dyson*. New York: St.

Jones, Kingsley. "Insulin Coma Therapy in Schizophrenia." *Journal of the Royal Society of Medicine* 93, no. 3 (March 2000): 147–49.

Jones, Landon Y., Jr. "Bad Days on Mount Olympus." *The Atlantic*, February 1974, 37–53.

Judson, Peter M. *The Habsburg Empire: A New History. Cambridge*: Harvard University Press, 2018.

Kleene, Stephen C. "Kurt Gödel, 1906–1978: A Biographical Memoir." Washington, D.C.: National Academy of Sciences, 1987.

Klepetar, Harry E. "The Chances of Communism in China." *American Scholar* 19, no. 3 (Summer 1950): 301–8.

Köhler, Eckehart. "The Philosophy of Misdeed." Unpublished manuscript, 1968.

Köhler, Eckehart, et al., eds. *Kurt Gödel: Wahrheit & Beweisbarkeit*. Vol. 1, *Dokumente und historische Analysen*. Vienna: öbv & hpt, 2002.

Kraus, Karl. "Franz Ferdinand und die Talente." *Die Frackel*, no. 400, July 10, 1914.

——. *The Last Days of Mankind: A Tragedy in Five Acts*. 1920. Translated by Patrick Healy. Amsterdam: November Editions, 2016.

Kreisel, Georg. "Gödel's Excursions into Intuitionist Logic." *In Gödel Remembered: Salzburg, 10–12 July 1983*, edited by Paul Weingartner and Leopold Schmetterer. Naples: Bibliopolis, 1987.

——. "Kurt Gödel." *Biographical Memoirs of Fellows of the Royal Society* 26 (1980): 158–224.

Kuh, Anton. " 'Central' und 'Herrenhof'." In *Der unsterbliche Österreicher*. Munich: Knorr & Hirth, 1931.

List, Rudolf. *Brünn, ein deutsches Bollwerk*. St. Pölten, Austria: St. Pöltner Zeitungs-Verlags, 1942.

Mancosu, Paolo. "Between Vienna and Berlin: The Immediate Reception of Gödel's Incompleteness Theorems." *History and Philosophy of Logic* 20, no. 1 (January 1999): 33–45.

Martin, Donald A. "Gödel's Conceptual Realism." *Bulletin of Symbolic Logic* 11, no. 2 (June 2005): 207–24.

May, Arthur James. *The Hapsburg Monarchy, 1867–1914*. New York: Norton, 1968.

Maynard, W. Barksdale. "Princeton in the Confederacy's Service." *Princeton Alumni Weekly*, March 23, 2011.

Menger, Karl. *Ergebnisse eines Mathematischen Kolloquiums*. Edited by Egbert Dierker and Karl Sigmund. Vienna: Springer, 1998.

——. "Introduction." In *Empiricism, Logic and Mathematics: Philosophical Papers* by Hans Hahn, edited by Brian McGuinness. Dordrecht, Netherlands: D. Reidel, 1980.

——. *Reminiscences of the Vienna Circle and the Mathematical Colloquium*. Edited by Louise Golland, Brian McGuinness, and Abe Sklar. Dordrecht, Netherlands: Kluwer, 1994.

Monk, Ray. *Bertrand Russell: The Spirit of Solitude, 1872–1921*. New York: Free Press, 1996.

——. *Ludwig Wittgenstein: The Duty of Genius*. 1990. New York: Penguin, 1991.

Morgenstern, Oskar. "Abraham Wald, 1902–1950." *Econometrica* 19, no. 4 (October 1951): 361–67.

——. Diaries. Oskar Morgenstern Papers. Rare Book and Manuscript Library, Duke University, Durham, N.C. Digital publication on the Web, "Oskar Morgenstern Tagebuchedition," University of Graz, Austria.

Musil, Robert. *Der Mann ohne Eigenschaften*. 1930. Hamburg: Rowohlt, 1952.

——. "Der mathematische Mensch." 1913. In *Gesammelte Werke*, vol. 2. Hamburg: Rowohlt,

Goldstine, Herman. Department of Mathematics Oral History Project. The Princeton Mathematics Community in the 1930s. Transcript No. 15. Seeley G. Mudd Manuscript Library, Princeton University, Princeton, N.J.

Graf, Max. *Legend of a Musical City*. New York: Philosophical Library, 1945.

Graham, Elyse. "Adventures in Fine Hall." *Princeton Alumni Weekly*, January 10, 2018.

Guerra-Pujol, F. E. "Gödel's Loophole." *Capital University Law Review* 41, no. 3 (Summer 2013): 637–74.

Hahn, Hans, et al. "Diskussion zur Grundlegung der Mathematik." *Erkenntnis* 2 (1931): 135–51. English translation in "Discussion on the Foundation of Mathematics," *History and Philosophy of Logic* 5, no. 1 (January 1984): 111–29.

Halperin, Israel. Department of Mathematics Oral History Project. The Princeton Mathematics Community in the 1930s. Transcript No. 18. Seeley G. Mudd Manuscript Library, Princeton University, Princeton, N.J.

Hamann, Brigitte. *Hitler's Vienna*. New York: Oxford University Press, 1999.

Heindl, Waltraud. *Gehorsame Rebellen: Bürokratie und Beamte in Österreich*. Vienna: Böhlau, 1991.

Helmer, Olaf. "Perelman versus Gödel." *Mind* 46, no. 181 (January 1937): 58–60.

Hilbert, David. "Mathematische Probleme." *Nachrichten von der Gesellschaft der Wissenschaften zu Göttingen, Mathematisch-physikalisch* (1900): 253–97. English translation, "Mathematical Problems," *Bulletin of the American Mathematical Society* 8, no. 10 (July 1902): 437–79.

——. "On the Infinite." 1925. Reprinted in *From Frege to Gödel: A Source Book in Mathematical Logic*, 1879–1932, edited by Jean van Heijenoort. Cambridge: Harvard University Press, 1967.

Hoffmann, Dirk W. *Die Gödel'schen Unvollständigkeitssätze: Eine geführte Reise durch Kurt Gödels historischen Beweis*. 2nd ed. Berlin: Springer, 2017.

——. *Grenzen der Mathematik: Eine Reise durch die Kerngebiete der mathematischen Logik*. 3rd ed. Berlin: Springer, 2018.

Hofmannsthal, Hugo von. "Die österreichische Idee." 1917. Reprinted in *Prosa III*, edited by Herbert Steiner. Frankfurt: S. Fischer, 1951.

Holton, Gerald, and Yehuda Elkana, eds. *Albert Einstein: Historical and Cultural Perspectives. Princeton:* Princeton University Press, 1982.

Huber-Dyson, Verena. "Gödel and the Nature of Mathematical Truth II." Interview on Edge.org, July 26, 2005.

Institute for Advanced Study. Archives. Files on Kurt Gödel. Director's Office: Faculty Files, Princeton, N.J.

——. Director's Office: Visa-Immigration Files.

——. School of Mathematics Records: Faculty Files.

Institute for Advanced Study. History Working Group. *A Refuge for Scholars*. Princeton, N.J., 2017.

"Interview with Martin Davis." *Notices of the American Mathematical Society* 55, no. 5 (May 2008): 560–71.

Janik, Allan, and Stephen Toulmin. *Wittgenstein's Vienna*. 1973. Chicago: Irving R. Dee, 1996.

Johnson, Lonnie. *Introducing Austria*. Riverside, Calif.: Ariadne Press, 1989.

Johnston, William M. *The Austrian Mind: An Intellectual and Social History*, 1848–1938. 1972. Berkeley: University of California Press, 1983.

DePauli-Schimanovich, Werner, and Peter Weibel. *Kurt Gödel–Ein mathematischer Mythos*. DVD video. Österreichischer Rundfunk, 1986.

DeWaal, Edmund. *The Hare with the Amber Eyes*. New York: Picador, 2010. Dyson, Freeman. From Eros to Gaia. New York: Penguin, 1995.

——. *Maker of Patterns: An Autobiography Through Letters*. New York: Liveright, 2018.

Dyson, George. *Turing's Cathedral: The Origins of the Digital Universe*. New York: Random House, 2012.

Einstein, Albert. The Albert Einstein Archives. Hebrew University of Jerusalem, Israel. albert-einstein.org.

——. *Collected Papers of Albert Einstein*. Digital Einstein Papers, Princeton University Press. einsteinpapers.press.princeton.edu.

——. Director's Office: Faculty Files. Institute for Advanced Study Archives, Princeton, N.J.

Ellenberg, Jordan. "Does Gödel Matter?" *Slate*, 10 March 2005.

Engelen, Eva-Maria, ed. *Kurt Gödel Philosophische Notizbücher/Philosophical Notebooks*. Vol. 2, *Zeiteinteilung (Maximen) I and II/ Time Management (Maxims) I and II*. Berlin: De Gruyter, 2020.

Feferman, Anita Burdman, and Solomon Feferman. *Alfred Tarski: Life and Logic*. Cambridge: Cambridge University Press, 2004.

Feferman, Solomon. "Provenly Unprovable." Review of *Incompleteness* by Rebecca Goldstein. *London Review of Books*, February 9, 2006.

Feferman, Solomon, Charles Parson, and Stephen G. Simpson, eds. *Kurt Gödel: Essays for His Centennial*. Cambridge: Cambridge University Press, 2010.

Feigl, Herbert. "The Wiener Kreis in America." In *Perspectives in American History*, vol. 2: *The Intellectual Migration: Europe and America*, 1930–1960, edited by Donald Fleming and Bernard Bailyn. Cambridge, Mass.: Charles Warren Center for Studies in American History, 1968.

Fitzgerald, F. Scott. *This Side of Paradise*. New York: Scribner's, 1921.

Flexner, Abraham. "The Usefulness of Useless Knowledge." *Harper's Magazine*, October 1939, 544–52.

Fogelin, Robert J. *Walking the Tightrope of Reason: The Precarious Life of a Rational Animal*. New York: Oxford University Press, 2003.

——. "Wittgenstein and Intuitionism." *American Philosophical Quarterly* 5, no. 4 (October 1968): 267–74.

Fraenkel, Abraham A. *Recollections of a Jewish Mathematician in Germany*. New York: Springer, 2016.

Frege, Gottlob. *Grundgesetze der Arithmetik*. Jena, Germany: Hermann Pohle, 1893.

Gierer, Alfred. "Gödel Meets Carnap: A Prototypical Discourse on Science and Religion." *Zygon* 32, no. 2 (June 1997): 207–17.

Gödel, Rudolf. "History of the Gödel Family." In *Gödel Remembered: Salzburg, 10–12 July 1983*, edited by Paul Weingartner and Leopold Schmetterer. Naples: Bibliopolis, 1987.

——. "Skizze zu einer Chronik der Familie Gödel." In *Kurt Gödel: Wahrheit & Beweisbarkeit*, vol. 1: *Dokumente und historische Analysen*, edited by Eckehart Köhler et al. Vienna: öbv & hpt, 2002.

Goldstein, Rebecca. *Incompleteness: The Proof and Paradox of Kurt Gödel*. New York: Norton, 2005.

of Chicago Press, 2014.

Beller, Steven. *A Concise History of Austria*. Cambridge: Cambridge University Press, 2006.

——. *Vienna and the Jews*, 1867–1938: *A Cultural History*. Cambridge: Cambridge University Press, 1989.

Berend, Ivan. *Case Studies on Modern European Economy: Entrepreneurship, Inventions, and Institutions*. London: Routledge, 2013.

Berkley, George E. *Vienna and Its Jews: The Tragedy of Success*, 1880s–1890s. Lanham, Md.: Madison Books, 1988.

Birkhoff, George. "Fifty Years of American Mathematics." In *American Mathematical Society Semicentennial Publications*. 2 vols. New York: American Mathematical Society, 1938.

Blaschke, Wilhelm. Review of *Semicentennial History of the American Mathematical Society, 1888–1938. Jahresbericht der Deutschen Mathematiker-Vereinigung* 49 (1939): Pt. II, 80–81.

Bonnor, William. *The Mystery of the Expanding Universe*. New York: Macmillan, 1964.

Broch, Hermann. *The Unknown Quantity*. 1935. Translated by Willa and Edwin Muir. Marlboro, Vt.: Marlboro Press, 1988.

Brouwer, L. E. J. "Intuitionistic Reflections on Formalism." 1927. Reprinted in *From Frege to Gödel: A Source Book in Mathematical Logic*, 1879–1932, edited by Jean van Heijenoort. Cambridge: Harvard University Press, 1967.

Bryant, Chad. *Prague in Black: Nazi Rule and Czech Nationalism*. Cambridge: Harvard University Press, 2007.

Carnap, Rudolf. Papers. Archives and Special Collections, University of Pittsburgh Library, Pittsburgh, Pa.

Claims Resolution Tribunal of the Holocaust Victim Assets Litigation against Swiss Banks and other Swiss Entities. United States District Court for the Eastern District of New York. crt-ii.org.

Clare, George. *Last Waltz in Vienna*. London: Macmillan, 1981.

Connolly, P. J. "Karl Lueger: Mayor of Vienna." *Studies: An Irish Quarterly Review* 5, no. 14 (June 1915): 226–49.

Crocco, Gabriella, and Eva-Maria Engelen. "Kurt Gödel's Philosophical Remarks." In *Kurt Gödel: Philosopher–Scientist*, edited by Gabriella Crocco and Eva-Maria Engelen. Marseille: Presses Universitaires de Provence, 2016.

Curbera, Guillermo P. *Mathematicians of the World, Unite! The International Congress of Mathematicians—A Human Endeavor*. Boca Raton, Fla.: CRC Press, 2009.

Davis, Martin. "What Did Gödel Believe, and When Did He Believe It?" *Bulletin of Symbolic Logic* 11, no. 2 (June 2005): 194–206.

Dawson, John W., Jr. *Logical Dilemmas: The Life and Work of Kurt Gödel*. Wellesley, Mass.: A. K. Peters, 1997.

——. Oral History Project. Institute for Advanced Study Archives, Princeton, N.J.

——. "The Reception of Gödel's Incompleteness Theorem." *PSA: Proceedings of the Biennial Meeting of the Philosophy of Science Association*, 1984. Vol. 2: Symposia and invited papers (1984): 253–71.

Deak, John David. "The Austrian Civil Service in an Age of Crisis: Power and the Politics of Reform, 1848–1925." PhD dissertation, University of Chicago, 2009.

DePauli-Schimanovich, Werner. *Kurt Gödel und die Mathematische Logik*. Linz: Trauner Verlag, 2005.

Proceedings of the National Academy of Sciences 24 (1938): 556–57. Collected Works, 2:26–27.
"Consistency Proof for the Generalized Continuum Hypothesis." *Proceedings of the National Academy of Sciences* 25 (1939): 220–24. *Collected Works*, 2:28–32.
"The Consistency of the Axiom of Choice and of the Generalized Continuum Hypothesis with the Axioms of Set Theory." *Annals of Mathematical Studies*, vol. 3. Princeton: Princeton University Press, 1940. *Collected Works*, 2:33–101.
"In What Sense Is Intuitionistic Logic Constructive?" Lecture at Yale University, April 15, 1941. *Collected Works*, 3:189–200.
"Russell's Mathematical Logic." In *The Philosophy of Bertrand Russell*, edited by Paul A. Schlipp. Library of Living Philosophers, vol. 5. Evanston, Ill.: Northwestern University Press, 1944. *Collected Works*, 2:119–43.
"What Is Cantor's Continuum Problem?" *American Mathematical Monthly* 54 (1947), 515–25. *Collected Works*, 2:176–88.
"An Example of a New Type of Cosmological Solutions of Einstein's Field Equations of Gravitation." *Reviews of Modern Physics* 21 (1949): 447–50. *Collected Works*, 2:190–98.
"A Remark about the Relationship between Relativity Theory and Idealistic Philosophy." In *Albert Einstein, Philosopher–Scientist*, edited by Paul A. Schlipp. Library of Living Philosophers, vol. 7. Evanston, Ill.: Northwestern University Press, 1949. *Collected Works*, 2:202–7.
"Rotating Universes in General Relativity Theory." *Proceedings of the International Congress of Mathematicians*, Cambridge, Massachusetts, August 30–September 6, 1950, 1:175–81. *Collected Works*, 2:208–16.
"Some Basic Theorems on the Foundations of Mathematics and their Implications." 25th Josiah Willard Gibbs Lecture, American Mathematical Society, Providence, R.I., December 26, 1951. *Collected Works*, 3:304 –23.
"Is Mathematics Syntax of Language?" Unpublished essay, 1953–59. *Collected Works*, 3:334–62.
"The Modern Development of the Foundations of Mathematics in the Light of Philosophy." Draft of undelivered lecture, 1961. *Collected Works*, 3:374–87.
Unpublished ontological proof, 1970. *Collected Works*, 3:403–4.

その他の文献

Abramowitz, Jonathan S., Stefanie A. Schwartz, and Stephen P. Whiteside. "A Contemporary Model of Hypochondriasis." *Mayo Clinic Proceedings* 77 (2002): 1323–30.
Adani, Christoph. "Three Weeks with Hans A. Bethe." In *Hans Bethe and His Physics*, edited by Gerald Edward Brown and Chang-Hwan Lee. Singapore: World Scientific, 2006.
Aly, Götz. *Why the Germans? Why the Jews?* 2011. Translated by Jefferson Chase. New York: Picador, 2015.
Ash, Mitchell G. "Die Universität Wien in den politischen Umbrüchen des 19. und 20. Jahrhunderts." In *Universität-Politik-Gesellschaft*, edited by Mitchell G. Ash, Friedrich Stadler, and Josef Ehmer. Göttingen: V&R unipress, 2015.
Baaz, Matthias, et al., eds. *Kurt Gödel and the Foundations of Mathematics: Horizons of Truth*. Cambridge: Cambridge University Press, 2011.
Bahr, Hermann. Wien. Stuttgart: Carl Crabbe Verlag, 1906.
Ball, Philip. *Serving the Reich: The Struggle for the Soul of Physics under Hitler*. Chicago: University

参考文献

クルト・ゲーデルの著作

Kurt Gödel Papers. Institute for Advanced Study Archives. On deposit at the Manuscripts Division, Special Collections, Princeton University Library, Princeton, N.J.

Letters to Marianne and Rudolf Gödel. Wienbibliothek im Rathaus, Vienna. Digital publication, digital.wienbibliothek.at.

"Protokolle." Gabelsberger shorthand records of conversations and personal reflections, 1937–1938. Kurt Gödel Papers, box 6c, folder 81. Digital publication of Gabelsberger transcription by Erich Ruff with English translation by Marilya Veteto Reese, budiansky.com/goedel.

Collected Works. Edited by Solomon Feferman et al. 5 vols. New York: Oxford University Press, 1986–2003.

"Über die Vollständigkeit des Logikkalküls" [On the Completeness of the Calculus of Logic]. PhD dissertation, University of Vienna, 1929. *Collected Works*, 1:60–101.

Lecture at Königsberg on Completeness of the Functional Calculus. Presented at the Second Conference on Epistemology of the Exact Sciences, Königsberg, September 5–7, 1930. *Collected Works*, 3:16–29.

"Die Vollständigkeit der Axiome des logischen Funcktionenkalküls" [The Completeness of the Axioms of the Functional Calculus of Logic]. *Monatshefte für Mathematik und Physik* 37 (1930): 349–60. *Collected Works*, 1:103–23.

"Über formal unentscheidbare Sätze der *Principia mathematica* und verwandter Systeme I" [On Formally Undecidable Propositions of *Principia Mathematica* and Related Systems]. *Monatshefte für Mathematik und Physik* 38 (1931): 173–98. *Collected Works*, 1:144–95.

"Zur intuitionistischen Arithmetik und Zahlentheorie" [On Intuitionistic Arithmetic and Number Theory]. *Ergebnisse eines mathematischen Kolloquiums* 4 (1933): 34–38. *Collected Works*, 1:286–95.

"The Present Situation in the Foundations of Mathematics." Paper presented at meeting of the Mathematical Association of America, Cambridge, Mass., December 29–30, 1933. *Collected Works*, 3:45–53.

"On Undecidable Propositions of Formal Mathematical Systems." Notes of lectures at the Institute for Advanced Study, February–May 1934. *Collected Works*, 1:346–71.

"The Existence of Undecidable Propositions in any Formal Mathematical System Containing Arithmetic." Manuscript notes of lecture to Philosophical Society of New York University, 18 April 1934. Kurt Gödel Papers, box 7b, folder 30. Digital publication, budiansky.com/goedel.

"Lecture at Zilsel's." *Collected Works*, 3:86–113.

"The Consistency of the Axiom of Choice and of the Generalized Continuum Hypothesis."

"Modern Development of Foundations," *CW*, 3:385.

12. KG, "Modern Development of Foundations," *CW*, 3:381, 383.
13. KG to MG, 23 July and 6 October 1961.
14. KG to MG, 6 October and 12 September 1961.
15. OMD, 4 August and 29 August 1970; *CW*, 3:405, 424.
16. OMD, 29 August 1970.
17. *CW*, 5:135–44.
18. IAS, School of Mathematics, Faculty Files.
19. Interview requests, KGP, 4c/50; Elinn Definbaugh to KG, [1] December 1971, KGP, 4c/2; crank correspondence, KGP, 14a/18–20; Sacks, "Reflections on Gödel."
20. " 'Even Princeton' Travels to Protest: SDS Attends Washington Rally," *Daily Princetonian*, 30 November 1965, 1; KG to MG, 21 October 1965.
21. "Brick is Hurled," *Daily Princetonian*, 7 May 1970, 5; "Protesters Yield to Restraining Order," *Daily Princetonian*, 12 May 1970, 1.
22. "Valentines," *Princeton Town Topics*, 10 February 1972, 33.
23. OMD, 15 December 1971, 1 January 1972, 11 October 1973.
24. OMD, 7 April 1974.
25. OMD, 17 and 20 September 1975.
26. OMD, 23 February 1976, 6 September 1975.
27. OMD, 6 February 1970, 12 April 1974.
28. OMD, 9 April 1974.
29. OMD, 11 July 1977。Oskar Morgenstern memorandum on Kurt Gödel, 10 July 1977は Dawson, *Logical Dilemmas*, 251に引用されている。Thomas, OH, 13。
30. Dr. Philip Erlich File on Kurt Gödel, KGP, 27/1; OMD, 12 February 1976, 1 January 1977, 11 June 1976.
31. Dr. Philip Erlich File on Kurt Gödel, 12 June 1970, 28 August 1977, KGP, 27/1.
32. Adeline Federici interview, *W&B*, 246; Dawson, *Logical Dilemmas*, 252; Wang, *Reflections on Gödel*, 133.
33. Minot C. Morgan, Jr., to Dr. Woolf et al., 19 December 1977, IAS, Faculty Files, 1951–1977; Wang, *Reflections on Gödel*, 133.
34. Wang, *Reflections on Gödel*, 133.
35. Samuel M. Kind to Adele Gödel, 3 March 1978, and Homer R. Zink to Carl Pope, 14 March 1978, IAS, Faculty Files, 1978–1981.
36. Homer R. Zink to Adele Gödel, 2 March 1978, ibid.; Dawson, *Logical Dilemmas*, 258.
37. John Dawson, OH, 3–8.
38. Sokal and Bricmont, *Fashionable Nonsense*, 176; Ellenberg, "Does Gödel Matter?" ; Raatikainen, "Relevance of Gödel's Theorems," 528–29.
39. KG to MG, 20 October 1963.
40. Memorandum on KG's "Work,"、*GA*, 151に複写がある。
41. Wigderson, "Gödel Phenomenon," 475–76; Hoffmann, *Grenzen der Mathematik*, 52–53.
42. Fogelin, *Tightrope of Reason*, 97.
43. Sacks, "Reflections on Gödel."

51. KG to MG, 16 January 1956 (*Aïda*); Rudolf Gödel, "History of Gödel Family," 26 (modern painting); KG to MG, 30 April 1961 (*Hamlet*), 28 May 1961 (Gogol).
52. KG to MG, 4 July 1962 (Kafka), 30 December 1950 (Wagner), 16 December 1960 (Mahler); KG to MG, 26 July 1953 ("Bach and Wagner").
53. Wang, *Reflections on Gödel*, 218–19; KG to MG, 25 April 1955; Selberg, Papers, 11/5.
54. Abramowitz, Schwartz, and Whiteside, "Conceptual Model of Hypochondriasis."
55. Fiebertabellen, KGP, 14a/15; Kreisel, "Kurt Gödel," 152–53.
56. KG prescriptions, KGP, 4a/14; GA, 99.
57. "Bland Diet Instructions," KGP, 14a/16; KG to MG, 5 January 1955, 30 June 1951, 12 January 1958, 15 January 1959.
58. OMD, 7 February, 25 November, and 4 December 1954, 9 January 1955, 9 November 1957, 6 November 1960, 22 December 1963, 18 May 1968, 10 February, 12 March, and 29 August 1970.
59. Albert Einstein to Elsa Löwenthal, ca. 11 August 1913 (no. 466), Einstein, *Collected Papers*, 5 (English trans. supp.): 348; Pais, *Subtle Is the Lord*, 477.
60. KG to MG, 25 April and 21 June 1955.
61. Sacks, "Reflections on Gödel"; KG to John von Neumann, 20 March 1956, *CW*, 5:373–77; Wigderson, "Gödel Phenomenon."
62. *CW*, 5:335.
63. KG to MG, 9 June 1948, 12 November 1951.
64. KG to MG, 9 August 1957.
65 "Viktor Christian, Prof. Dr.," University of Vienna, 650 Plus; "Fritz (Friedrich) Knoll, Prof. Dr.," ibid.; Pfefferle and Pfefferle, *Glimpflich entnazifiert*, 154–55; "The De-Nazification of the Professorate at the University of Vienna, 1945–1950," University of Vienna, *650 Plus*.
66. Köhler, "Philosophy of Misdeed"; Sigmund, *Exact Thinking*, 360–61.
67. Köhler, "Philosophy of Misdeed."
68. Sigmund, *Exact Thinking*, 356–57.
69. KG to MG, 11 December 1946.
70. KG to MG, 29 March 1956.
71. KG to MG, 8 May and 7 June 1958; KG to RG, 7 June 1958.

第10章

1. "Interview with Martin Davis," 567.
2. Paul J. Cohen to KG, 24 April 1963, KGP, 1b/27.
3. Paul J. Cohen to KG, 6 May 1963, KGP, 1b/27.
4. KG to Paul J. Cohen, 5 June 1963, *CW*, 4:378 and 20 June 1963, *CW*, 4:382–83.
5. KG to Alonzo Church, 10 August 1966, *CW*, 4:371–72.
6. Sacks, "Reflections on Gödel."
7. KG, "Modern Development of Foundations," *CW*, 3:375, 381.
8. Wang, *Logical Journey*, 192–93; Goldstein, *Incompleteness*, 31–32; KG, "Modern Development of Foundations," *CW*, 3:375.
9. KG, "Modern Development of Foundations," 379, 381.
10. KG, "Cantor's Continuum Problem," supplement to second edition, *CW*, 2:268.
11. KG, "Cantor's Continuum Problem," supplement to second edition, *CW*, 2:268–69; KG,

aber nicht die Relition"。

19. Paul Erdösの言葉、Regis, *Einstein's Office*, 64に引用されている。
20. KG to MG, 17 December 1948 ("forgeries"); 21 September 1953 ("1:2000"); 12 December 1956 (world wars); 27 September 1951 ("sabotage"); 27 July 1951 ("not learn that"); 5 January 1947 ("no further").
21. KG to MG, 22 July 1952.
22. Russell, *Western Philosophy*, 581.
23. OMD, 30 October 1945, 17 September 1944.
24. Menger, *Reminiscences*, 222–23.
25. OMD, 27 June 1945.
26. OMD, 11 June 1946.
27. OMD, 5 October 1953, 27 June 1945.
28. Menger, *Reminiscences*, 226–27.
29. KG to RG, 5 January 1955; KG to MG, 7 November 1956.
30. KG to MG, 9 June 1948, 5 January 1947.
31. KG to MG, 30 July 1950.
32. KG to MG, 8 January 1951。Cornelius A. Moynihan to J. Edgar Hoover, 23 September 1952は*GA*, 145に複写がある。
33. KG to MG, 16 January 1956, 22 November 1946, 17 March 1951.
34. KG to MG, 22 July 1952.
35. Ernest Straus in Woolf, ed., *Strangeness in Proportion*, 485.
36. OMD, 6 November 1960, 27 February 1972; "Colleagues Back Dr. Oppenheimer," *New York Times*, 1 July 1954; KG to MG, 12 December 1956; Paul Erdös interview, *W&B*, 235.
37. Ulam, *Adventures of a Mathematician*, 80。Carl Siegelの言葉はDawson, *Logical Dilemmas*, 194に引用されている。
38. KG to MG, 31 October 1953。Atle Selbergの言葉はRegis, *Einstein's Office*, 64に引用されている。
39. Regis, *Einstein's Office*, 206; Selberg, OH, 32–33.
40. Selberg, Papers, 11/5; J. Robert Oppenheimer to Atle Selberg, 2 and 3 November 1964, Weil, Faculty Files.
41. "Dispute Splits Advanced Study Institute," *New York Times*, 2 March 1973; Jones, "Mount Olympus" ; Goldstein, *Incompleteness*, 245; KG to MG, 30 September 1956.
42. KG to MG, 16 June 1946, 16 March 1947.
43. OMD, 12 July 1940; KG to MG, 16 June 1946 (appendix operation), 15 August 1946 (teeth), 9 June 1948 (weight).
44. Freeman Dyson, diary entry 25 November 1948、Dyson, *Maker of Patterns*, 126–27に引用されている。
45. Dr. Philip Erlich File on Kurt Gödel, 21 May 1970, KGP, 27/1.
46. KG to MG, 14 April and 10 May 1953.
47. OMD, 16 July 1949; Mrs. E. W. Leary to J. Robert Oppenheimer, 20 September 1950, IAS, Faculty Files, Pre-1953.
48. KG to MG, 11 September 1949; KG to RG, 30 July 1950.
49. Kreisel, "Gödel's Excursions," 146; KG to MG, 16 April 1949, 8 January 1951.
50. KG to MG, 7 June 1959 (flamingo), 20 September 1952 and 23 August 1953 (Skee-Ball).

der Familie," 59–60.
44. Bryant, *Prague in Black*, 237–38.
45. KG to MG, 7 February 1957, 11 September 1960.
46. RG to KG, 21 January 1946, IAS, Faculty Files, Pre-1953.
47. OMD, 7 March 1946; KG to MG, 19 September 1946, 12 May 1947; Adele Gödel to RG, 3 January 1948.
48. KG to MG, 12 and 26 May 1947.
49. Rudolf Gödel, "History of Gödel Family," 27.
50. KG to MG, 6 July 1960.
51. KG to MG, 12 and 26 May 1947.
52. OMD, 11 July 1947.
53. Notes on American Government and History, KGP, 11b/1–2; OMD, 23 February 1947.
54. Oskar Morgenstern, "History of the Naturalization of Kurt Gödel," draft memorandum, 13 September 1971, in Thomas, Collection.
55. Guerra-Pujol, "Gödel's Loophole."
56. John von Neumann to Oswald Veblen, 30 November 1945、Dyson, *Turing's Cathedral*, 100に引用されている。
57. KG to MG, 28 April 1946.

第9章

1. Joseph M. Rampona interview, *W&B*, 247.
2. OMD, 10 February 1951; KG to J. Robert Oppenheimer, n.d. [February 1951], IAS, Faculty Files, Pre-1953.
3. Oppenheimer to KG, 15 February 1951, IAS, Faculty Files, Pre-1953.
4. KG to RG, 18 March 1951.
5. OMD, 10 February 1951.
6. OMD, 24 February 1951; Dawson, *Logical Dilemmas*, 194.
7. OMD, 12 and 14 March 1951; KG to MG, 12 April 1951.
8. "World News Summarized," *New York Times*, 12 March 1951; KG to MG, 13 May and 28 June 1951.
9. Russell, *Autobiography*, 1914–1944, 341.
10. KG to Kenneth Blackwell, unsent reply to letter of 22 September 1971, *CW*, 4:316–17; Russell, *Mathematical Philosophy*, 169; KG, "Russell's Logic," *CW*, 2:120.
11. KG, "Basic Theorems and Implications," *CW*, 3:314.
12. KG, "Basic Theorems and Implications," *CW*, 3:310.
13. KG, "Basic Theorems and Implications," *CW*, 3:311–12.
14. KG, "Basic Theorems and Implications," *CW*, 3:321–22.
15. KG, "Basic Theorems and Implications," *CW*, 3:323.
16. OMD, 12 May 1963, 20 November 1971。Rudolf Carnap, notes of conversation with KG, 13 November 1940はGierer, "Gödel Meets Carnap," 213に引用されている。Wang, *Logical Journey*, 167。
17. Wang, *Logical Journey*, 8.
18. Crocco and Engelen, "Godel's Philosophical Remarks," 36。no. 14の翻訳に多少の調整を加えている。原文のドイツ語は "Die Religionene sind zum größten Teil Schlecht,

11. Kreisel, "Kurt Gödel," 158.
12. Schewe, *Freeman Dyson*, 119–22; Huber-Dyson, "Gödel and Mathematical Truth" ; Kreisel, "Gödel's Excursions," 146; Feferman and Feferman, Tarski, 228.
13. Huber-Dyson, "Gödel and Mathematical Truth" ; Schewe, *Freeman Dyson*, 122; Feferman and Feferman, Tarski, 273–76.
14. Graham, "Adventures in Fine Hall."
15. Holton and Elkana, eds., *Albert Einstein*, 4.
16. Pais, *Subtle Is the Lord*, 473; OMD, 7 December 1947.
17. KG to MG, 21 July 1946; Dyson, *Gaia to Eros*, 161; Ernst Straus in Holton and Elkana, eds., *Albert Einstein*, 422; Straus in Woolf, ed., *Strangeness in Proportion*, 485.
18. KG to Carl Seelig, 7 September 1955, *CW*, 5:249; OMD, 7 December 1947, 10 February 1951.
19. KG to MG, 31 July 1947, 16 April 1949, 26 February 1949, 5 January 1955.
20. KG to MG, 31 July 1947.
21. OMD, 11 June 1946; KG to MG, 19 January 1947.
22. OMD, 29 March 1946, 20 September 1958, 18 July 1969.
23. OMD, 9 December 1969.
24. OMD, 7 October 1941.
25. OMG to MG, 22 January 1946; OMG to RG, 21 September 1941; Frank Aydelotte to Dr. Max Gruenthal, 5 December 1941, IAS, Faculty Files, Pre-1953.
26. Louise Morse interview, *W&B*, 251.
27. KG to RG, 4 May 1941; Dawson, *Logical Dilemmas*, 160.
28. KG to RG, 16 March 1941.
29. Diploma "Im Namen des führers,"、*GA*, 83に複写がある。
30. KG to RG, 6 October 1940.
31. Reich Ministry for Science, Education, and Culture to Herr Rektor der Universität in Wien, 17 July 1941、*GA*, 84に複写がある。
32. Frank Aydelotte to Dr. Max Gruenthal, 2 and 5 December 1941, and Gruenthal to Aydelotte, 4 December 1941, IAS, Faculty Files, Pre-1953.
33. KG to Commissioner, Immigration and Naturalization Service, 1 December 1943, IAS, Visa-Immigration.
34. Frank Aydelotte to Selective Service Board, 14 April and 19 May 1943, IAS, Visa-Immigration.
35. Ceville O. Jones, Selective Service Board, to Frank Aydelotte, 20 April 1943, IAS, Visa-Immigration; KG to MG, 4 July 1962.
36. KG, "New Cosmological Solutions" ; KG, "Rotating Universes." Gödel's theory is explained in Bonnor, *Expanding Universe*, 144–54.
37. KG, "Relativity and Idealistic Philosophy," *CW*, 2:202.
38. KG, "Relativity and Idealistic Philosophy," *CW*, 2:205 and n. 11.
39. KG, "Relativity and Idealistic Philosophy," *CW*, 2:205–6.
40. Kreisel, "Kurt Gödel," 155.
41. KG to MG, 7 September 1945.
42. KG to MG, 7 November 1947.
43. Bryant, *Prague in Black*, 227; Zimmermann, *Sudetendeutsch*, 135; Rudolf Gödel, "Chronik

52. Karl Menger to Oswald Veblen, [n.d., 1938], Veblen, Papers, 8/10; Karl Menger to KG, [December 1938], *CW*, 5:125.
53. KG to Karl Menger, 25 June, 19 October, and 11 November 1938、Menger, *Reminiscences*, 218–19に引用されている。
54. Menger, *Reminiscences*, 220–21.
55. Menger, *Reminiscences*, 224.
56. Menger, *Reminiscences*, 224–25; KG to Karl Menger, 30 August 1939, *CW*, 5:124–26; OMD, 19 March 1972.
57. KG to Oswald Veblen, draft letter, November 1939, KGP, 13c/197.
58. John von Neumann to Abraham Flexner, 27 September 1939はDyson, *Turing's Cathedral*, 96に引用されている。von Neumann to KG, telegram, 5 October 1939, IAS, Faculty Files, Pre-1953。
59. John von Neumann to Abraham Flexner, 16 October 1939, IAS, Visa-Immigration.
60. Ash, "Universität Wien," 124–25。Friedrich Plattner to Rektor der Universität, 12 August 1939は*GA*, 67–68に複写がある。
61. Arthur Marchet to Rektor der Universität, 30 September 1939、*GA*, 72に複写がある。
62. Dawson, Logical Dilemmas, 140。KG to Devisenstelle Wien, 29 July 1939は*GA*, 65–66に複写がある。
63. KG to Oswald Veblen, draft letter, November 1939, KGP, 3c/197; Menger, *Reminiscences*, 224; Kreisel, "Kurt Gödel," 155.
64. Frank Aydelotte to Chargé d'Affaires, German Embassy, 1 December 1939, IAS, Faculty Files, Pre-1953.
65. Der Dekan to Rektor der Universität, 27 November 1939、*GA*, 71に複写がある。
66. KG to Frank Aydelotte, 5 January 1940, IAS, Faculty Files, Pre-1953; KG to Institute for Advanced Study, telegram, 15 January 1940, ibid.; KG passport, KGP, 13a/8.
67. KG to MG, 29 November 1965（「いまでもアデーレが1940年にあそこから持ち帰ったスーツケースを覚えています」）.
68. KG to RG, 31 March 1940; KG to Institute for Advanced Study, telegram, 5 March 1940, IAS, Faculty Files, Pre-1953.
69. OMD, 10 March 1940.

第8章

1. Kreisel, "Kurt Gödel," 157.
2. KG to RG, 31 March 1940.
3. "Allgemeine Bildung" notebooks, KGP, 5b/1–11.
4. KG to RG, 15 September and 5 June 1940.
5. Sigmund, *Exact Thinking*, 348–51.
6. KG to MG, 17 May 1946, 19 January 1947.
7. Abraham Flexner to Oswald Veblen, 6 January 1937はDyson, *Turing's Cathedral*, 88に引用されている。Flexner to Herbert Maass, 15 December 1937はibid., 19, 88に引用されている。
8. KG to MG, 4 May 1941（「最後まで残って話を聞いていたのは3人だけでした」）.
9. KG, "Cantor's Continuum Problem," *CW*, 2:186.
10. Hao Wang interview, *W&B*, 241; Wang, *Reflections on Gödel*, 116, 131–32.

19. Receipts, Purkersdorf Sanatorium, May–September 1936, KGP, 13c/45; hotel receipt, Aflenz, 3 October 1936, KGP, 13b/25; OMD, 13 March 1970.
20. Menger, *Reminiscences*, 215; Karl Menger interview, *W&B*, 230.
21. Karl Menger to Franz Alt, 31 December 1937、Sigmund, *Exact Thinking*, 320に引用されている。
22. Menger, *Reminiscences*, 215–16.
23. Karl Popperの言葉はSigmund, *Exact Thinking*, 322に引用されている。Taussky-Todd, OH, 30。
24. Notes of conversation with Olga Taussky, 21 September 1937, KG, "Protokolle," 20–21, 24.
25. KG, "Protokolle," 31.
26. Rudolf Gödel, "Chronik der Familie," 59.
27. KG, "Protokolle," 17–18.
28. KG to Karl Menger, 3 July 1937, *CW*, 5:106–8.
29. Notes of conversation with John von Neumann, 17 July 1937, KG, "Protokolle," 6–7; Walker, "German Physics," 65; Ball, *Serving the Reich*, 91–92, 97–98.
30. Oswald Veblen to KG, 1 November 1937, IAS, Faculty Files, Pre-1953.
31. KG to Karl Menger, 15 December 1937, *CW*, 5:112–14.
32. Engelen, ed., *Notizbücher*, 354, 414, 423, 439, 479.
33. KG, "Protokolle," 18.
34. Simotta, "Marriage and Divorce in Austria," 525.
35. Invoices from Georg Rathauscher, Elektriker, 17 November 1937, and W. Nekola, Spenglerei, 17 November 1937, KGP, 13b/14.
36. KG, "Lecture at Zilsel's" ; KG, "Protokolle," 31–33, 57–60, 75.
37. KG, "Protokolle," 7, 32–34.
38. Abraham Flexner to KG, 21 February 1938, IAS, Faculty Files, Pre-1953.
39. Berkley, *Vienna and Its Jews*, 252.
40. Zuckmayer, *Part of Myself*, 49; Beller, *History of Austria*, 229–30.
41. Zuckmayer, *Part of Myself*, 50.
42. Zuckmayer, *Part of Myself*, 52; Berkley, *Vienna and Its Jews*, 259–60.
43. Alfred Polgarの言葉はClare, *Last Waltz in Vienna*, 221に引用されている。de Waal, *Hare with Amber Eyes*, 241–42。
44. Rudin, *Way I Remember*, 33.
45. Rudin, *Way I Remember*, 36。Sigmund Freudの言葉はStadler and Weibel, eds., *Vertreibung der Vernuft*, 366に引用されている。
46. Stadler and Weibel, eds., *Vertreibung der Vernuft*, 64; Sigmund, *Exact Thinking*, 325; Viktor Christian to KG, 23 April 1938, KGP, 13a/3.
47. "Viktor Christian, Prof. Dr.," University of Vienna, *650 Plus*.
48. National Archives, Applications to NS-Frauenschaft, Hildegarde Porkert, roll E010; Nazi Party Applications by Austrians, Josef Porkert, roll 846.
49. Dr. Philip Erlich File on Kurt Gödel, 1, 8, and 15 March 1977, KGP, 27/1.
50. Simotta, "Marriage and Divorce in Austria," 526 and n. 6.
51. Power of Attorney, 29 August 1938, KGP, 13a/13; receipt, Rathauskeller, 20 September 1938, KGP, 13b/21.

66. Oswald Veblen to Paul Heegaard, 10 December 1935, Veblen, Papers, 6/5.
67. Karl Menger to Oswald Veblen, 17 December 1935, Veblen, Papers, 8/10.
68. Moritz Schlick to [Otto Pötzl], 8 January 193[6], Schlick, Nachlass, Korrespondenz, 124/N.N-28. この手紙の写しを提供してくれたこと、宛先の“神経科医”がペツルであると突き止めてくれたことについて、カール・シグムントに感謝する。手紙の日付は1935年1月8日だが、書かれている出来事から、明らかに1936年の間違いである。
69. Frank Aydelotte to Selective Service Board, 19 May 1943, IAS, Visa-Immigration; Dr. Philip Erlich File on Kurt Gödel, 21 April 1970, KGP, 27/1.
70. Dr. Philip Erlich File on Kurt Gödel, 21 May 1970, KGP, 27/1.

第7章

1. OMD, 4 July 1940 (“talkative”), 18 November 1944 (“schrecklich”), 12 July 1940 (“fürchterlich”), 12 February 1947 (“grässlich”), 7 March 1948 (“abscheulich”), 11 December 1947 (“nicht erfreulich”), 16 July 1949 (“solche Pest”).
2. Karl Menger to Oswald Veblen, n.d. 1938, Veblen, Papers, 8/10.
3. Frank Aydelotte to Selective Service Board, 19 May 1943, IAS, Visa-Immigration.
4. OMD, 12 July 1940, 11 December 1947.
5. Engelen, ed., *Notizbücher*, 385, 452, 487、KG, “Protokolle,” 10, 17。原文のドイツ語は“Sadismus und Sonstiges (keine reine Liebe)”。reine の部分の速記はほぼ判別がつかないが、keine と Liebe の間に入る語として最も可能性が高いと思われる。
6. OMD, 3 March 1947, 7 October 1941.
7. OMD, 7 March 1946, 2 October 1945, 12 July 1940.
8. Kreisel, “Kurt Gödel,” 153, 154–56; Kreisel, “Gödel's Intuitionist Logic,” 150.
9. Huber-Dyson, “Gödel and Mathematical Truth.”
10. Alfred Tarski to Adele Gödel, 4 January 1943はFeferman and Feferman, *Tarski*, 145, 152に引用されている。Tarski to KG and Adele Gödel, 9 December 1943, ibid., 152。
11. OMD, 2 July 1945。OMD, 10 February 1970には、ゲーデルから彼の証明を説明してもらえるよう、フォン・ノイマンが病院や療養所にいる彼を訪ねたことが書かれている。
12. Jones, “Insulin Coma Therapy”; Dr. Philip Erlich File on Kurt Gödel, 21 April 1970, KGP, 27/1.
13. これ以降のシュリックの殺人についての解説は、Stadler, *Vienna Circle*, 600–630に転載されている事件の公式文書翻訳版より。その他の詳細についてはSigmund, *Exact Thinking*, 283–86, 312–17。
14. Menger, *Reminiscences*, 196–97.
15. “The Case of Professor Schlick in Vienna—A Reminder to Search our Conscience, by Prof. Dr. Austriacus”。英語への翻訳はStadler, *Vienna Circle*, 602–6およびStadler and Weibel, eds., *Vertreibung der Vernuft*, 15。*Die schönere Zukunft*および*Das neue Reich*の背景についてはWasserman, *Black Vienna*, 193–94を参照。
16. ゲーデルが所持していたタイプ原稿はKGP,14c/11に掲載されている。
17. Clemency Petition to Ministry of Justice from Dr. Joh. Sauter、Stadler, *Vienna Circle*, 624–25に転載されている。
18. Nagel, “Philosophy in Europe II,” 30 n. 2.

36. KG, "On Undecidable Propositions," *CW*, 1:346–71 (lectures at IAS)。KG, "Existence of Undecidable Propositions" (NYU talk)。Engelen, ed., *Notizbücher*, 394 (depressed afterward)。John Kemenyの言葉はGraham, "Adventures in Fine Hall." No notes of his Washington talk surviveに引用されている。
37. Siegmund-Schultze, *Mathematicians Fleeing Nazi Germany*, 244.
38. Abraham Flexner to KG, 7 March 1934, IAS, Faculty Files, Pre-1953.
39. *GA*, 51.
40. Sigmund, *Exact Thinking*, 291–92, 296; Menger, *Reminiscences*, 214.
41. Menger, *Reminiscences*, 211, 213.
42. Menger, *Reminiscences*, 211–12; Feferman and Feferman, *Tarski*, 81–82.
43. Feferman and Feferman, *Tarski*, 12, 19, 37–39, 53.
44. Feferman and Feferman, *Tarski*, 5, 84–85, 144–45.
45. Karl Mengerの言葉はSigmund, *Exact Thinking*, 230に引用されている。Morgenstern, "Abraham Wald," 361–62。OMD, 6 June 1936。
46. Menger, *Reminiscences*, 212–13; Morgenstern, "Abraham Wald," 363.
47. Menger, *Reminiscences*, 214.
48. Menger, *Reminiscences*, 216.
49. Kreisel, "Kurt Gödel," 154.
50. KG to Oswald Veblen, 1 January 1935, Veblen, Papers, 6/5.
51. Topp, "Hoffmann's Purkersdorf."
52. KG to MG, 28 July 1946.
53. Kreisel, "Kurt Gödel," 154; Dr. Philip Erlich File on Kurt Gödel, 14 April 1970, KGP, 27/1; Menger, *Reminiscences*, 211.
54. KG to MG, 19 September 1946, 11 January 1948, 10 March 1952.
55. Receipt, Dr. Max Schur, KGP, 13b/45; prescription, 4 August 1930, Dr. Otto Porges, KGP, 14a/14; KG to MG, 12 June 1952, 4 July 1962.
56. KG, "Protokolle," 11–12; Engelen, ed., *Notizbücher*, 283–87, 327–38, 400, 412.
57. Engelen, ed., *Notizbücher*, 504, 511, 513, 526.
58. Goldstein, *Incompleteness*, 215.
59. Hao Wang and Hassler Whitney interviews, *W&B*, 242, 250.
60. Huber-Dyson, "Gödel and Mathematical Truth."
61. KG to Oswald Veblen, 1 August and 17 November 1935, IAS, Faculty Files, Pre-1953.
62. Dawson, *Logical Dilemmas*, 109.
63. Abraham Flexner to KG, 18 and 21 November 1935, IAS, Faculty Files, Pre-1953; hotel receipts, Hotel Pennsylvania, Shelton Hotel, and Hotel New York, November 1935, KGP, 13b/24.
64. ルディ・ゲーデルは後年、本当にパリに行ったかどうかについて相反する説明をしているが、ゲーデルのホテルの領収書によれば、彼は12月7日に到着して11日にチェックアウトしている。12月9日から11日までは二つ目の部屋の料金が請求されているので、ルディが実際にそこで合流し、家に連れ帰ったと考えられる。電話料金が12月8日には701フラン、翌日は102フランで、合計約50ドルと、一日の部屋代の30倍に達していた。Palace Hotel, Paris, 7–11 December 1935, KGP, 13b/24。
65. Oswald Veblen to KG, 3 December 1935, Veblen, Papers, 6/5.

3. Dyson, *Turing's Cathedral*, 24; Stern, "History of Institute," 1:24–25.
4. Klári von Neumannの言葉、Dyson, *Turing's Cathedral*, 24に引用されている。
5. Stern, "History of Institute," 1:26, 47–48.
6. Stern, "History of Institute," 1:48–49.
7. Stern, "History of Institute," 1:56.
8. Stern, "History of Institute," 1:2–3, 8.
9. Dyson, *Turing's Cathedral*, 28; Stern, "History of Institute," 1:15–17.
10. Stern, "History of Institute," 1:1–3.
11. Stern, "History of Institute," 1:4.
12. Flexner, "Useless Knowledge" ; Stern, "History of Institute," 1:77–82, 134.
13. Oswald Veblenの言葉、Dyson, *Turing's Cathedral*, 31–32に引用されている。
14. Dyson, *Turing's Cathedral*, 32.
15. Dyson, *Turing's Cathedral*, 18–19, 21; Goldstine, OH, 4.
16. Oswald Veblenの言葉はDyson, *Turing's Cathedral*, 26に引用されている。"A Memorial to a Scholar-Teacher," *Princeton Alumni Weekly*, 30 October 1931。Tucker, OH, 16。
17. Tucker, OH, 7–8.
18. Stern, "History of Institute," 1:73 n. 7, 139, 189 n. 19, 193 nn. 63 and 65, 194 n. 85.
19. Stern, "History of Institute," 1:195–96 n. 111.
20. Stern, "History of Institute," 1:219.
21. KG to MG, 29 September 1950。ゲーデルはKG to MG, 28 May 1961で、1933年に「この地の自然の美しさ」について書き送ったことに言及している。
22. Fitzgerald, *This Side of Paradise*, 40, 47.
23. Maynard, "Princeton in Confederacy's Service" ; Watterson, *I Hear My People*, 79.
24. Albert Einstein to Elisabeth of Belgium, 20 November 1933, Einstein, Archives, 32-369.
25. Carl Ludwig Siegel to Richard Courant, 18 September 1935、Siegmund-Schultze, *Mathematicians Fleeing Nazi Germany*, 247に引用されている。
26. Kreisel, "Kurt Gödel," 154.
27. Dawson, *Logical Dilemmas*, 97–98; KG to MG, 3 October 1948.
28. Albert Einstein to Hans Reichenbach, 2 May 1936 は Siegmund-Schultze, *Mathematicians Fleeing Nazi Germany*, 226に引用されている。原文のドイツ語からの翻訳に多少の調整を加えている。Blaschke, "History of American Mathematical Society"。Segal, "Mathematics and German Plitics," 131–32。
29. Albert Einsteinの言葉はSiegmund-Schultze, *Mathematicians Fleeing Nazi Germany*, 225に引用されている。Birkhoff, "American Mathematics," 2:277。Abraham Flexner to George Birkhoff, 30 September 1938はInstitute for Advanced Study, *Refuge for Scholars*, 8およびSiegmund-Schultze, *Mathematicians Fleeing Nazi Germany*, 226に引用されている。
30. Halperin, OH, 14。Klári von Neumannの言葉はDyson, *Turing's Cathedral*, 54に引用されている。Graham, "Adventures in Fine Hall"。
31. Whitman, *Martian's Daughter*, 16–17.
32. Dyson, *Turing's Cathedral*, 54。Churchill Eisenhartの言葉はGraham, "Adventures in Fine Hall" に引用されている。
33. Graham, "Adventures in Fine Hall."
34. KG to Oswald Veblen, 31 March 1933, Veblen, Papers, 6/5.
35. KG, "Foundation of Mathematics," *CW*, 3:45.

36. Ulam, *Adventures of a Mathematician*, 80; Goldstine, *Pascal to von Neumann*, 174.
37. Statement in Connection with the First Presentation of the Albert Einstein Award to Dr. K. Gödel, March 14, 1951, Einstein, Faculty Files; Gustav Hempel interview, *W&B*, 253–54.
38. Afterword by Franz Alt in Menger, *Ergebnisse*, 469–70.
39. Menger, *Reminiscences*, 202–4.
40. Reed, *Hilbert*, 198.
41. David Hilbertの言葉、Dawson, "Reception of Gödel's Theorem," 267 n. 10に引用されている。
42. Taussky-Todd, OH, 16.
43. Ernst Zermelo to KG, 21 September 1931 and 29 October 1931, KG to Zermelo, 12 October 1931, *CW*, 5:420–31。証明への、その後の攻撃については、たとえばPerelman, "Paradoxes de la Logique" や、Helmer, "Perelman versus Godel" の返答を参照。
44. Van Atten, "Gödel and Brouwer," 168.
45. Emil L. Post to KG, 29 October 1938, *CW*, 5:169.
46. 1934年の決定不可能命題に関する講義録を1964年に復刻した際のゲーデルによる補遺。*CW*, 1:369–70。
47. Post, "Finite Combinatory Processes" ; Turing, "On Computable Numbers."
48. Report by Hans Hahn, 1 December 1932、*GA*, 119に複写がある。
49. Sigmund, "Dozent Gödel," 79–81.
50. Sigmund, "Dozent Gödel," 81–82; Edmund Hlawka interview, *W&B*, 238; Kollegiengeld receipt, calendar year 1937, KGP, 13c/44.
51. Karl Menger to KG, [1932], *CW*, 5:94–95; KG to Menger, 4 August 1932, *CW*, 5:96–97; Einnahmen, 1./X.1932–20./ VIII 1933, KGP, 13b/31.
52. Rudolf Gödel, "Chronik der Familie," 58.
53. Herbert Feigl to KG, 23 November 1932, KGP, 1c/45.
54. Beller, *History of Austria*, 222。Sigmund, "Dozent Gödel," 83。KG's membership card in the Vaterländische Front は *GA*, 48に複写がある。
55. Karl Menger to Oswald Veblen, 27 October 1933, Veblen, Papers, 8/10.
56. Menger, *Reminiscences*, 211。H. Hahnからの招待状はVeblen, Papers, 6/13。KG, "Zur intuitionistischen Arithmetik"。
57. Oswald Veblen to Karl Menger, 11 November 1932, Veblen, Papers, 8/10.
58. KG to Oswald Veblen, 11 January (cable), 25 January, and 31 March 1933, and Veblen to KG, 20 April 1933, Veblen, Papers, 6/5.
59. Taussky-Todd, "Remembrances of Gödel," 32.
60. Herbert Feigl to KG, 9 December 1933, KGP, 1c/45.

第6章

1. Taussky-Todd, "Remembrances of Gödel," 32; Manifest of Alien Passengers for the United States Immigration Officer at Port of Arrival, SS *Beregaria*, Passengers sailing from Cherbourg, 23 September 1933.
2. Manifest of Alien Passengers for the United States Immigration Officer at Port of Arrival, SS *Aquitania*, Passengers sailing from Cherbourg, 30 September 1933, Arriving Port of New York, 6 October 1933; Abraham Flexner to Edgar Bamberger, 26 September 1933, IAS, Faculty Files, Pre-1953.

67. KG, "Lecture at Zilsel's," CW, 3:93.
68. KG, "Existence of Undecidable Propositions," 3.

第5章

1. KG, "Vollständigkeit des Logikkalküls" ; Wang, "Facts about Gödel," 654 n. 2.
2. KG, "Vollständigkeit der Axiome."
3. Sacks, "Reflections on Gödel."
4. Rudolf Gödel, "Chronik der Familie," 58.
5. Herbert Feigl to KG, 29 March 1929, KGP, 1c/45.
6. KG, "Protokolle," 10; KG to MG, 30 September 1956.
7. Rudolf Gödel, "Chronik der Familie," 58.
8. KG income/expense ledger, KGP, 13b/31.
9. Stadler, *Vienna Circle*, 153–55.
10. Program of the Second Conference on the Epistemology of the Exact Sciences, Königsberg, September 5–7, 1930、Stadler, *Vienna Circle*, 162–63に転載されている。
11. Sigmund, *Exact Thinking*, 221.
12. Von Plato, "Sources of Incompleteness," 4047.
13. Rudolf Carnap diary、Wang, *Reflections on Gödel*, 84に引用されている。
14. Rudolf Carnap diary、Wang, *Reflections on Gödel*, 85に引用されている。
15. KG, "Lecture at Königsberg," *CW*, 3:28.
16. Von Plato, "Sources of Incompleteness," 4047; Hahn et al., "Diskussion zur Grundlegung," 148.
17. Hahn et al., "Diskussion zur Grundlegung," 148.
18. ゲーデルによる補遺がHahn et al., "Diskussion zur Grundlegung," 147–51にある。KG, "Über unentscheidbare Sätze"。
19. Rucker, *Infinity and Mind*, 182; Engelen, ed., Notizbücher, 376, 390.
20. Enzensberger, "Hommage à Gödel"、*W&B*, 25に転載されている（私訳）。
21. KG, "Existence of Undecidable Propositions," 6.
22. KG, "Existence of Undecidable Propositions," 6–7.
23. KG, "Situation in Foundations of Mathematics," *CW*, 3:50–51.
24. KG, "Existence of Undecidable Propositions," 8–9.
25. KG, "Undecidable Propositions of Formal Systems," *CW*, 1:355.
26. KG, "Existence of Undecidable Propositions," 14.
27. KG, "Undecidable Propositions of Formal Systems," *CW*, 1:359.
28. Kleene, "Kurt Gödel," 154.
29. Vinnikov, "Hilbert's Apology."
30. Heinrich Scholz to Rudolf Carnap, 16 April 1931 は Mancosu, "Reception of Gödel's Theorem," 33に引用されている。Marcel Natkin to KG, 27 June 1931, KGP, 2c/114。
31. Goldstine, *Pascal to von Neumann*, 167–68.
32. John von Neumann to KG, 20 November 1930, *CW*, 5:336–39.
33. Drafts of KG to John von Neumann, late November 1930、von Plato, "Sources of Incompleteness," 4050–51に引用されている。
34. John von Neumann to KG, 29 November 1930, *CW*, 5:338.
35. Von Plato, "Sources of Incompleteness," 4054.

1928, Carnap Papers, Gödel Allgemein, 102b/43.

35. Dr. Philip Erlich File on Godel, 10 August 1970, KGP, 27/1; KG, "Is Mathematics Syntax of Language?"
36. KG to Burke D. Grandjean, January 1976, *CW*, 4:443–44.
37. Marcel Natkin to KG, 20 July 1927, KGP, 2c/114.
38. Menger, *Reminiscences*, 210.
39. Menger, *Reminiscences*, 201.
40. Taussky-Todd, "Remembrances of Gödel," 33, 36.
41. KG, "Protokolle," 10–11.
42. Menger, *Reminiscences*, 205.
43. Karl Sigmund, personal communication; Feigl, "Wiener Kreis," 640; Herbert Feigl to KG, 22 November 1956 and 21 February 1957, KGP, 1c/46.
44. OMD, 27 May 1958, 9 September 1974, and 25 October 1969.
45. Rucker, *Infinity and Mind*, 178.
46. Sacks, "Reflections on Gödel."
47. Taussky-Todd, "Remembrances of Gödel," 32–33.
48. アデーレのマッサージ・サービスの電話番号は、1929年から31年にわたりウィーン市の電話帳『リーマン（Lehmann)』に記載されている。アデーレがナイトクラブのダンサーだったという説には異議が唱えられているが（特に知られているのが、DePauli-Schimanovich, Gödel und Logik, 405)、ゲーデル自身がプリンストンでの主治医である精神科医のエーリック博士に、それを事実として話している（Dr. Philip Erlich File on Kurt Gödel, 21 May 1970, KGP, 27/1)。
49. Whitehead and Russell, *Principia Mathematica*, 2:86.
50. Russell, *Autobiography*, 1872–1914, 221–22; Bertrand Russell to Jean van Heijenoort, 23 November 1962, in Heijenoort, ed., *Frege to Gödel*, 127.
51. Frege, *Grundgesetze der Arithmetik*, 2:253.
52. Musil, "Der mathematische Mensch."
53. KG, "On Undecidable Propositions," *CW*, 1:362; Weyl, "Mathematics and Logic," 6.
54. Russell, *Autobiography*, 1872–1914, 229; Monk, Russell, 193.
55. Sales receipt, Franz Deuticke Buchhandlung, 21 July 1928 は *GA*, 110 に複写がある。Kurt Gödel to Herbert Feigl, 24 September 1928, *CW*, 4:403。
56. Snapper, "Three Crises in Mathematics," 208–9.
57. David Hilbertの言葉はHoffmann, Gödel'schen, 35–36に引用されている。Hilbert, "On the Infinite," 375。
58. Fogelin, "Wittgenstein and Intuitionism," 273.
59. Hans Hahnの言葉、Sigmund, "Hans Hahn," 26およびSigmund, *Exact Thinking*, 151–52に引用されている。原文のドイツ語からの翻訳に多少の調整を加えている。
60. Sigmund, *Exact Thinking*, 213.
61. Fogelin, "Wittgenstein and Intuitionism," 268–69.
62. Russell, *Mathematical Philosophy*, 179.
63. KG, "Situation in Foundations of Mathematics," *CW*, 3:49.
64. David Hilbertの言葉、Hoffmann, *Gödel'schen*, 35に引用されている。
65. Hilbertの言葉、Reid, *Hilbert*, 157, 184に引用されている。
66. Brouwer, "Reflections on Formalism," 492; *CW*, 1:49; Hoffmann, *Gödel'schen*, 27–28.

Exact Thinking, 89に引用されている。

4. Menger, *Reminiscences*, 16–17, 69; Stadler, *Vienna Circle*, 54.
5. Menger, *Reminiscences*, 54.
6. Menger, *Reminiscences*, 55; Moritz Schlick to Albert Einstein, 12 June 1926, Schlick, Einstein Correspondence.
7. Menger, *Reminiscences*, 224–25.
8. Arthur Schnitzlerの言葉、Sigmund, *Exact Thinking*, 202–4に引用されている。
9. Menger, *Reminiscences*, 38–43.
10. Menger, *Reminiscences*, 200.
11. KG to MG, 15 August 1946.
12. Sigmund, *Exact Thinking*, 116–18; Feigl, "Wiener Kreis," 636 ("engineer"), 655 ("verbal sedatives").
13. Stadler, *Vienna Circle*, 53.
14. Feigl, "Wiener Kreis," 630.
15. Menger, *Reminiscences*, 70.
16. Carl Gustav Hempel interview, *W&B*, 262.
17. Hans Hahnの言葉、Sigmund, *Exact Thinking*, vに引用されている。
18. Sigmund, *Exact Thinking*, 5, 178.
19. Rudolf Carnapの言葉はSigmund, Exact Thinking, 165に引用されている。Carnap diary, 10 September 1931はWang, *Reflections on Gödel*, 91に引用されている。
20. Menger, "Introduction," xviii n. 11.
21. Feigl, "Wiener Kreis," 634.
22. Waugh, *House of Wittgenstein*, 29–30, 34.
23. Bertrand Russell to Ottoline Morrell, 1 and 2 November 1911はMonk, *Wittgenstein*, 39に引用されている。Russell, *Autobiography*, 1914–1944, 137。
24. Russell, *Autobiography*, 1914–1944, 136–37.
25. Ludwig Wittgenstein to G. E. Moore, 7 May 1914、Monk, *Wittgenstein*, 103に引用されている。
26. Monk, *Wittgenstein*, 102.
27. Monk, *Wittgenstein*, 138; Ludwig Wittgenstein to Bertrand Russell, 13 March 1919, Russell, *Autobiography*, 1914–1944, 162.
28. Russell, *My Philosophical Development*, 88; Feigl, "Wiener Kreis," 634, 637.
29. Moritz Schlick to Albert Einstein, 14 July 1927, Schlick, Einstein Correspondence.
30. Sigmund, *Exact Thinking*, 127, 133–34; Waugh, *House of Wittgenstein*, 148–49.
31. Monk, *Wittgenstein*, 242–43.
32. Feigl, "Wiener Kreis," 639。Menger, *Reminiscences*, 131。カール・メンガー宛の1972年の手紙で、ゲーデルは生涯でたった一度だけウィトゲンシュタインを見たときのことを書いている。「彼がウィーンでの講義に出席したときだった。ブラウワーの講義だったと思う」。KG to Menger, 20 April 1972, *CW*, 5: 133。
33. KG to Burke D. Grandjean, unsent reply to questionnaire, ca. 1976, *CW*, 4:447, 450。ゲーデルのプラトン主義的な見解の無矛盾性への疑問については以下を参照。Feferman, "Provably Unprovable"、Davis, "What Did Gödel Believe"、Martin, "Gödel's Conceptual Realism"。
34. Gespräch mit Gödel über Logik und Mathematik, Rudolf Carnap Diary, 14 December

れている。
23. Sigmund, "Hans Hahn," 18; Menger, "Introduction," ix.
24. Menger, "Introduction," ix。Hans Hahnの言葉はSigmund, "Hans Hahn," 25–26に引用されている。
25. List of KG's enrolled courses, *W&B*, 145。Hans Hahnの言葉はMenger, "Introduction," xiに引用されている。
26. Russell, *Autobiography*, 1914–1944, 29–30.
27. Menger, Reminiscences, 57。Karl Popperの言葉はSigmund, "Hans Hahn," 17に引用されている。
28. Menger, "Introduction," xi, xvii.
29. Menger, *Reminiscences*, 201; Wang, *Reflections on Gödel*, 41; OMD, 12 May 1949.
30. Engelen, ed., *Notizbücher*, 346–47; OMD, 12 May 1949; KG to MG, 21 April 1965.
31. Broch, *Unknown Quantity*, 42.
32. Broch, *Unknown Quantity*, 27.
33. この有名な逸話は、信頼性の高い情報源とともに、Adani, "Hans Bethe," 96–97に引用されている。
34. Hilbert, "Mathematical Problems."
35. Richard Courantの言葉、Reid, *Hilbert*, 111に引用されている。
36. Reid, *Hilbert*, 109, 131–32.
37. Weyl, "Hilbert," 612.
38. Curbera, *Mathematicians of the World*, 85; Reid, *Hilbert*, 188.
39. Siegmund-Schultze, "Mathematics Knows No Races," 58–59; Fraenkel, *Recollections*, 137.
40. Curbera, *Mathematicians of the World*, 88–89.
41. David Hilbertの言葉、Reid, *Hilbert*, 185およびSigmund, "Hans Hahn," 23に引用されている。
42. Sigmund, *Exact Thinking*, 165; Menger, *Reminiscences*, 5; Stadler, *Vienna Circle*, 285.
43. Menger, *Reminiscences*, 5; Stadler, *Vienna Circle*, 298–99.
44. Beller, *History of Austria*, 212に引用されている。
45. Pauley, *Forgotten Nazis*, 17–18.
46. Aly, *Why the Germans*, 73–74, 129–30, 173; Weber, "Science as Voca- tion," 134.
47. Sigmund, *Exact Thinking*, 173; Pauley, *Prejudice to Persecution*, 121–22; Stadler, *Vienna Circle*, 291–92.
48. "Terror against the Anatomical Institute of Julius Tandler," University of Vienna, *650 Plus*.
49. Stadler, *Vienna Circle*, 289; Sigmund, *Exact Thinking*, 173.
50. "The 'Bärenhöhle,'" University of Vienna, *650 Plus*.
51. Stadler, *Vienna Circle*, 293–95; Sigmund, *Exact Thinking*, 175.
52. Beller, *History of Austria*, 210–12; Johnson, *Introducing Austria*, 99–101.
53. Marcel Natkin to KG, 20 July 1927, KGP, 2c/114.
54. Clare, *Last Waltz in Vienna*, 116.

第4章

1. Sigmund, *Exact Thinking*, 108–9, 244; Menger, *Reminiscences*, 54–55.
2. Sigmund, *Exact Thinking*, 108; Feigl, "Wiener Kreis," 631.
3. "Olga Hahn-Neurath," University of Vienna, *650 Plus*。Robert Musilの言葉はSigmund,

22. Zweig, *World of Yesterday*, 305, 306–7.
23. Slezak, *Rückfall*, 177.
24. 盲腸については、KG to MG, 14 Febrary 1962で、ゲーデルが言及している。
25. "Frequentations-Zeugnis," 5 July 1916, KGP, 13a/0.
26. School reports, Staats-Realgymnasium, KGP, 13a/0.
27. KG to MG, 31 July 1954。Harry Klepetarの言葉はDawson, *Logical Dilemmas*, 15に引用されている。
28. Klepetar, "Chances of Communism," 301n.
29. "Deaths," *Journal of the American Medical Association* 168, no. 10 (November 8, 1958): 1388; KG to RG, 25 May 1941; Claims Resolution Tribunal, Adolf Hochwald, Case No. CV96-4849, 21 April 2003.
30. KG to MG, 16 April 1949.
31. Harry Klepetarの言葉はDawson, *Logical Dilemmas*, 17に引用されている。KG to MG, 11 September 1960。
32. KG to Burke D. Grandjean, unsent reply to questionnaire ca. 1976, CW, 4:446–47.

第3章

1. Sigmund Freudの言葉、Johnston, *Austrian Mind*, 238に引用されている。
2. Kraus, *Last Days*, 3; Patterson and Pyle, "1918 Influenza Pandemic," 14.
3. Clare, *Last Waltz in Vienna*, 39。Max von Laue to Moritz Schlick, 3 September 1922 はSigmund, *Exact Thinking*, 105–6に引用されている。
4. Menger, *Reminiscences*, 2.
5. Menger, *Reminiscences*, 2; Beller, *History of Austria*, 206–8.
6. Taussky-Todd, OH, 14; Kuh, "Central und Herrenhof," 22; Segel, ed., *Coffeehouse Wits*, 27–28.
7. Ludwig Koessler to Albert Einstein, 31 December 1920, Einstein, *Collected Papers*, 12 (English trans. supp.): 422 and 35–36 n. 5.
8. Sigmund, "Hans Hahn," 27; Karl Menger interview, *W&B*, 227; Menger, Reminiscences, 9.
9. Hamann, *Hitler's Vienna*, 216–27; Menger, *Reminiscences*, 14–16.
10. Hilbert, "Mathematische Probleme," 262.
11. Taussky-Todd, OH, 10–11.
12. Taussky-Todd, OH, 1–10.
13. Taussky-Todd, "Remembrances of Gödel," 35–36.
14. List of KG's enrolled courses, *W&B*, 145–46.
15. Kreisel, "Kurt Gödel," 153; Wang, *Reflections on Gödel*, 18.
16. Heinrich Gomperzの言葉、Stadler, *Vienna Circle*, 235に引用されている。
17. Taussky-Todd, OH, 17–18; GA, 23.
18. KG, "Protokolle," 10.
19. Menger, *Reminiscences*, 212–13 (economic theory); OMD, 13 January 1948 (fog statistics); Menger, *Reminiscences*, 71–72 (Hegel); OMD, 23 January 1947 (*World Almanac*).
20. ゲーデルは図書館のリクエスト票を保管していた。Wang, *Reflections on Gödel*, 21、Dawson, *Logical Dilemmas*, 25を参照。
21. Sigmund, *Exact Thinking*, 7.
22. Hans Hahn to Paul Ehrenfest, 26 December 1909、Sigmund, *Exact Thinking*, 79に引用さ

Its Jews, 22に引用されている。

41. Musil, *Mann ohne Eigenschaften*, 34。Wickham Steedの言葉はBeller, *Vienna and the Jews*, 175に引用されている。Johnston, Austrian Mind, 48。
42. Viktor Adlerの言葉、Johnston, *Austrian Mind*, 22–23に引用されている。
43. Bahr, *Wien*, 72。Franz Iの言葉はSpiel, *Vienna's Golden Autumn*, 33に引用されている。
44. Johnston, *Austrian Mind*, 50.
45. Hamann, *Hitler's Vienna*, 284–90。"ジュダペスト"についてはConnolly, "Lueger," 248 n. 3を参照。
46. Hamann, *Hitler's Vienna*, 285–86, 290.
47. Zweig, *World of Yesterday*, 85–86.
48. Hermann Brochの言葉、Beller, *Vienna and the Jews*, 176に引用されている。
49. Schorske, *Fin-de-Siècle Vienna*, 10, 304.
50. Johnson, *Introducing Austria*, 171。Anton Kuhの言葉はSpiel, *Vienna's Golden Autumn*, 57に引用されている。
51. Musil, *Mann ohne Eigenschaften*, 35（私訳）.
52. Sigmund, *Exact Thinking*, 13, 20–23; Spiel, *Vienna's Golden Autumn*, 134.
53. Roth, *Emperor's Tomb*, 91。Hermann Brochの言葉はBeller, *Vienna and the Jews*, 177に引用されている。
54. Kraus, "Franz Ferdinand," 2。Sigmund Freudの言葉はJohnston, *Austrian Mind*, 238に引用されている。

第2章

1. Berend, *European Economy*, 192.
2. List, *Deutsches Bollwerk*.
3. このルディ・ゲーデルの言葉と、これ以降のゲーデル一家についての記述は、他に断りのない限り、Rudolf Gödel, "Chronik der Familie," 51–57より。
4. KG to MG, 27 June and 31 July 1954; Johnston, *Austrian Mind*, 267.
5. Dr. Philip Erlich File on Kurt Gödel, 2 February 1971, KGP, 27/1.
6. Engelen, ed., *Notizbücher*, 395; KG to MG, 26 August 1946.
7. KG to MG, 14 August 1961; KG to RG, 31 January 1952.
8. KG to MG, 25 June 1961.
9. Rudolf Gödel, "History of Gödel Family," 15.
10. KG to MG, 30 April 1957.
11. KG to MG, 27 February 1950.
12. Notebook entry, n.d.、*CW*, 4:425に引用されている。
13. Rothkirchen, *Jews of Bohemia and Moravia*, 10–11.
14. Schober-Bendixen, *Tuch-Redlichs*, 32–36, 127.
15. Rothschild, *Europe Between Wars*, 79–80; Judson, *Habsburg Empire*, 434–35.
16. Judson, *Habsburg Empire*, 314–16, 377.
17. Rothschild, *Europe Between Wars*, 80–81, 81 n. 4.
18. Zahra, *Kidnapped Souls*, 106, 121–22; Rothschild, *Europe Between Wars*, 111.
19. Judson, *Habsburg Empire*, 444–45.
20. Rothschild, *Europe Between Wars*, 86–87.
21. Johnson, *Introducing Austria*, 63–66; Beller, *History of Austria*, 203.

第1章

1. Rudolf Gödel, "Chronik der Familie," 55.
2. Roth, *Emperor's Tomb*, 26; Johnston, *Austrian Mind*, 45; Beller, *Vienna and the Jews*, 176.
3. Roth, *Emperor's Tomb*, 28.
4. Berkley, *Vienna and Its Jews*, 367.
5. Roth, *Emperor's Tomb*, 28.
6. Zweig, *World of Yesterday*, 23–24.
7. Janik and Toulmin, *Wittgenstein's Vienna*, 42.
8. Hofmannsthal, "Die österreichische Idee," 405; Roth, *Emperor's Tomb*, 114.
9. Spiel, *Vienna's Golden Autumn*, 26.
10. Judson, *Habsburg Empire*, 63–66; Beller, *History of Austria*, 98–99.
11. Beller, *History of Austria*, 100; Judson, *Habsburg Empire*, 61–62.
12. Judson, *Habsburg Empire*, 62, 65–66; Deak, "Austrian Civil Service," 64, 135–36; Heindl, *Gehorsame Rebellen*, 102.
13. Hamann, *Hitler's Vienna*, 6.
14. Beller, *History of Austria*, 98–100; Judson, *Habsburg Empire*, 61–63.
15. Winkler, "Population of Austrian Republic," 1.
16. Spiel, *Vienna's Golden Autumn*, 34.
17. Judson, *Habsburg Empire*, 156.
18. Spiel, *Vienna's Golden Autumn*, 31; Janik and Toulmin, *Wittgenstein's Vienna*, 38; Beller, *History of Austria*, 116–17.
19. May, *Hapsburg Monarchy*, 145; Johnston, *Austrian Mind*, 33–34.
20. Beller, *History of Austria*, 131; Deak, "Austrian Civil Service," 247.
21. Musil, *Mann ohne Eigenschaften*, 31.
22. Johnston, *Austrian Mind*, 50–51.
23. Roth, *Radetzky March*, 192–93.
24. Hamann, *Hitler's Vienna*, 90.
25. Schorske, *Fin-de-Siècle Vienna*, 25–27.
26. Beller, *History of Austria*, 167; Spiel, *Vienna's Golden Autumn*, 41.
27. Germaine de Staëlの言葉、Spiel, *Vienna's Golden Autumn*, 38に引用されている。
28. Johnston, *Austrian Mind*, 224, 226–27.
29. Von Kármán, *Wind and Beyond*, 21; Smith, "Elusive Dr. Szilard."
30. Johnston, *Austrian Mind*, 132.
31. Beller, *Vienna and the Jews*, 34, 51, 166.
32. Aly, *Why the Germans*, 15.
33. Aly, *Why the Germans*, 23–25; Beller, *Vienna and the Jews*, 89, 92.
34. Sigmund Freudの言葉、Beller, *Vienna and the Jews*, 208に引用されている。
35. Beller, *Vienna and the Jews*, 39。Karl Krausの言葉はSpiel, *Vienna's Golden Autumn*, 39–40に引用されている。
36. Beller, *Vienna and the Jews*, 90 and n. 12; Monk, *Wittgenstein*, 228.
37. Graf, *Musical City*, 65.
38. Janik and Toulmin, *Wittgenstein's Vienna*, 34, 50–51; Hamann, *Hitler's Vienna*, 147–49.
39. Zweig, *World of Yesterday*, 104–5, 110.
40. Spiel, *Vienna's Golden Autumn* 32。Klemens von Klempererの言葉はBerkley, *Vienna and*

原注

この注で簡略化された形で言及されている文献の完全版は参考文献に記載されている。ゲーデルの家族との書簡は、特に断りのない限り、すべてウィーン市立図書館に所蔵されており、原本はデジタル・ウィーン市立図書館のウェブサイトからアクセス可能である。よく言及されている著作や人物名は、以下のイニシャルで記されている。

CW	Kurt Gödel. *Collected Works*. Edited by Solomon Feferman et al. 5 vols. New York: Oxford University Press, 1986–2003.
GA	Karl Sigmund, John Dawson, and Kurt Mühlberger. *Kurt Gödel: Das Album/The Album*. Wiesbaden: Vieweg, 2006.
IAS	Institute for Advanced Study. Archives. Files on Kurt Gödel. Princeton, N.J.
KG	クルト・ゲーデル
KGP	Kurt Gödel Papers. Institute for Advanced Study Archives. On deposit at the Manuscripts Division, Special Collections, Princeton University Library, Princeton, N.J.
MG	マリアンネ・ゲーデル（クルト・ゲーデルの母）
OH	口述による記録
OMD	Oskar Morgenstern. Diaries. Oskar Morgenstern Papers. Rare Book and Manuscript Library, Duke University, Durham, N.C. Digital publication on the Web, "Oskar Morgenstern Tagebuchedition," University of Graz, Austria.
RG	ルドルフ（ルディ）・ゲーデル（クルト・ゲーデルの兄）
W&B	Eckehart Köhler et al., eds. *Wahrheit & Beweisbarkeit*. Vol. 1, *Dokumente und historische Analysen*. Vienna: öbv & hpt, 2002.
X to Y, Date	XからYへのDate付の手紙

プロローグ

1. これ以降のゲーデルの精神科医の所見の直接、間接の引用は、Dr. Philip Erlich File on Kurt Gödel, KGP, 27/1より。
2. OMD, 23 September 1974。ゲーデルの身長は1948年4月2日付の帰化証明書に記載されている、KGP, 13a/6（Series 8）。1949年に彼が母親の誕生祝いに吹き込んだ録音はDVDで聴取可能、DePauli-Schimanovich and Weibel, Ein mathematischer Mythos。
3. Albert Einsteinの言葉、Oskar Morgenstern to Bruno Kreisky, 25 October 1965に引用されている。*W&B*, 23–24にも転載されている。
4. KG to MG, 1 November 1950.
5. Carl Kaysen to KG, 13 April 1970, IAS, Faculty Files, 1951–1977.
6. Dr. Harvey Rothberg to Apostolos Doxiadis, email, 4 July 2001, KGP, 27/1.

とまったく同じ変更なのである。論理式Aの変数yのすべての出現をaの値を代入して、論理式Gを得ていたのだから。したがって$Sub(a^{19}_{Z(a)})$は論理式Gのf数そのもの、すなわちgである[*5]。

$$\overline{Bew}(g) \qquad \text{論理式}\, G(\text{f数}\, g)$$

これが自身の証明不可能であることを示す命題で、求めていた結果である。

＊5　訳注：$Sub(y^{19}_{Z(y)})$は関数なので、それを代入した$\overline{Bew}(Sub(y^{19}_{Z(y)}))$はそのまま論理式になるわけではなく、その意味を表わす論理式をつくって、それを$\overline{Bew}(Sub(y^{19}_{Z(y)}))$と同一視することになる。すると、その式の$y$に$a$を代入した論理式$\overline{Bew}(Sub(y^{19}_{Z(y)}))$と$\overline{Bew}(g)$とは記号列として一致はしていないが、論理的に同値になるので、証明不可能性を示すには十分である。

数 $Sub(y^{19}_{Z(y)})$ を定義することから始めた。ここで $Z(y)$ は、数 y を表わす記号列（たとえば、$y=3$ のときは $N(N(N(0)))$）の自然数コードである[*3]。論理式は「f数 y を持つ論理式について、自然数コード19である変数 y のすべての出現に対して、数 y を表わす $Z(y)$ を代入する」という手続きで生成する。

そしてその関数を $\overline{Bew}(z)$ に代入すると、次のような論理式が得られる[*4]。

$$\overline{Bew}(Sub(y^{19}_{Z(y)})) \qquad \text{論理式}A(\text{f数}a)$$

論理式 A は天文学的に大きなf数を持っているが、もちろんゲーデルもそれを計算したわけではなく、単に a と表記した。

次に、彼は変数 y の代わりに a の値を使って新しい論理式をつくり、そのf数を g とした。

$$\overline{Bew}(Sub(a^{19}_{Z(a)})) \qquad \text{論理式}G(\text{f数}g)$$

しかし19は変数 y の自然数コードである。つまり $Sub(a^{19}_{Z(a)})$ とは、f数 a に対応する論理式 A について、変数 y のすべての出現を a の値を示す $Z(a)$ に置き換え、それで得られる論理式のf数を計算したものである。しかし y に a を代入することは、そもそも論理式 A を論理式 G に変換したの

＊3　訳注：原文では、関数 $Z(y)$ の代わりに、関数か論理式かはっきりしない $G(y)$ が使われている。これは、ゲーデルの講義録（*CW*, 1:346–71）で用いられている類似表現とも別物である。翻訳では、ゲーデルの原論文（*CW*, 1:144–95）の証明にならい、関数 $Z(y)$ を用いた議論に改めた。

＊4　訳注：個々の具体的な自然数yに対して、$Sub(y^{19}_{Z(y)})$ の値はf数であり、それを $\overline{Bew}(z)$ に代入したものも一つの論理式になる。しかし、$Sub(y^{19}_{Z(y)})$ を関数とみなした場合、それを $\overline{Bew}(z)$ に代入するにはもう少し細かい議論が必要になる。厳密に言えば $Sub(y^{19}_{Z(y)})$ は原始再帰的関数であり、代入した結果の $\overline{Bew}(Sub(y^{19}_{Z(y)}))$ が論理式で表現できることの確認（表現定理）が必要である。

した論理式をBとし、

$$xBz$$

と表した。

ゲーデルの証明はここまででもたいへん巧妙だが、彼は次の段階で証明をまったく別の領域へと飛躍させた。彼は、「xBzという論理式を満たすxの値がある」、つまり「f数zに対応する元の論理式は証明可能である」という命題は、『プリンキピア・マテマティカ』の体系の中で定義された記号を用いて書くことができる論理式でもあると考えた。彼はこの論理式を、"証明可能" を意味するBeweisbarを短くした*Bew*という記号で表わした。

$$Bew(z) = (\exists x)xBz$$

そして否定形は

$$\overline{Bew}(z) = \sim(\exists x)xBz$$

となる。これは「xBzという論理式を満たすxの値は存在しない」、つまり「f数zに対応する元の論理式は証明可能ではない」ということだ。

こうして「f数zの論理式を導くような証明ステップが存在しない」ということを数学的に表現する論理式を構成したゲーデルは、それを自らに言及する命題に変換する方法を見つけようとした。そのためには、「この論理式の中のzに代入した結果の論理式が、代入するf数の表わす論理式と同値になるような数」が存在すること、つまり自らの証明不可能性を主張するような表現が構成できることを示す必要があった。

そのために彼が見出した策は、自己言及という優れた技だった。彼は、次のような手続きで生成される論理式のf数を値とする、特殊な関

と符号化され、f数は24449040となる。しかし、ゲーデルが指摘しているのは、このような算術計算をわざわざ行なうということではなく、『プリンキピア・マテマティカ』のような体系の中のすべての論理式が、原理的にはこの方法で一意の整数で表現できること、さらにこの符号法なら、逆の手続きを行なうことで、すべてのf数を素因数に分解して各因数の指数を順番に読み取れば、元の論理式を構成する記号がわかるということだった。

ゲーデルが指摘したように、ある体系で許容される推論規則に従う、任意の二つの論理式のf数は、互いに何らかの純粋な数値的関係を持つことになる。たとえば「~~*A*ならば*A*である（*A*を2回否定すれば*A*そのものになる）」という推論規則は、この規則に従う二つの論理式のf数の数値的関係に対応する。上の例で言えば、0 = 0のf数は、~ ~ 0 = 0のf数の最初の二つの素因数（2と3）のべき指数を取り除き、残っているべき指数を2個左にずらすと導き出せる（$2^1 \times 3^3 \times 5^1$が残る）。

ゲーデルは証明のすべての段階を表わす一つの整数をつくるために、証明中のすべての論理式に対して、それらのf数をべき指数に持つ素数を考え、それらを掛け合わせていった。つまり論理式の列「~ ~ 0 = 0と0 = 0」のf数は$2^{270} \times 3^{24449040}$とさらに巨大な整数になるが、これも原理的には計算できないことはない。妥当な証明とは、体系の公理から始まり、推論規則を繰り返し適用して、最後に命題が証明されるというものだ。したがって妥当な証明のf数*2も、これらの条件が数値的な性質として実現されていて、適切な算術式（時にはきわめて複雑になることもある）によって検証することができる。

こうしてゲーデルは、「f数*x*によって表わされる一連の論理式による推論が、f数*z*の論理式の証明である」というメタ数学的命題を形式化し、純粋に数値的な表現として『プリンキピア・マテマティカ』の記号で表

*2　訳注：ゲーデルの講義録（*CW*, 1:346–71）では，証明数を「B数」と呼んで区別している。

変数や関数にはこれらよりも大きな数を割り当てる。たとえば変数xには16、yには19、zには22という具合である。

しかしゲーデルは、記号の意味についてはこの時点で「忘れるのがいちばん」と述べている。メッセージを暗号化する係が、元のメッセージの言葉の意味をまったく考えずに、機械的な手順に沿って暗号化するのと同じように。

ゲーデルは、それぞれの論理式に対して必ず一意な整数がつくられるように、素因数を基本に暗号化するシステムを構築した。0 = 0という論理式に対するf数をつくるには、まずそれぞれの記号に割り当てられた自然数コードが必要だ。

$$\begin{array}{ccc} 0 & = & 0 \\ \downarrow & \downarrow & \downarrow \\ 1 & 3 & 1 \end{array}$$

そしてそれらを素数（2、3、5、7、11、13、……）のべき指数として使用し、順番に並べてすべて掛け合わせる。

$$2^1 \times 3^3 \times 5^1 = 2 \times 27 \times 5 = 270$$

元の論理式の長さや複雑さに関わらず、f数は途方もなく大きくなる。たとえば、~ ~ 0 = 0という論理式は

$$\begin{array}{ccccc} \sim & \sim & 0 & = & 0 \\ \downarrow & \downarrow & \downarrow & \downarrow & \downarrow \\ 4 & 4 & 1 & 3 & 1 \end{array}$$

$$2^4 \times 3^4 \times 5^1 \times 7^3 \times 11^1 = 16 \times 81 \times 5 \times 343 \times 11$$

付録　ゲーデルの証明

ゲーデルは、論理式をただ一つの整数として符号化する方法として、いくつかの異なるバージョンを考案したが、それらはいずれも、バートランド・ラッセルとアルフレッド・ノース・ホワイトヘッドの『プリンキピア・マテマティカ』のような形式的数学体系の表現に用いられる“原始的”な記号に番号を割り当てることから始まっている。ゲーデルは1934年の不完全性定理に関する講義で、基本的な数学・論理学の記号に1から13の数を割り当てた。

記号	定義	自然数コード
0	ゼロ	1
N	後者関数*1	2
=	等号	3
~	否定	4
∨	選言	5
&	連言	6
→	含意	7
≡	同値	8
∀	全称量化	9
∃	存在量化	10
∈	集合の要素	11
(	左括弧	12
)	右括弧	13

＊1　符号$N(x)$はxの次に大きい数を意味する。つまり$N(0)$は1である。

著者紹介
スティーブン・ブディアンスキー（Stephen Budiansky）
作家、歴史学者。1957年、米国マサチューセッツ州ボストン生まれ。1978年イェール大学で化学学士号を取得し、翌年ハーバード大学で応用数学修士号を取得。ネイチャー誌やUSニューズ・アンド・ワールド・レポート誌の編集者などを経て、現職。音楽、暗号、軍事など、幅広いテーマについて執筆活動を行なっている。現在は妻とともに米国バージニア州の小さな農場に暮らす。

訳者紹介
渡会圭子（わたらい・けいこ）
翻訳家。1963年、東京都生まれ。上智大学文学部卒業。最近の訳書に、『Mind in Motion』（森北出版）、『後悔の経済学』（文藝春秋）、『スーパーファウンダーズ』（すばる舎）などがある。

クルト・ゲーデル
史上最もスキャンダラスな定理を証明した男

2023年2月14日　第1版第1刷発行

訳者　　渡会圭子

編集担当　福島崇史（森北出版）
編集責任　上村紗帆・宮地亮介（森北出版）
編集協力　田中一之（東北大学名誉教授）
組版　　コーヤマ
印刷　　日本制作センター
製本　　同

発行者　　森北博巳
発行所　　森北出版株式会社
〒102-0071　東京都千代田区富士見1-4-11
03-3265-8342（営業・宣伝マネジメント部）
https://www.morikita.co.jp/

Printed in Japan
ISBN978-4-627-08261-8